"十三五"职业教育国

iCourse·教材

高等职业教育计算机类课程新形态一体化教材

综合布线技术与工程

（第3版）

余明辉　主编

高等教育出版社·北京

内容提要

　　本教材第 2 版曾获首届全国教材建设奖全国优秀教材一等奖。本教材是"十三五"职业教育国家规划教材，也是国家精品课程和国家精品资源共享课程"综合布线技术与工程"的配套教材。

　　本教材以项目为载体组织教学内容，包括两种项目形式。第一种是以知识为主线编排教学内容的两个知识学习型项目；第二种是任务驱动型项目，按综合布线系统设计—施工—测试验收的工作过程，根据工作任务界线，用设计综合布线系统、安装光缆布线系统等 8 个项目组织教学内容。

　　本教材配套有微课视频、授课用 PPT、课程标准、授课计划等数字化学习资源。与本教材配套的数字课程"综合布线技术与工程"在"智慧职教"平台（www.icve.com.cn）上线，学习者可以登录平台进行在线学习及资源下载，授课教师可以调用本课程构建符合自身教学特色的 SPOC 课程，详见"智慧职教"服务指南。教师也可发邮件至编辑邮箱 1548103297@qq.com 获取相关资源。

　　本教材可作为高职及应用型本科院校计算机网络技术、通信工程、智能楼宇技术等专业综合布线课程的教学用书，也可供相关培训、网络与智能建筑从业人员参考使用。

图书在版编目（C I P）数据

综合布线技术与工程 / 余明辉主编 . --3 版 . --北京：高等教育出版社，2021.5（2022.12重印）

ISBN 978-7-04-055722-0

Ⅰ. ①综… Ⅱ. ①余… Ⅲ. ①计算机网络-布线-高等职业教育-教材 Ⅳ. ①TP393.03

中国版本图书馆 CIP 数据核字（2021）第 029986 号

Zonghe Buxian Jishu yu Gongcheng

策划编辑	刘子峰	责任编辑 刘子峰	封面设计 赵 阳		版式设计 王艳红
插图绘制	邓 超	责任校对 马鑫蕊	责任印制 赵 振		

出版发行	高等教育出版社	网　　址	http://www.hep.edu.cn
社　　址	北京市西城区德外大街4号		http://www.hep.com.cn
邮政编码	100120	网上订购	http://www.hepmall.com.cn
印　　刷	天津市银博印刷集团有限公司		http://www.hepmall.com
开　　本	889mm×1194mm　1/16		http://www.hepmall.cn
印　　张	20.75	版　　次	2008 年 6 月第 1 版
字　　数	440 千字		2021 年 5 月第 3 版
购书热线	010-58581118	印　　次	2022 年 12 月第 4 次印刷
咨询电话	400-810-0598	定　　价	49.50 元

▌ "智慧职教" 服务指南

　　"智慧职教"是由高等教育出版社建设和运营的职业教育数字教学资源共建共享平台和在线课程教学服务平台，包括职业教育数字化学习中心平台（www.icve.com.cn）、职教云平台（zjy2.icve.com.cn）和云课堂智慧职教 App。用户在以下任一平台注册账号，均可登录并使用各个平台。

　　● 职业教育数字化学习中心平台（www.icve.com.cn）：为学习者提供本教材配套课程及资源的浏览服务。

　　登录中心平台，在首页搜索框中搜索 "综合布线技术与工程"，找到对应作者主持的课程，加入课程参加学习，即可浏览课程资源。

　　● 职教云（zjy2.icve.com.cn）：帮助任课教师对本教材配套课程进行引用、修改，再发布为个性化课程（SPOC）。

　　1. 登录职教云，在首页单击 "申请教材配套课程服务" 按钮，在弹出的申请页面填写相关真实信息，申请开通教材配套课程的调用权限。

　　2. 开通权限后，单击 "新增课程" 按钮，根据提示设置要构建的个性化课程的基本信息。

　　3. 进入个性化课程编辑页面，在 "课程设计" 中 "导入" 教材配套课程，并根据教学需要进行修改，再发布为个性化课程。

　　● 云课堂智慧职教 App：帮助任课教师和学生基于新构建的个性化课程开展线上线下混合式、智能化教与学。

　　1. 在安卓或苹果应用市场，搜索 "云课堂智慧职教" App，下载安装。

　　2. 登录 App，任课教师指导学生加入个性化课程，并利用 App 提供的各类功能，开展课前、课中、课后的教学互动，构建智慧课堂。

　　"智慧职教"使用帮助及常见问题解答请访问 help.icve.com.cn。

前　言

《综合布线技术与工程》于 2008 年 6 月出版以来，在全国职业院校得到了广泛使用，先后被评为普通高等教育"十一五"国家级规划教材（高职高专教育）、"十二五"职业教育国家规划教材以及"十三五"职业教育国家规划教材，也是"综合布线技术与工程"国家精品课程、国家精品资源共享课程的配套教材，并被选为"综合布线管理员"职业资格认证培训用书，部分应用型本科院校也选用了本书。近年来，综合布线技术快速发展，职业教育更加重视职业能力培养，强调专业对接行业需求，教学内容对接职业标准，教学过程更多地采用任务驱动、项目引领、教学做一体化的方式。为适应以上形势，编者对教材进行了修订：订正了原书中的错误；改变了教材体例，以项目形式组织教材内容；删除了网络通信领域已不采用的技术，如同轴电缆；新增了数据中心综合布线、光纤布线等新技术和工程实践应用案例。

本书修订前与系统集成企业的管理专家和技术专家对网络建设工作领域中相关岗位的综合布线工作任务进行了详细的分析，主要对智能建筑弱电系统集成工程师、计算机网络系统集成工程师、网络管理领域项目经理、弱电系统工程师、系统集成工程师、网络工程师、综合布线工程师、网络工程施工员等相关工作岗位需求进行了分析，并据此选择了教学内容，旨在培养学生在综合布线系统需求分析、方案设计、安装施工、项目管理、测试验收等方面的职业能力。

本书以项目为载体组织教学内容并以项目开展为主要学习方式。书中项目分为两种形式，第一种是知识学习型项目，包括"项目 1 认识综合布线系统"和"项目 2 认识综合布线产品"，选取从事综合布线相关工作必须掌握的智能建筑功能、综合布线系统结构、综合布线标准、网络传输介质等相对独立的理论知识内容，并以知识为主线编排教学内容，为后续学习打下理论基础。第二种是任务驱动型项目，以工作任务为教学内容选择参照点。按照工作顺序，综合布线系统包括设计、施工、测试验收等环节，所以本书根据综合布线系统的工作过程，以工作任务为界线，设置了设计综合布线系统，设计数据中心综合布线系统，安装综合布线管槽、机柜和信息插座，安装铜缆布线系统，安装光缆布线系统，管理综合布线工程项目，测试综合布线系统，以及验收综合布线系统 8 个任务驱动型项目，与完成工作任务紧密相关的知识也穿插其中。

本书的编写力求理论知识与实际操作紧密结合，主要工作任务的安装操作步骤由工程师指导学生完成，并以图例方式呈现在教材中，使本书既是一本讲授用教材，又是一本实用的实训操作指导书。教学内容符合学生的认知规律，做到了由易到难、由简到繁、分散难点、前后衔接、循序渐进。书中既有设计、施工安装和测试验收，又讲解了工程项目管理，充分体现了综合布线的技术性与工程性特点。

本课程建议安排 60 学时，并安排 1 周工程项目综合实训，共 84 学时，具体分配如下。

序号	教学内容	学 时 分 配		
		小计	讲课	基本技能实训
1	认识综合布线系统	6	5	1
2	认识综合布线产品	5	4	1
3	设计综合布线系统	8	4	4
4	设计数据中心综合布线系统	6	3	3
5	安装综合布线管槽、机柜和信息插座	5	2	3
6	安装铜缆布线系统	10	2	8
7	安装光缆布线系统	6	2	4
8	管理综合布线工程项目	4	4	0
9	测试综合布线系统	8	5	3
10	验收综合布线系统	2	2	0
11	工程项目综合实训（1 周）	24	4	20
合　计		84	37	47

本书配有微课视频、授课用 PPT、课程标准、授课计划等丰富的数字化学习资源。与本书配套的数字课程"综合布线技术与工程"已在"智慧职教"网站（www.icve.com.cn）上线，学习者可以登录网站进行在线学习及资源下载，授课教师可以调用本课程构建符合自身教学特色的 SPOC 课程，详见"智慧职教"服务指南。教师也可发邮件至编辑邮箱 1548103297@qq.com 获取相关资源。

本书由余明辉主编，陈长辉、吴少鸿参与编写，余明辉和陈长辉是广州番禺职业技术学院多年从事综合布线教学的主讲教师和实训指导教师，吴少鸿是来自广州明点信息科技有限公司的具有丰富综合布线工程经验的项目经理。余明辉编写了项目 1、2、5、9、10，陈长辉编写了项目 6、7，吴少鸿编写了项目 3、4、8。

福禄克网络公司尹岗先生为本书提供了大量的综合布线测试资料，高等教育出版社为本书的编写给予了大力支持，在此表示衷心的感谢。

由于综合布线技术发展迅速，限于编者工程经验和学识水平，本书难免有疏漏和不当之处，敬请广大同行及读者指正。

编　者
2021 年 4 月

目 录

项目1 认识综合布线系统

学习目标

知识目标：

（1）了解智能建筑的发展、功能和组成。

（2）熟悉综合布线系统的定义和特点。

（3）了解智能建筑与综合布线系统的关系。

（4）掌握综合布线系统的组成与结构。

（5）熟悉综合布线系统的主要标准。

技能目标：

（1）能构建合理的综合布线系统结构。

（2）能用拓扑图表示综合布线系统结构。

（3）能为综合布线系统选择合适的设计和验收标准。

课程标准

素质目标

PPT：认识综合布线系统

微课：认识综合布线系统

1.1 项目背景

在人类历史上，从来没有任何一项技术及其应用像互联网一样发展得那么快，人们的工作、生活、消费和交往方式因为网络已发生了翻天覆地的变化。如今每到一个新场所的时候，第一件事可能就是寻找 Wi-Fi 和登录密码，可以说我们已离不开网络了。

如果你是上班一族，工作在一座大楼里，下面一起来梳理一下你工作中需要面对的"信息生活"：

① 早晨，你开车来到办公大楼，将车停到停车场，会有停车场信息管理系统记录你爱车的入闸情况。

② 你进入办公楼、办公室时，需要通过 IC 卡、指纹识别或人脸识别等门禁管理系统才能进入，还需要考勤管理系统记录你的出勤情况。

③ 进入办公室后，你会打开计算机，连上网络，进入公司的办公系统（OA）处理业务，进入电子邮箱系统处理一些电子邮件，打开 QQ 等即时通信软件与同事、客户和朋友进行联络。

④ 你的手机、平板电脑等智能移动终端也会登录上 Wi-Fi 进行通信。

⑤ 你会用传统的电话系统与同事和客户进行联络。

⑥ 如果你所在的公司是跨国公司、集团公司，可能还要用视频会议系统与总公司、分公司召开视频会议。

⑦ 即使你不在办公大楼办公，也有其他很多信息应用系统来保障办公大楼的正常运行和安全运行，如视频监控系统、消防管理系统、防盗报警系统、物业管理系统等。

⑧ 随着信息技术的发展，一些新的信息应用系统将会出现，办公大楼也将会越来越"智能"。

正如需要建设高速公路来提高运输效率一样，我们也需要建设"信息高速公路"来传输所有这些应用系统的信息，园区和建筑物内的信息主要通过光纤、铜缆和无线来传输，本课程的内容就是介绍如何在园区和建筑物内采用综合布线技术构建高速、安全、可靠的"信息高速公路"，来保障智能信息应用系统的实现。首先一起来认识综合布线系统。

1.2　认识智能建筑

首先来认识智能建筑。也许你听过"智能大厦""3A 建筑""5A 建筑"等名词，其实它们都是智能建筑的不同表述。智能建筑是信息时代的必然产物，是建筑业和电子信息业共同谋求发展的方向。随着科学技术的迅速发展，建筑物智能化的程度正在逐步提高，能够更好地方便人们的工作、学习和娱乐。

1.2.1　智能建筑的诞生和概念

智能建筑的概念诞生于 20 世纪 70 年代末的美国。第一幢智能建筑由美国联合技术公司（UTC）于 1984 年 1 月在美国康涅狄格州哈特福德（Hartford）市建成，它是对一幢旧金融建筑实施改建的大楼，楼内主要增添了计算机、数字程控交换机等先进的办公设备以及高速通信线路等基础设施，大楼的客户不必购置设备便可进行语音通信、文字处理、电子邮件传递、市场行情查询、情报资料检索和科学计算等服务。此外，大楼内的供暖、给排水、消防、保安、供配电、照明和交通等系统均由计算机控制，实现了自动化综合管理，使用户感到非常舒适、方便和安全，从而第一次出现了"智能建筑"这一名称。从此，智能建筑在美、欧及世界各地蓬勃发展。智能建筑的建设在我国于 20 世纪 90 年代才起步，但迅猛发展的势头令世人瞩目，智能建筑的建设已成为一个迅速成长的新兴产业。

有关智能建筑的描述不少。美国智能建筑学会（American Intelligent Building Institute）对智能建筑下的定义是：将结构、系统、服务、运营及相互关系全面综合以达到最佳组合，获得高效率、高性能与高舒适性的大楼或建筑。智能建筑通过建筑物的 4 个基本要素，即结构、系统、服务和管理以及它们之间的内在联系，以最优化的设计提供一个投资合理又拥有高效率的幽雅舒适、便利快捷和高度安全的环境空间。

《智能建筑设计标准》（GB/T 50314—2000）中对智能建筑是这样定义的："它是以建筑为平台，兼备建筑设备、办公自动化及通信系统，集结构、系统、服务、管理及它们之间的最优化组合，向人们提供一个安全、高效、舒适、便利的建筑环境。"

《智能建筑设计标准》（GB/T 50314—2006）对智能建筑（Intelligent Building, IB）做了如下定义："以建筑物为平台，兼备信息设施系统、信息化应用系统、建筑设备管理系统、公共安全系统等，集结构、系统、服务、管理及其优化组合为一体，向人们提供安全、高效、便捷、节能、环保、健康的建筑环境。"

2000 版主要从系统的结构（建筑设备、办公自动化及通信网络系统）描述智能建筑，而 2006 版主要是从系统的功能（信息设施系统、信息化应用系统、建筑设备管理系统、公共安全系统等）来描述智能建筑的。2006 版标准中还加入了国家大力推广的"节能""环保"技术和努力创建的"绿色"建筑等元素。

总体来说，智能建筑是多学科跨行业的系统技术与工程。它是现代高新技术的代表，是建筑艺术与信息技术相结合的产物。随着微电子技术的不断发展和通信、计算机的应用普及，建筑物内的所有公共设施都可以采用智能系统来提高大楼的综合服务能力。

1.2.2 智能建筑的功能

传统意义上看，智能建筑的基本功能主要由三大部分构成，即楼宇自动化系统（Building Automation System，BAS）、通信自动化系统（Communication Automation System，CAS）和办公自动化系统（Office Automation System，OAS），这 3 个自动化通常称为"3A"，它们是智能化建筑中最基本且必须具备的基本功能，从而形成"3A"智能建筑。图 1-1 给出了"3A"系统的构成。有些组织为了突出某项功能，将"3A"系统中的某些子系统单列出来与"3A"并列，形成"×A"系统，如将"安全防范系统"单列为"安全防范自动化"（SA），将"火灾报警系统"单列为"消防报警自动化"（FA），称为"5A"系统。

应该说智能建筑是将建筑、通信、计算机网络和监控等各方面的先进技术相互融合、集成为最优化的整体，具有工程投资合理、设备高度自控、信息管理科学、服务优质高效、使用灵活方便和环境安全舒适等特点，能够适应信息化社会发展需要的现代化新型建筑。

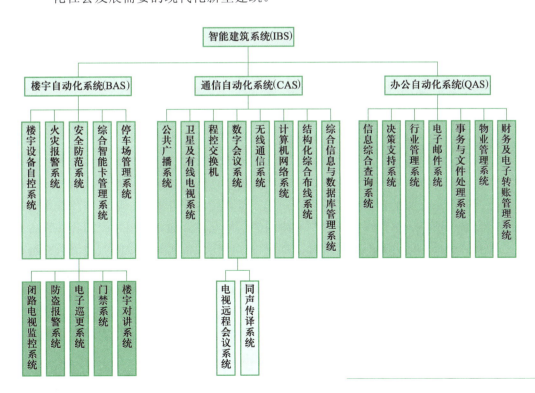

图 1-1
"3A"系统的构成

根据《智能建筑设计标准》（GB/T 50314—2006），从设计的角度出发，智能建筑的智能化系统工程设计宜由智能化集成系统、信息设施系统、信息化应用系统、建筑设备管理系统、公共安全系统、机房工程和建筑环境等设计要素构成，综合布线系统属于其中的信息设施系统。

拓展学习

> 要学习更多智能建筑知识，可通过以下国家标准或网站学习
> - 《智能建筑设计标准》（GB 50314—2015）
> - 《智能建筑工程质量验收规范》（GB 50339—2015)
> - 中国智能建筑信息网 http://www.ib-china.com/

1.3　认识综合布线系统

1.3.1　综合布线系统的概念、功能与特点

1. 综合布线系统的起源

过去设计大楼内的语音及数据业务线路时，常使用各种不同的传输线、配线插座以及连接器件等。例如，用户电话交换机通常使用双绞线，而局域网络（LAN）则可能使用双绞线或同轴电缆，这些不同的设备使用不同的传输线来构成各自的网络，同时，连接这些不同布线的插头、插座及配线架均无法互相兼容，相互之间达不到共用的目的。而办公布局及环境改变的情况是经常发生的，当需要调整办公设备或随着新技术的发展需要更换设备时，就必须更换布线。这样因增加新线缆而留下不用的旧线缆，天长日久，导致建筑物内线缆杂乱，造成很大的维护隐患，不但维护不便，要进行各种线缆的敷设改造也十分困难。

随着智能建筑的兴起，美国电话电报（AT&T）公司贝尔实验室的专家们经过多年的研究，在办公楼和工厂试验成功的基础上，于 20 世纪 80 年代末期率先推出结构化综合布线系统（Structured Cabling System，SCS）标准，并逐步演变为综合布线系统（Generic Cabling System，GCS），从而取代了传统的布线系统。

2. 综合布线系统的定义与功能

综合布线系统将所有语音、数据、图像及多媒体业务设备的布线网络组合在一套标准的布线系统上，以一套由共用配件所组成的单一配线系统，将各个不同制造厂家的各类设备综合在一起，使各设备相互兼容、同时工作，实现综合通信网络、信息网络及控制网络间的信号互连互通。应用系统的各种设备终端插头插入综合布线系统的标准插座内，再在设备间和电信间对通信链路进行相应的跳接，就可运行各应用系统了。

综合布线系统的开放结构可以作为各种不同工业产品标准的基准，使得配线系统具有更大的适用性、灵活性，而且可以利用最低的成本在最小的干扰下对设于工作地点的终端设备重新安排与规划。当终端设备的位置需要变动或信息应用系统需要变更时，只要做一些简单的跳线即可完成，不需要再布放新的电缆以及安装新的插座。

综合布线是一种预布线，除满足目前的通信需求外，还能满足未来一段时

间内的需求。设计时信息点数量余量的考虑，满足了未来信息应用系统数量、种类的增加，采用 5e 类和 6 类布线产品能满足 1 Gbit/s 到桌面的应用需求，若采用 6A 类则可以达到 10 Gbit/s。在确定建筑物或建筑群的功能与需求以后，规划能适应智能化发展要求的相应的综合布线系统设施和预埋管线，可以防止今后增设或改造时造成工程的复杂性和费用的浪费。

综合布线系统实现了综合通信网络、信息网络及控制网络间信号的互连互通。智能建筑智能化建设中，楼控设备、监控、出入口控制等系统的设备在提供满足 TCP/IP 的接口时，使用综合布线系统作为信息的传输介质，为大楼的集中监测、控制与管理打下了良好的基础。

3. 综合布线系统的特点

（1）兼容性

所谓兼容性是指其设备或程序可以用在多种系统中的特性。综合布线系统将语音信号、数据信号与监控设备图像信号的配线经过统一的规划和设计，采用相同的传输介质、信息插座、交连设备和适配器等，把这些性质不同的信号综合到一套标准的布线系统中。

（2）开放性

对于传统的布线系统，用户选定了某种设备，也就选定了与之相适应的布线方式和传输介质。如果更换另一种设备，原来的布线系统就要全部更换，这样做增加了很多麻烦和投资。综合布线系统由于采用开放式的体系结构，符合多种国际上流行的标准，包括计算机设备、交换机设备和几乎所有的通信协议等。

（3）灵活性

在综合布线系统中，由于所有信息系统皆采用相同的传输介质和物理星形拓扑结构，因此所有的信息通道都是通用的，每条信息通道都可支持电话、数据和多用户终端。

（4）可靠性

综合布线系统采用高品质的材料和组合压接方式构成了一套高标准的信息通道。所有器件均通过 UL、CSA 和 ISO 认证，每条信息通道都要采用物理星形拓扑结构，点到点连接，任何一条线路故障均不影响其他线路的运行，为线路的运行维护及故障检修提供了极大的方便，从而保障了系统的可靠运行。各系统采用相同传输介质，因而可互为备用，提高了可靠性。

（5）先进性

综合布线系统通常采用光纤与双绞线混合布线方式，这种方式能够十分合理地构成一套完整的布线系统。所有布线采用最新通信标准，信息通道均按布线标准进行设计，按 8 芯双绞线进行配置，数据最大传输速率可达到 10 Gbit/s，对于需求特殊的用户，可将光纤敷设到桌面，通过主干通道可同时传输多路实时多媒体信息。同时，星形结构的物理布线方式为交换式网络奠定了通信基础。

（6）经济性

衡量一个建筑产品的经济性，应该从两个方面加以考虑，即初期投资和性价比。一般来说，用户总是希望建筑物所采用的设备在开始使用时应该具有良好的实用特性，而且还应有一定的技术储备，在今后的若干年内应保护最初的投资，即在不增加新的投资情况下，还能保持建筑物的先进性。综合布线是一种既具有良好的初期投资特性，又具有很高的性价比的高科技产品。

1.3.2 综合布线系统与智能建筑的关系

综合布线技术的引入，在建筑物内部为语音和数据的传输提供了一个开放的平台，加强了信息技术与建筑功能的结合，对智能建筑的发展和普及产生了巨大的作用。

在《智能建筑设计标准》（GB 50314—2015）中，综合布线系统与建筑设备自动化系统、通信网络系统、办公自动化系统和系统集成（Systems Integration，SI）组成智能建筑的 5 大部分，智能建筑所用的主要设备通常放置在智能化建筑内的系统集成中心（System Integrated Center，SIC）中。它通过建筑物综合布线系统（Generic Cabling System，GCS）与各种终端设备，如通信终端（电话机、传真机等）、传感器（如烟雾、压力、温度、湿度等传感器）进行连接，"感知"建筑物内各个空间的"信息"，并通过计算机进行处理后给出相应的控制策略，再通过通信终端或控制终端（如步进电动机、电子锁等）给出相应控制对象的动作反应，使大楼具有所谓的某种"智能"，从而形成"3A"系统。它们的关系如图 1-2 所示。

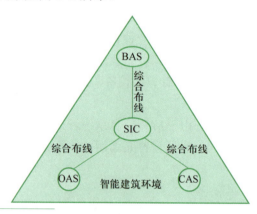

图 1-2
智能建筑智能系统与综合布线系统

智能建筑是建筑、通信、计算机网络和自动控制等多种技术的集成，综合布线系统作为智能化建筑中的神经系统，是智能建筑的关键部分和基础设施之一。综合布线系统在建筑内和其他设施一样，都是附属于建筑物的基础设施，为智能化建筑的主人或用户服务。虽然综合布线系统和房屋建筑彼此结合形成不可分离的整体，但要看到它们是不同类型和工程性质的建设项目，具体表现为以下几点：

① 综合布线系统是智能化建筑中必备的基础设施。综合布线系统将智能建筑内的通信、计算机、监控等设备及设施，相互连接形成完整配套的整体，从而满足高度智能化的要求。

② 综合布线系统是衡量智能化建筑智能化程度的重要标志。在衡量智能化建筑的智能化程度时，既不是看建筑物的体积是否高大巍峨、造型是否新型壮观，也不是看装修是否华丽、设备是否配备齐全，主要是看综合布线系统承载信息系统的种类和能力，看设备配置是否成套，各类信息点分布是否合理，工程质量是否优良，这些都是决定智能化建筑的智能化程度高低的重要因素。

③ 综合布线系统能适应今后智能建筑和各种科学技术的发展需要。房屋

建筑的使用寿命较长，因此，目前在规划和设计新的建筑时，应考虑如何适应今后发展的需要。综合布线系统具有很高的适应性和灵活性，能在今后相当长的时期内满足客观发展需要，因此，在新建的高层或重要的智能化建筑时，应根据建筑物的使用性质和今后发展等因素，积极采用综合布线系统。对于近期不拟设置综合布线系统的建筑，应在工程中考虑今后设置综合布线系统的可能性，在主要部位、通道或路由等关键地方适当预留房间（或空间）、洞孔和线槽，以便今后安装综合布线系统时，避免打洞穿孔或拆卸地板及吊顶等装置，有利于扩建和改建。

总之，综合布线系统分布于智能建筑中，必然会有相互融合的需要，同时又可能发生彼此矛盾的问题。因此，在综合布线系统的规划、设计、施工和使用等各个环节，都应与负责建筑工程的有关单位密切联系和配合协调，采取妥善合理的方式来处理，以满足各方面的要求。

1.3.3 综合布线系统的组成

综合布线是建筑物内或建筑群之间的一个模块化、灵活性极高的信息传输通道，是智能建筑的"信息高速公路"。综合布线系统由不同系列和规格的部件组成，其中包括传输介质、相关连接硬件（如配线架、插座、插头和适配器）、电气保护设备等。

综合布线系统一般采用分层星形拓扑结构。该结构下的每个分支子系统都是相对独立的单元，对每个分支子系统的改动都不影响其他子系统，只要改变结点连接方式就可使综合布线在星形、总线型、环形、树形等结构之间进行转换。

综合布线系统采用模块化的结构，按每个模块的作用，依照国家标准《综合布线系统工程设计规范》（GB 50311—2016），综合布线系统工程宜按下列 7 个部分进行设计，如图 1-3 所示。

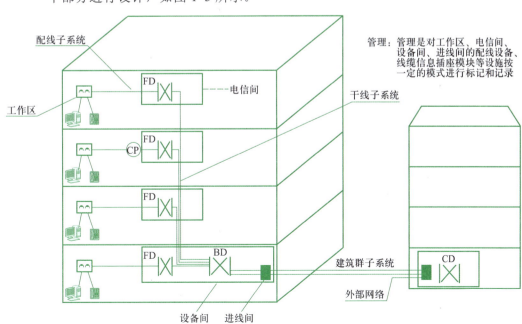

图 1-3
综合布线系统组成

（1）工作区

一个独立的需要设置终端设备（TE）的区域宜划分为一个工作区。一个工作区可能只有一台终端设备，也可能有多台终端设备，一般以房间为单位划分。终端设备包括计算机、电话机、传感器、网络摄像机/球等。工作区应由配线子系统的信息插座模块（TO）延伸到终端设备处的连接线缆及适配器组成。信息插座模块通常是 RJ-45 接口。

（2）配线子系统

就是通常所说的水平子系统。配线子系统应由工作区的信息插座模块、信息插座模块至电信间配线设备（FD）的配线电缆和光缆、电信间的配线设备及设备线缆和跳线等组成。

（3）干线子系统

干线子系统应由设备间至电信间的干线电缆和光缆，安装在设备间的建筑物配线设备（BD）及设备线缆和跳线组成。

（4）建筑群子系统

建筑群子系统应由连接多个建筑物之间的主干电缆和光缆、建筑群配线设备（CD），以及设备线缆和跳线组成。

（5）设备间

设备间是在每幢建筑物的适当地点进行网络管理和信息交换的场地。对于综合布线系统工程设计，设备间主要安装建筑物配线设备。电话交换机、计算机主机设备及入口设施也可与配线设备安装在一起。

（6）进线间

进线间是建筑物外部通信和信息管线的入口部位，并可作为入口设施和建筑群配线设备的安装场地。

（7）管理

管理应对工作区、电信间、设备间、进线间的配线设备、线缆、信息插座模块等设施按一定的模式进行标识和记录。

1.3.4　综合布线系统的结构

综合布线系统是一个开放式的结构，该结构下的每个分支子系统都是相对独立的单元，对每个分支单元系统的改动都不会影响其他子系统。

1. 综合布线部件

综合布线采用的主要布线部件有下列几种：

- 建筑群配线设备（CD）。
- 建筑群子系统电缆或光缆。
- 建筑物配线设备（BD）。
- 建筑物干线子系统电缆或光缆。
- 电信间配线设备（FD）。
- 配线子系统电缆或光缆。
- 集合点（CP）（选用）。
- 信息插座模块（TO）。

微课：综合布线系统
结构与变化

- 工作区线缆。
- 终端设备（TE）。

2. 综合布线系统结构

综合布线系统为计算机网络系统提供传输通道，各级交换设备通过综合布线系统将计算机连在一起形成网络，网络结构决定了综合布线系统结构。图 1-4 所示为三级网络系统结构与三级综合布线系统结构的对应关系。

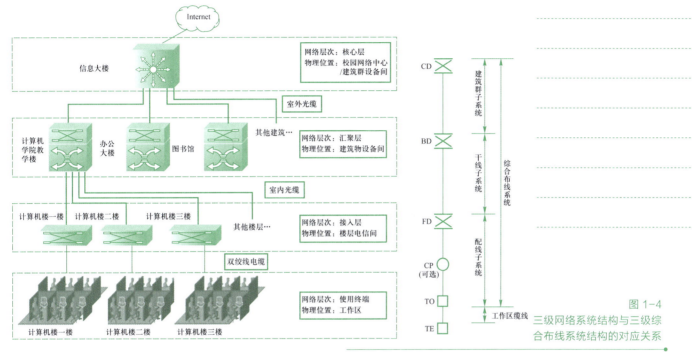

图 1-4
三级网络系统结构与三级综合布线系统结构的对应关系

通常的局域网络结构分为核心层、汇聚层和接入层，分别对应综合布线结构中的建筑群配线设备（CD）、建筑物配线设备（BD）和电信间配线设备（FD），建筑群子系统电缆或光缆连接核心层到汇聚层的网络设备，建筑物干线子系统电缆或光缆连接汇聚层到接入层的网络设备，配线子系统电缆或光缆连接接入层的网络设备到工作区的终端设备。从建筑群设备间的 CD 至工作区的终端设备（计算机、电话等），形成一条完整的通信链路。其中，配线子系统中可以设置集合点（CP 点），也可不设置集合点。

综合布线进线间的入口设施及引入线缆构成如图 1-5 所示。

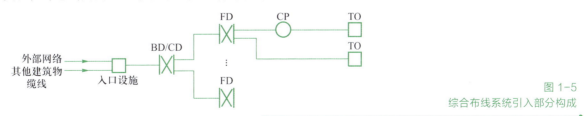

图 1-5
综合布线系统引入部分构成

1.3.5　综合布线系统结构的变化

设备配置是综合布线系统设计的重要内容，关系到整个网络和通信系统的投资和性能。设备配置首先要确定综合布线系统的结构，然后再对配线架、布线子系统、传输介质、信息插座和交换机等设备做实际的配置。

综合布线系统的主干线路连接方式均采用树形网络拓扑结构，要求整个布线系统干线电缆或光缆的交接次数不超过两次，即楼层配线设备到建筑群配线设备之间，只允许经过一次配线设备，即建筑物配线设备，成为 FD-BD-CD 的三级结构形式，这是园区建筑群综合布线系统的标准结构。由于计算机大楼每楼层面积较大，根据计算必须在每层楼设置一个电信间，因此计算机大楼综合布线系统就是这种结构。

综合布线系统结构的变化，主要体现在楼层电信间的设置。是否需要每层设置电信间，需要根据水平子系统双绞电缆有限传输距离的覆盖范围、管理的要求、设备间和楼层电信间的空间要求、信息点的分布等多种情况对建筑物综合布线系统进行灵活的设备配置，有以下两种结构变化。

（1）FD 和 BD 合一结构

这种结构是建筑物不设楼层电信间，FD 和 BD 全部设置在建筑物设备间，设备间一般放在建筑物中心位置，信息插座 TO 至 BD 之间电缆的最大长度不超过 90 m。这种结构既便于网络维护管理，又减少了对空间的占用。图 1-6 所示是学生宿舍的综合布线系统结构。

（2）楼层共用 FD 结构

当智能建筑的楼层面积不大且用户信息点数量不多时，为了简化网络结构和减少接续设备，可以采取每相邻几个楼层共用一个楼层电信间，由某楼层的 FD 负责连接相邻楼层的信息插座 TO，但是要满足 TO 至 FD 之间的水平线缆的最大长度不应超过 90 m 标准传输通道的限制。图 1-7 所示是办公大楼的综合布线系统结构，每两层设置一个电信间。

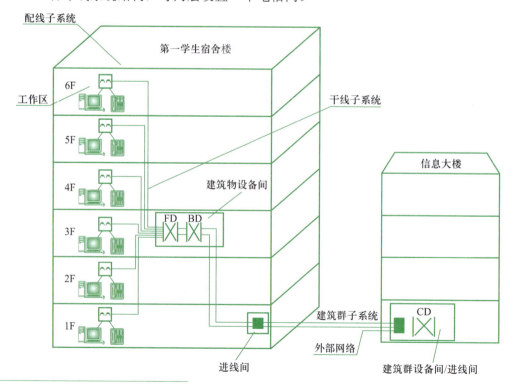

图 1-6
FD 和 BD 合一结构

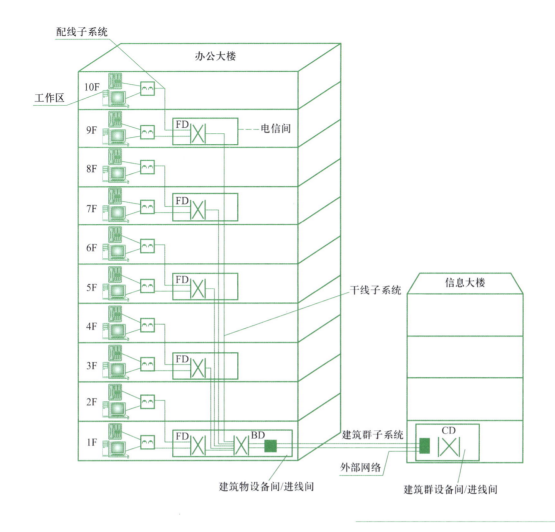

图 1-7
楼层共用 FD 结构

1.4　认识综合布线系统标准

1.4.1　综合布线系统的分级

当你去参观学习园区或建筑物的综合布线系统时，网络管理人员会向你介绍该园区或建筑物是 5e 类（又称超 5 类、增强 5 类）或 6 类综合布线系统，这就是综合布线系统的分类。由于最早进入中国市场的是北美布线产品，人们习惯根据北美 TIA/EIA 布线标准将综合布线系统分为 1 类、2 类、3 类、4 类、5 类、5e 类、6 类、6A 类、7 类和 7A 类布线系统。国际标准化组织（ISO/IEC）将布线系统分为 A、B、C、D、E、EA、F 和 FA 级。ISO 和 TIA 已于 2016 年正式发布下一代数据中心支持 40GBase-T 的 8 类布线系统。

综合布线系统是根据双绞线电缆支持的传输带宽分级和分类的。两个组织分级和分类所依据的带宽值不尽相同，但 2002 年以后分级和分类依据的带宽值已经一致，例如 E 级综合布线系统就是 6 类综合布线系统，支持的带宽为 250 MHz。综合布线系统国家标准同时按上述两个国际标准进行分级和分类，实际工作中，可用等级或类别划分综合布线系统。表 1-1 列出了综合布线系统分级与分类对应表。

表 1-1　综合布线系统分级与分类对应表（双绞线电缆）

系 统 分 级	系 统 分 类	支持带宽	备　　注
A 级		100 kHz	
	1 类	750 kHz	
B 级	2 类	1 MHz	
C 级	3 类	16 MHz	语音大对数电缆
	4 类	20 MHz	
D 级	5/5e 类（屏蔽和非屏蔽）	100 MHz	5e 类为目前市场主流产品
E 级	6 类（屏蔽和非屏蔽）	250 MHz	目前市场主流产品
EA 级	6A 类（屏蔽和非屏蔽）	500 MHz	10 Gbit/s 传输距离可达到 100 m
F 级	7 类（屏蔽）	600 MHz	
FA 级	7A 类（屏蔽）	1 000 MHz	

1.4.2　制定综合布线标准的国际组织与机构

综合布线系统标准是于 1985 年从美国开始讨论的。随着信息技术的日益成熟，信息系统应用越来越多，但当时每个系统都需要自己独特的布线和连接器，用户更改计算机平台的同时也不得不相应改变其布线方式。为赢得并保持市场的信任，TIA 和 EIA 联合开发建筑物布线标准。

在国际上，制定综合布线系统标准的主要国际组织有国际标准化委员会/国际电工委员会（ISO/IEC）、美国电信行业协会/美国电子行业协会（TIA/EIA）、欧洲电工标准化委员会（CENELEC）。

1.4.3　综合布线系统国际标准

当前国际上主要的综合布线技术标准有北美标准 TIA/EIA 568-B、国际标准 ISO/IEC 11801: 2002 和欧洲标准 CELENEC EN 50173:2002，这些标准都在 2002 年推出，近 20 年来，综合布线技术推陈出新，为了在标准中体现新技术的发展，新技术以增编的方式添加到标准中。如北美标准中，传输速率达 10 Gbit/s、传输距离可达 100 m、传输带宽为 500 MHz 的 6A 类布线系统就定义在增编 TIA/EIA 568-B.2-10 中。每当综合布线技术更新换代时，国际组织总是先推出标准草案试行一段时间，再推出新版标准。

1. 北美标准

TIA/EIA 标准主要是 568 商业建筑通信布线标准（Commercial Building Telecommunications Cabling Standard），包括 568-A、568-B、568-C。其他相关标准有 TIA/EIA 569-A 商业建筑电信通道和空间标准、TIA/EIA 570-A 住宅电信布线标准、TIA/EIA 606 商业建筑电信基础设施管理标准和 TIA/EIA 607 商业建筑物接地和接线规范。下面重点介绍 568 和 606 标准。

（1）TIA/EIA 568 系列

① TIA/EIA 568。1991 年 7 月，美国电子工业协会/电信工业协会发布了 ANSI/TIA/EIA 568，正式定义发布综合布线系统的线缆与相关组成部件的物理和电气指标。该标准规定了 100 Ω UTP（非屏蔽双绞线）、150 Ω STP（屏蔽双绞线）、50 Ω 同轴线缆和 62.5/125 μm 光纤的参数指标。

② ANSI/TIA/EIA 568-A（1995）。该版本对传输延迟和延迟偏移、水平子系统采用 62.5/125 μm 光纤的集中光纤布线、TSB 67 作为现场测试方法、混合

电缆的性能、非屏蔽双绞线布线模块化线缆的 NEXT 损耗测试方法进行了定义。特别是增编 5（A5）首次定义了 100 Ω 4 对增强 5 类（5e 类）布线传输性能规范，同时由于在测试中经常出现回波损耗失败的情况，所以在这个标准中就引入了 3dB 原则。

③ TIA/EIA 568-B。自 TIA/EIA 568-A 发布以来，更高性能的产品和市场应用需要的改变，对这个标准也提出了更高的要求。委员会也相继公布了很多的标准增编、临时标准以及技术公告（TSB）。新标准分为 3 个部分，于 2002年 6 月正式出台 TIA/EIA 568-B。

● TIA/EIA 568-B.1（第一部分：一般要求）。该标准着重于水平和主干布线拓扑、距离、介质选择、工作区连接、开放办公布线、电信与设备间、安装方法以及现场测试等内容。它集合了 TIA/EIA TSB 67、TIA/EIA 568-A 等标准中的内容，其最主要的变化是用永久链路（Permanent Link）定义取代了过去基本链路（Basic Link）的定义。

● TIA/EIA 568-B.2（第二部分：平衡双绞线布线系统）。该标准着重于平衡双绞线电缆、跳线、连接硬件（包括 ScTP 和 150 Ω 的 STP-A 器件）的电气和机械性能规范以及部件可靠性测试规范，现场测试仪性能规范，实验室与现场测试仪比对方法等内容。TIA/EIA 568-B.2-1 是 TIA/EIA 568-B.2 的增编，是第一个关于 6 类布线系统的标准。在增编的 TIA/EIA 568-B.2-10 中，定义了传输速率达 10 Gbit/s、传输带宽为 500 MHz、传输距离可达 100 m 的 6A类布线系统。

● TIA/EIA 568-B.3（第三部分：光纤布线部件标准）。该标准定义光纤布线系统的部件和传输性能指标，包括光缆、光跳线和连接硬件的电气与机械性能要求，器件可靠性测试规范和现场测试性能规范。

④ TIA/EIA 568-C。该标准和 TIA/EIA 568-B 相比结构有所调整，分为 4个部分：

● TIA/EIA 568-C.0 用户建筑物通用布线标准；
● TIA/EIA 568-C.1 商业楼宇电信布线标准；
● TIA/EIA 568-C.2 平衡双绞线电信布线和连接硬件标准；
● TIA/EIA 568-C.3 光纤布线和连接硬件标准。

该标准各部分是陆续发布的，如 2009 年 8 月发布的是 TIA/EIA 568-C.2。内容方面，TIA 568-C.2 与 568-B 最大的变化就是将原来在其附件中的许多定义列入正文（比如 6A 和外部串扰参数），在新的标准中加入了一些先进技术，如将测试内容分离出去，专门使用新标准来描述。

最新的 TIA/EIA 568.2-D 标准已于 2018 年 6 月发布。

（2）TIA/EIA 606 商业建筑电信基础设施管理标准

TIA/EIA 606 标准用于对布线和硬件进行标识，目的是提供一套独立于系统应用之外的统一管理方案。

对于布线系统来说，标记管理是日渐突出的问题。该问题会影响到布线系统能否有效地管理和运用，而有效的布线管理对于布线系统和网络的有效运作与维护具有重要意义。

与布线系统一样，布线的管理系统必须独立于应用之外，这是因为在建筑物的使用寿命内，应用系统大多会有多次的变化。布线系统的标签与管理可以使系统移动、增添设备以及更改更加容易、快捷。

对于布线的标记系统来说，标签的材质是关键，标签除了要满足 TIA/EIA 606 标准要求的标识中的分类规定外，还要通过标准中要求的 UL969 认证，这样的标签可以保证长期不会脱落，而且防水、防撕、防腐、耐低温、耐高温，可适用于不同环境及特殊、恶劣户外环境的应用。

TIA/EIA 606 涉及布线文档的 4 个类别：Class1（用于单一电信间）、Class2（用于建筑物内的多个电信间）、Class3（用于园区内多个建筑物）、Class4（用于多个地理位置）。

2. 国际标准

综合布线国际标准主要是 ISO/IEC 11801 系列标准。

《Information Technology—Generic Cabling for Customer Premises（信息技术——用户房屋的综合布线）》（ISO/IEC 11801）标准是在 1995 年制定发布的。该标准把有关元器件和测试方法归入国际标准。

目前该标准有 3 个版本：ISO/IEC 11801：1995、ISO/IEC 11801：2000 和 ISO/IEC 11801：2002。

ISO/IEC 11801：2002 后推出了很多修订版，如 ISO/IEC 11801 Am.1：2008、ISO/IEC 11801 Am.2：2010，分别定义了传输带宽可高达 1 000 MHz，分别于 50 m 内和 15 m 内，提供 40 Gbit/s 以太网和 100 Gbit/s 以太网传输的 Cat 7A 类传输标准。

3. 欧洲标准

欧洲标准 CELENEC EN 50173（信息系统通用布线标准）与国际标准 ISO/IEC 11801 是一致的。但是 EN 50173 比 ISO/IEC 11801 更为严格，它更强调电磁兼容性，提出通过线缆屏蔽层，使线缆内部的双绞线对在高带宽传输的条件下，具备更强的抗干扰能力和防辐射能力。该标准先后有 3 个版本，即 EN 50173：1995、EN 50173A1：2000 和 EN 50173：2002。

相应的还有欧洲标准 CELENEC EN 50174（信息系统布线安装标准）。

1.4.4　综合布线系统中国标准

1. 综合布线系统标准在中国的发展

中国工程建设标准化协会在 1995 年颁布了《建筑与建筑群综合布线系统工程设计规范》（CECS 72：95），这是我国第一部关于综合布线系统的设计规范。该标准在很大程度上参考了北美的综合布线系统标准 EIA/TIA 568。

1997 年 9 月 9 日，我国通信行业标准 YD/T 926《大楼通信综合布线系统》正式发布。2001 年 10 月 19 日，由原信息产业部发布了通信行业标准 YD/T 926—2001《大楼通信综合布线系统》第 2 版，并于 2001 年 11 月 1 日起正式实施。2009 年 6 月 15 日，工业和信息化部又发布了通信行业标准 YD/T 926—2009《大楼通信综合布线系统》第 3 版，并于 2009 年 9 月 1 日起正式实施。

综合布线国家标准《建筑与建筑群综合布线系统工程设计规范》（GB/T 50311—2000）、《建筑与建筑群综合布线系统工程验收规范》（GB/T 50312—2000）于 2000 年 2 月 28 日发布，2000 年 8 月 1 日开始执行。综合布线国家标准《综合布线系统工程设计规范》（GB 50311—2016）、《综合布线工程验收规范》（GB 50312—2016）于 2016 年 8 月 26 日发布，2017 年 4 月 1 日开始执行。新的综合布线国家标准正在修订之中。

2. 综合布线国家标准

《综合布线系统工程设计规范》（GB 50311—2016）、《综合布线工程验收规范》（GB 50312—2016）是目前执行的国家标准。新标准是在参考国际标准 ISO/IEC 11801：2002 和 TIA/EIA 568-B，依据综合布线技术的发展，总结 2000 版标准经验的基础上编写出来的。

新标准的变动遵循几个主导思想：一是和国际标准接轨，以国际标准的技术要求为主，避免造成厂商对标准的一些误导；二是符合国家的法规政策，新标准的编制体现了国家最新的法规政策；三是很多的数据、条款的内容更贴近工程的应用，使用方便，不抽象，更具实用性和可操作性。

国家标准 2007 版定义到了最新的 F 级/7 类综合布线系统，在设计和验收标准中分别增加了一条必须严格执行的强制性条文，分别是 GB 50311—2016 中的第 7.0.9 条和 GB 50312—2016 中的第 5.2.5 条，内容都是"当电缆从建筑物外部进入建筑物时，应选用适配的信号线路浪涌保护器，信号线路浪涌保护器应符合设计要求"。这主要是指通信电缆或园区内的大对数电缆引入建筑物时，入口设施或大楼的建筑物配线设备（BD）、建筑群配线设备（CD）外线侧的配线模块应该加装线路的浪涌保护器。

设计标准 GB 50311—2016 包括总则、术语和符号、系统设计、系统配置设计、系统指标、安装工艺要求、电气防护及接地、防火 8 个部分以及条文说明部分；验收标准 GB 50312—2016 包括总则、环境检查、器材及测试仪表工具检查、设备安装检验、缆线的敷设和保护方式检验、缆线终接、工程电气测试、管理系统验收和工程验收 9 个部分以及 5 个附录和条文说明部分。

1.5　综合布线术语、符号与名词

拓展学习

要详细学习综合布线国家标准和国际标准，请阅读以下书籍和网站：
- 国家标准《综合布线系统工程设计规范》（GB 50311—2016）中国计划出版社
- 国家标准《综合布线系统工程验收规范》（GB/T 50312—2016）中国计划出版社
- TIA 组织 www.tiaonline.org
- ISO 组织 www.iso.org

中华人民共和国国家标准《综合布线系统工程设计规范》（GB 50311—2016）中定义了综合布线的有关术语与符号，表 1-2 列出了相关的术语，表 1-3 列出了相关的符号和缩略语。GB 50311—2016 定义的术语与国际标准化组织的 ISO/IEC 11801 相似，但与北美标准 ANSI/TIA/EIA 568-A 有较大差异，表 1-4 列出了 GB 50311—2016 与 ANSI/TIA/EIA 568-A 相关术语比较，本书除特别申明，都采用 GB 50311—2016 技术规范中定义的术语与符号。最后，对综合布线中经常出现的几个名词概念进行了解释。

1.5.1 综合布线术语

表 1-2 综合布线术语

术　语	英　文　名	解　释
布线	cabling	能够支持信息电子设备相连的各种线缆、跳线、接插软线和连接器件组成的系统
建筑群子系统	campus subsystem	由配线设备、建筑物之间的干线电缆或光缆、设备线缆、跳线等组成的系统
电信间	telecommunications room	放置电信设备、电缆和光缆终端配线设备并进行线缆交接的专用空间
工作区	work area	需要设置终端设备的独立区域
信道	channel	连接两个应用设备的端到端的传输通道。信道包括设备电缆、设备光缆和工作区电缆、工作区光缆
链路	link	一个集合点（CP）链路或一个永久链路
永久链路	permanent link	信息点与楼层配线设备之间的传输线路。它不包括工作区线缆和连接楼层配线设备的设备线缆、跳线，但可以包括一个 CP 链路
集合点（CP）	consolidation point	楼层配线设备与工作区信息点之间水平线缆路由中的连接点
CP 链路	CP link	楼层配线设备与 CP 之间，包括各端的连接器件在内的永久性的链路
建筑群配线设备	campus distributor	终接建筑群主干线缆的配线设备
建筑物配线设备	building distributor	建筑物主干线缆或建筑群主干线缆终接的配线设备
楼层配线设备	floor distributor	终接水平电缆或水平光缆和其他布线子系统线缆的配线设备
建筑物入口设施	building entrance facility	提供符合相关规范机械与电气特性的连接器件，使得外部网络电缆和光缆引入建筑物内
连接器件	connecting hardware	用于连接电缆线对和光纤的一个器件或一组器件
光纤适配器	optical fibre connector	将两对或一对光纤连接器件进行连接的器件
建筑群主干电缆、建筑群主干光缆	campus backbone cable	用于在建筑群内连接建筑群配线架与建筑物配线架的电缆、光缆
建筑物主干线缆	building backbone cable	连接建筑物配线设备至楼层配线设备及建筑物内楼层配线设备之间相连接的线缆。建筑物主干线缆可为主干电缆和主干光缆
水平线缆	horizontal cable	楼层配线设备到信息点之间的连接线缆
永久水平线缆	fixed　herizontal cable	楼层配线设备到 CP 的连接线缆，如果链路中不存在 CP 点，则为直接连至信息点的连接线缆
CP 线缆	CP cable	连接集合点（CP）至工作区信息点的线缆
信息点（TO）	telecommunications outlet	各类电缆或光缆终接的信息插座模块
设备电缆、设备光缆	equipment cable	通信设备连接到配线设备的电缆、光缆
跳线	jumper	不带连接器件或带连接器件的电线缆对与带连接器件的光纤，用于配线设备之间进行连接
线缆（包括电缆、光缆）	cable	在一个总的护套里，由一个或多个同一类型的线缆线对组成，并可包括一个总的屏蔽物
光缆	optical cable	由单芯或多芯光纤构成的线缆
电缆、光缆单元	cable unit	型号和类别相同的电缆线对或光纤的组合。电缆线对可有屏蔽物

续表

术　语	英　文　名	解　释
线对	pair	一个平衡传输线路的两个导体，一般指一个对绞线对
平衡电缆	balanced cable	由一个或多个金属导体线对组成的对称电缆
屏蔽平衡电缆	screened balanced cable	带有总屏蔽和/或每线对均有屏蔽物的平衡电缆
非屏蔽平衡电缆	unscreened balanced cable	不带有任何屏蔽物的平衡电缆
接插软线	patch calld	一端或两端带有连接器件的软电缆或软光缆
多用户信息插座	muiti-user telecommunications outlet	在某一地点，若干信息插座模块的组合
交接（交叉连接）	cross-connect	配线设备和信息通信设备之间采用接插软线或跳线上的连接器件相连的一种连接方式
互连	interconnect	不用接插软线或跳线，使用连接器件把一端的电缆、光缆与另一端的电缆、光缆直接相连的一种连接方式

1.5.2　综合布线符号与缩略词

表 1-3　综合布线符号与缩略词表

英文缩写	英　文　名　称	中文名称或解释
ACR	Attenuation to Crosstalk Ratio	衰减串音比
BD	Building Distributor	建筑物配线设备
CD	Campus Distributor	建筑群配线设备
CP	Consolidation Point	集合点
dB	dB	电信传输单元：分贝
d.c.	Direct current	直流
EIA	Electronic Industries Association	美国电子工业协会
ELFEXT	Equal Level Far End Crosstalk Attenuation(loss)	等电平远端串音衰减
FD	Floor Distributor	楼层配线设备
FEXT	Far End Crosstalk Attenuation(loss)	远端串音衰减（损耗）
IEC	International Electrotechnical Commission	国际电工技术委员会
IEEE	The Institute of Electrical and Electronics Engineers	美国电气及电子工程师学会
IL	Insertion loss	插入损耗
IP	Internet Protocol	Internet 协议
ISDN	Integrated Services Digital Network	综合业务数字网
ISO	International Organization for Standardization	国际标准化组织
LCL	Longitudinal to Differential Conversion loss	纵向对差分转换损耗
OF	Optical Fibre	光纤
PSNEXT	Power Sum NEXT Attenuation(loss)	近端串音功率和
PSACR	Power Sum ACR	ACR 功率和
PS ELFEXT	Power Sum ELFEXT Attenuation(loss)	ELFEXT 衰减功率和
RL	Return loss	回波损耗
SC	Subscriber Connector(optical fibre connector)	用户连接器（光纤连接器）
SFF	Small Form Factor Connector	小型连接器
TCL	Transverse Conversion loss	横向转换损耗

续表

英文缩写	英 文 名 称	中文名称或解释
TE	Terminal Equipment	终端设备
TIA	Telecommunications Industry Association	美国电信工业协会
UL	Underwriters Laboratories	美国保险商实验所安全标准
Vr.m.s	Vroot-mean-square	电压有效值

表 1-4　GB 50311—2016 与 ANSI/TIA/EIA 568-A 在综合布线设计与安装中主要术语对照表

GB 50311—2016		ANSI/TIA/EIA 568-A	
解　释	缩　略　语	解　释	术　语
建筑群配线设备	CD	主配线架	MDF
建筑配线设备	BD	楼层配线架	IDF
楼层配线设备	FD	通信插座	IO
通信插座	TO	过渡点	TP
集合点	CP		

1.5.3　名词

1. 数据传输速率

在数字通信系统中，电信号把数据从一个节点送到另一个节点，数字信号是一系列的电脉冲，如用正电压表示二进制的 1，负电压表示二进制的 0。数据传输速率就是指每秒传送的二进制脉冲的信息量，其单位通常为 bit/s。

在实际应用中，有些人常将传输通道的频率（MHz）与传输通道的数据传输速率（Mbit/s）混淆，其实它们是两个截然不同的概念。在信噪比确定不变的情况下，数据传输速率是单位时间内线路传输的二进制位的数量，衡量的是线路传送信息的能力；而通道的频率是单位时间内线路电信号的振荡次数。单位时间内线路传输的二进制位的数量由单位时间内线路中电信号的振荡次数与电信号每次振荡所携带二进制位（bit）的数量（信号编码效率）来决定，因此传输通道的频率与数据传输速率的关系类似于高速公路上行车道数量与车流量的关系。

2. 带宽

传输介质的带宽定义为介质所能携带的信息的容量，用 MHz 表示，表示介质所支持的频率范围。大多数铜质通信电缆的规定 MHz 范围可以从 1 MHz 到介质所能支持的最高频率范围，例如，6 类双绞线支持的带宽范围为 1～250 MHz，7 类双绞线支持的带宽范围为 1～600 MHz。对于光纤来说，光纤频率范围也被指定为 MHz，光纤的带宽指标根据光纤类型的不同而不同，一般认为单模光纤的带宽是无极限的，多模光纤有非常确定的带宽极限，如 62.5/125 μm 的多模光纤在 850 nm 波长下可支持 160 MHz 带宽范围，62.5/125 μm 的多模光纤在 1 300 nm 波长下可支持 500 MHz 带宽范围。

3. 特性阻抗与阻抗匹配

（1）特性阻抗

特性阻抗定义为通信电缆对电流的总抵抗力，用欧姆作为计量单位。所有的铜质通信电缆都有一个确定的特性阻抗指标。一种通信电缆的特性阻抗指标是该电缆的导线直径和覆盖在电缆导线外面的绝缘材料的电介质常数的函数。

一种通信电缆的特性阻抗是电缆的电容、电缆的电感和电缆的电阻三个变量的结合体。在一条电缆中无论哪个部分，其特性阻抗都必须是一个统一的指标。电缆的阻抗指标与电缆的长度不相关，这意味着一条 10 m 长的通信电缆必须与一条 100 m 长的通信电缆具有相同的特性阻抗。另外，一条布线链路中的所有电缆和部件都必须有一致的特性阻抗指标。任何布线链路中的阻抗不连续性都会导致链路中的信号反射，而电缆中的反射会导致信号损耗，并可能导致信号被破坏或与电缆链路中的其他信号冲突。

双绞线通信电缆有如下特性阻抗指标：
- UTP 电缆的特性阻抗指标为 100 Ω±15%；
- ScTP 电缆的特性阻抗指标为 100 Ω±15%；
- STP-A 电缆的特性阻抗指标为 150 Ω±15%。

（2）阻抗匹配

电子部件，例如局域网网卡和网络交换机，在经过设计后，可以在一条与特定的阻抗指标相匹配的电缆上传输信号。因为不同的通信电缆有不同的阻抗指标，所以使用正确类型的通信电缆来连接特定类型的装置是很重要的。设备的特性阻抗必须与通信电缆的特性阻抗指标相匹配，阻抗不匹配会导致电缆或局域网电路中的信号反射，而信号反射会造成对传输信息信号的干扰和破坏。例如，以太网中的信号反射会造成数据帧的冲突，被破坏的数据帧必须在局域网中重传，这造成了网络吞吐量的下降和更高的流量负荷。

当不同类型的电缆连接到不同类型的电子部件上时，必须要考虑阻抗匹配，UTP、STP-A 和同轴电缆各有不同的阻抗指标。使用 UTP 电缆连接到局域网设备时，若局域网设备只适用同轴电缆，这将会造成阻抗不匹配。如果一种电缆必须连接到一种电子设备上，而该设备有不同的特性阻抗，必须使用一种阻抗匹配部件（比如介质滤波器）来消除信号反射。

4. 平衡电缆和非平衡电缆

通信电缆分为平衡电缆和非平衡电缆。同轴电缆属于非平衡电缆，即中心导线和电缆屏蔽层的电气特性是不相等的。双绞线电缆属于平衡电缆，即电缆线对中的两根导体对地具有相同的电压。UTP 电缆、STP-A 电缆和 ScTP 电缆都是平衡电缆。

平衡电缆更适合于传输通信信号，因为它支持差分信令——应用在局域网上最典型的信令。在差分信令中，信号的正部在双绞线的一根中传输，而信号的负部另一根中传输。有差分信令的 UTP 电缆中的信号传输更为健壮和可靠。任何加于 UTP 电缆上的噪声会同时出现在传输信号的正部和负部中，这就为接收者对信号进行抵偿和排除提供了一种方法。差分信令也为电缆的电磁能量自我消除提供了一种方法，这就意味着其他在通信电缆运作的范围内的电器设备不会受到信号的干扰。

5. 电磁干扰与电磁兼容性

（1）电磁干扰

噪声也称为电磁干扰（EMI）。潜在的 EMI 大部分存在于大型的商业建筑中，在这些地方有很多电气和电子系统共用相同的空间。许多这样的系统会产生操作频率相同或者有部分频率重叠的信号，在相同频率范围内操作的系统之间，或者在类似频率范围内部分重叠的系统之间，将会互相干扰。

有许多种不同的 EMI 源，其中一些是人工干扰源，另一些则是自然干扰源。

EMI 的人工干扰源的例子有电子电力电缆和设备、通信设备和系统、具有大型电动机的大型设备、加热器和荧光灯；自然干扰源的例子有静电、闪电和电磁干扰。

大型工业电动机和设备能产生很强的电磁场，而这些电磁场会在铜质通信电缆上产生电感应。另外，任何产生电火花或者辐射出其他类型的电能的事物都被视为噪声源。这些电磁场将会导致在 UTP 电缆中产生电磁感应信号，而这些信号将会干扰正在相同电缆中传输的语音或者数据信号。设备产生的电磁场越强，电缆就应该离它越远，这样才可以保护电缆不会受到噪声的影响。

在铜质通信电缆中传输的信号很容易受噪声的影响。EMI 可以通过电感、传导或耦合的方式进入通信电缆。

铜质通信电缆必须防止 EMI 的影响，可以运用适当的安装技术，或者运用一种屏蔽电缆来阻挡有害的信号进入。光纤通信电缆不容易受到 EMI 的影响，因为光缆以光脉冲的形式传输通信信号，而这些信号不会受到电噪声能量的影响。因此，如果噪声很严重以致找不到合理的解决方法，那么就可以选择用光缆来取代铜质通信电缆。

（2）电磁兼容性

电磁兼容性是指设备或者设备系统在正常情况下运行时，不会产生干扰或者扰乱其他在相同空间或者环境中的设备或者系统的信号的能力。当所有设备可以共存并且能够在不会引入有害的电磁干扰的情况下正常运行，那么一个设备被认为与另一个设备是电磁兼容的。

电磁兼容具有两个方面：放射和免疫。

为了让通信系统和电气设备被认为是电磁兼容的，应该选定这些设备并检验它们可以在相同的环境下运行，并且不会对其他系统产生 EMI。必须选择那些不会产生干扰其他系统的放射系统；此外，还必须选择那些对其他设备产生的噪声和 EMI 最具免疫力的系统。

6. 分贝

分贝（deciBel，dB）是一种标准信号强度度量单位，由 Alexander Graham Bell 提出，这也就是为什么在 deciBel 这个词中 B 为大写的原因。

分贝确定信号的能量或强度，也可以用来衡量两个信号之间的比例或差别，例如输入信号和输出信号的间隔差别。大部分情况下，分贝用于描述建筑环境的声音等级或声音系统的等级。dB 值越高，声级越高。典型的环境和对应的噪声就是用 dB 度量其等级的。人类的耳朵是种非常敏感的器官，能够感受到的最小的分贝值变化是 1 dB。人类习惯了周围时时刻刻都有噪声。一个相对安静的环境的噪声数为 55 dB；吵闹的环境的噪声级数大概是 70 dB；当噪声级数达到 90 dB 或更高值时，就会对人的听力造成伤害。

分贝也是常用的度量通信电缆的单位，大部分电缆测试设备都提供以分贝为单位的测试结果。在测试通信电缆时，分贝数用来指出在通过电缆后电压信号等级的变化。在综合布线测试验收中分贝用于衡量衰减、近端串音（NEXT）、近端串音功能和（PS NEXT）、衰减串音比（ACR）和回波损耗（RL）等电气性能指标。

▶ 探索实践

（1）构想智能建筑的智能化蓝图。召开班级研讨会，由学生构想智能建筑的智能化系统类别、功能、发展前景等。

（2）查询最新的综合布线系统标准。网络技术日新月异，布线标准推陈出新，通过 Internet 查询或其他途径调查：当你学习本课程时，制定综合布线标准的国际组织 ISO/IEC、TIA/EIA、CENELEC 和我国相关部门是否又推出了比本书中介绍的标准更新的内容，如增编、标准草案、新增附件或更新的标准等。

习题与思考

一、选择题

1. 3A 智能建筑通常是指（　　　）。

　　A. 楼宇自动化、通信自动化、安保自动化

　　B. 通信自动化、办公自动化、防火自动化

　　C. 通信自动化、信息自动化、楼宇自动化

　　D. 楼宇自动化、办公自动化、通信自动化

2. 最新的智能建筑设计国家标准是（　　　）。

　　A. GB/T 50314—2000　　　　　　　B. GB/T 50314—2006

　　C. GB 50311—2016　　　　　　　　D. GB/T 50312—2016

3. 综合布线三级结构和网络树形三层结构的对应关系是（　　　）。

　　A. BD 对应核心层，CD 对应汇聚层

　　B. CD 对应核心层，FD 对应汇聚层

　　C. BD 对应核心层，FD 对应接入层

　　D. CD 对应核心层，BD 对应汇聚层

4. 从建筑群设备间到工作区，综合布线系统正确的顺序是（　　　）。

　　A. CD-FD-BD-TO-CP-TE

　　B. CD-BD-FD-CP-TO-TE

　　C. BD-CD-FD-TO-CP-TE

　　D. BD-CD-FD-CP-TO-TE

5. 5e 类综合布线系统对应的综合布线分级是（　　　）。

　　A. C 级　　　　　　B. D 级　　　　　　C. E 级　　　　　　D. F 级

6. E 级综合布线系统支持的频率带宽为（　　　）。

　　A. 100 MHz　　　　B. 250 MHz　　　　C. 500 MHz　　　　D. 600 MHz

7. 6A 类综合布线系统是在 TIA/EIA 568 的（　　　）标准中定义的。

　　A. TIA/EIA 568 B.1　　　　　　　B. TIA/EIA 568 B.3

　　C. TIA/EIA 568 B.2-1　　　　　　D. TIA/EIA 568 B.2-10

8. TIA/EIA 标准中（　　　）标准是专门定义标识管理的。

　　A. 569　　　　　　B. 570　　　　　　C. 606　　　　　　D. 607

9. 目前执行的综合布线系统设计国家标准是（　　　）。

    A. YD/T 926—2009《大楼通信综合布线系统》

    B. GB 50312—2007

    C. GB 50311—2016

    D. GB/T 50314—2006

二、简答题

1. 分析传输介质的带宽与传输速率的关系。

2. 分析网络系统结构与综合布线系统结构的关系。

3. 简述综合布线系统组成。

4. 简述综合布线系统结构及其变化。

项目 2　认识综合布线产品

▶ 学习目标

知识目标：

（1）熟悉网络标准与网络传输介质的关系。

（2）熟悉双绞线及连接件产品的种类与用途。

（3）熟悉光缆及连接件产品的种类与用途。

（4）了解国内综合布线产品市场。

技能目标：

（1）能够为综合布线系统正确选用双绞线及连接件产品。

（2）能够为综合布线系统正确选用光缆及连接件产品。

（3）能够通过 Internet 搜索综合布线产品信息。

PPT：认识综合布线产品

素质目标

2.1　项目背景

你经常听说百兆网络、千兆网络、万兆网络吧，这个是指网络的传输速率，如高校校园网现在常见的建设标准是万兆核心层、千兆汇聚层、百兆接入桌面。如何实现网络传输及传输速率的要求，首先要解决的是通信线路问题，这个就是综合布线的目的所在。计算机网络通信分为有线通信和无线通信两大类。在有线通信系统中，网络传输介质有铜缆和光纤两类，铜缆又可分为同轴电缆和双绞线电缆两种。同轴电缆是十兆网络时代的数据传输介质，目前已退出计算机通信市场，仅在广播电视和模拟视频监控领域还有部分使用。而随着视频监控进入网络时代，其通信介质也已全面进入双绞线电缆和光缆时代。

有的双绞线只能传输千兆网络，有的光纤传输万兆网络时传输距离不能超过 500 m，因此在综合布线工程中要面临选择布线产品（网络传输介质）的问题，是选用 6 类双绞线还是 6A 类双绞线？是选用非屏蔽双绞线还是屏蔽双绞线？是选用多模光纤还是单模光纤？本项目就带大家来认识包括线缆和连接件等传输介质的综合布线产品。

2.2　网络应用标准与有线网络传输介质

不同的网络传输介质支持不同的网络应用标准，网络应用标准和有线传输介质及其有效传输距离的对应关系见表 2-1，有关传输介质将在后面陆续介绍。

微课：网络应用标准与有线网络传输介质

表 2-1　网络应用标准与网络传输介质的对应表

传输速率	网络标准	物理接口标准	传输介质	传输距离（m）	备　　注
10 Mbit/s	IEEE 802.3	10Base-2	细同轴电缆	185	已退出市场
		10Base-5	粗同轴电缆	500	已退出市场

续表

传输速率	网络标准	物理接口标准	传输介质	传输距离（m）	备　注
10 Mbit/s	IEEE 802.3i	10Base-T	3 类双绞线	100	
	IEEE 802.3j	10Base-F	光纤	2 000	
100 Mbit/s	IEEE 802.3u	100Base-T4	3 类双绞线	100	使用 4 个线对
		100Base-TX	5 类双绞线	100	使用 12、36 线对
		100Base-FX	光纤	2 000	
1 Gbit/s	IEEE 802.3ab	1000Base-T	5 类以上双绞线	100	每对线缆既接收又发送
	TIA/EIA 854	1000Base-TX	6 类以上双绞线	100	两对发送，两对接收
	IEEE 802.3z	1000Base-SX	62.5 μm 多模光纤/短波 850 nm/带宽 160 MHz·km	220	
		1000Base-SX	62.5 μm 多模光纤/短波 850 nm/带宽 200 MHz·km	275	
		1000Base-SX	50 μm 多模光纤/短波 850 nm/带宽 400 MHz·km	500	
		1000Base-SX	50 μm 多模光纤/短波 850 nm/带宽 500 MHz·km	550	
		1000Base-LX	多模光纤 / 长波 1 300 nm	550	
		1000Base-LX	单模光纤	5 000	
		1000Base-CX	150 Ω 平衡屏蔽双绞线（STP）	25	适用于机房中短距离连接
10 Gbit/s	IEEE 802.3ae	10GBase-SR	62.5 μm 多模光纤/850 nm	26	
		10GBase-SR	50 μm 多模光纤/850 nm	65	
		10GBase LR	9 μm 单模光纤/1 310 nm	10 000	
		10GBase-ER	9 μm 单模光纤/1 550 nm	40 000	
		10GBase-LX4	9 μm 单模光纤/1 310 nm	10 000	WDM 波分复用
		10GBase-SW	62.5 μm 多模光纤/850nm	26	物理层为 WAN
		10GBase-SW	50 μm 多模光纤/850nm	65	物理层为 WAN
		10GBase-LW	9 μm 单模光纤/1 310 nm	10 000	物理层为 WAN
		10GBase-EW	9 μm 单模光纤/1 550 nm	40 000	物理层为 WAN
	IEEE 802.3ak	10GBase-CX4	同轴铜缆	15	
	IEEE 802.3an	10GBase-T	6 类双绞线	55	使用 4 个线对
			6A 类以上双绞线	100	使用 4 个线对

续表

传输速率	网络标准	物理接口标准	传输介质	传输距离（m）	备　注
40 Gbit/s	IEEE 802.3ba	40GBase-KR4	交换机背板链路	1	
		40GBase-CR4	铜缆	7	
		40GBase-SR4	OM3 多模光缆	100	
			OM4 多模光缆	125	
40 Gbit/s	IEEE 802.3ba	40GBase-FR	单模光纤	2 000（连续）	
		40GBase-LR4	单模光纤	10 000	
100 Gbit/s	IEEE 802.3ba	100GBase-CR10	铜缆	7	
		100GBase-SR10	OM3 多模光缆	100	
			OM4 多模光缆	125	
		100GBase-LR4/ER4	单模光纤	10 000 或 40 000	

注：TSB-155 中对于 6 类定义为 37 m 内传输万兆，37～55 m 内需要采用补偿技术缓解线外串扰。

2.3 双绞线

如果你是第一次接触双绞线（俗称网线）一定有很多困惑，为什么两根线芯要相互缠绕在一起？为什么是 4 对 8 根线芯？为什么有的线芯粗、有的线芯细，有的还包了金属膜（网）？下面我们来一探究竟。

2.3.1 双绞线的结构

双绞线（Twisted Pair，TP）由两根 22～26 号绝缘铜导线相互缠绕而成。如果把一对或多对双绞线放在一个绝缘套管中，便构成了双绞线电缆。在双绞线电缆（也称为双扭线电缆）内，不同线对具有不同的扭绞长度（Twist Length）。把两根绝缘的铜导线按一定密度互相绞合在一起，可降低信号干扰的程度，每一根导线在传输中辐射出来的电波会被另一根线上发出的电波抵消，一般扭线越密其抗外来电磁信号干扰的能力就越强。

与光缆相比，双绞线在传输距离、信道宽度和数据传输速率等方面均受到一定限制，但价格较为低廉、布线成本降低、施工方便。近年来，双绞线技术和生产工艺在不断发展，使得其在传输距离、信道宽度和数据传输速率等方面都有较大的突破，支持万兆传输的 6A 类双绞线已推向市场。双绞线的抗干扰能力视其是否有良好的屏蔽和设置地点而定，如果干扰源的波长大于双绞线的扭绞长度，其抗干扰性大于同轴电缆（在 10～100 kHz 以内，同轴电缆抗干扰性更好）。双绞线较适合于近距离、环境单纯（远离潮湿、电源磁场等）的局域网络系统。

按美国线缆标准（American Wire Gauge，AWG），双绞线的绝缘铜导线线芯大小有 22、23、24 和 26 等规格，规格数字越大，导线越细。常用 5e 类非屏蔽双绞线规格是 24AWG，铜导线线芯直径约为 0.51 mm，加上绝缘层的铜导线直径约为 0.92 mm，其中绝缘材料是 PE（高密度聚乙烯）。典型的加上塑料外部护套的 5e 类非屏蔽双绞线电缆直径约为 5.3 mm。常用 6 类非屏蔽双绞线规格是 23AWG，铜导线线芯直径约为 0.58 mm，6 类非屏蔽双绞线普遍比 5e 类粗，由于 6 类线缆结构较多，因此粗细不一，如直径有 5.8 mm、5.9 mm、6.5 mm 等。

电缆护套外皮有非阻燃（CMR）、阻燃（CMP）和低烟无卤（Low Smoke Zero Halogen，LSZH）三种材料。电缆的护套若含卤素，则不易燃烧（阻燃），但在燃烧过程中，释放的毒性大。电缆的护套若不含卤素，则易燃烧（非阻燃），但在燃烧过程中所释放的毒性小。因此，在设计综合布线时，应根据建筑物的防火等级，选择阻燃型线缆或非阻燃型线缆。

用于数据通信的双绞线为 4 对结构，为了便于安装与管理，每对双绞线有颜色标示，4 对 UTP 电缆的颜色分别为蓝色、橙色、绿色和棕色。每对线中，其中一根的颜色为线对颜色加上白色条纹或斑点（纯色），另一根的颜色为白底色加线对颜色的条纹或斑点，具体的颜色编码见表 2-2。

表 2-2　4 对 UTP 电缆颜色编码

线　对	颜色色标		缩　写	
线对 1	白—蓝	蓝	W—BL	BL
线对 2	白—橙	橙	W—O	O
线对 3	白—绿	绿	W—G	G
线对 4	白—棕	棕	W—BR	BR

双绞线电缆的外部护套上每隔 2 ft（约 0.6 m）会印刷上一些标识。不同生产商的产品标识可能不同，但一般包括双绞线类型、NEC/UL 防火测试和级别、CSA 防火测试、长度标志、生产日期、双绞线的生产商和产品号码等信息。下面以 VCOM 的产品为例说明这些标识。

例: VCOM 公司双绞线标识。

"VCOM TUM3046GY CABLE UTP ANSI TIA/EIA 568-B:2-1 23AWG (4PR) OR ISO/IEC11801 VERIFIED CAT 6 270M 2015 12 27" 这些记号提供了这条双绞线的以下信息。

① VCOM：指的是该双绞线的生产商。

② TUM3046GY：指的是该双绞线的公司产品型号。

③ CABLE UTP：为非屏蔽双绞线。

④ ANSI TIA/EIA 568-B:2-1 23AWG (4PR) OR ISO/IEC11801 VERIFIED CAT 6：是 4 对 23 AWG 的 6 类产品，符合 TIA/EIA568-B:2-1 和 ISO/IEC 11801 线缆标准。

⑤ 270M：表示这条双绞线的长度点为 270 m。双绞线的长度一般用米（m）或英尺（ft）标示。这个标记对于我们使用双绞线时非常实用，方便计算双绞线使用长度和剩余长度。1 ft 等于 0.304 8 m。

⑥ 2015 12 27：产品生产日期。

2.3.2　双绞线的种类与型号

按结构分类，双绞线电缆可分为非屏蔽双绞线电缆和屏蔽双绞线电缆两类。

按性能指标分类，双绞线电缆可分为 1 类、2 类、3 类、4 类、5 类、5e 类、6 类、6A 类、7 类、7A 类、8 类双绞线电缆，或 A、B、C、D、E、EA、F 级双绞线电缆。

按特性阻抗划分，双绞线电缆有 100 Ω、120 Ω 及 150 Ω 等几种。常用的是 100 Ω 的双绞线电缆。

按双绞线对数多少进行分类，有 1 对、2 对、4 对双绞线电缆，以及 25 对、50 对、100 对的大对数双绞线。

1. 非屏蔽双绞线与屏蔽双绞线电缆

（1）非屏蔽双绞线（UTP）

非屏蔽双绞线电缆，顾名思义，就是没有用来屏蔽双绞线的金属屏蔽层，它在绝缘套管中封装了一对或一对以上的双绞线，每对双绞线按一定密度互相绞在一起，提高了抗系统本身电子噪声和电磁干扰的能力，但不能防止周围的电子干扰。UTP 中还有一条撕剥线（撕裂绳），使套管更易剥脱，如图 2-1 所示。

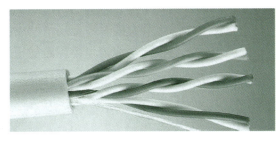
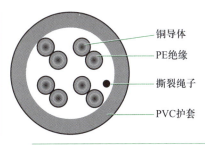

铜导体
PE 绝缘
撕裂绳子
PVC 护套

图 2-1
5e 类 4 对 24 AWG-UTP

UTP 电缆是通信系统和综合布线系统中最流行的传输介质。常用的 UTP 电缆封装 4 对双绞线，配上标准的 RJ-45 接头，可应用于语音、数据、音频、呼叫系统以及楼宇自动控制系统，也可同时用于干线子系统和配线子系统的布线。封装 25 对、50 对和 100 对等大对数的 UTP 电缆，应用于语音通信的干线子系统中。

UTP 电缆的优点如下：

- 无屏蔽外套，直径小，节省所占用的空间；
- 质量小、易弯曲、易安装；
- 将串扰减至最小或加以消除；
- 具有阻燃性。

（2）屏蔽双绞线（FTP、STP）

随着电气设备和电子设备的大量应用，通信链路受到越来越多电子干扰。动力线、发动机、大功率无线电和雷达信号等其他信号源都可能带来称为噪声的破坏或干扰。另一方面，电缆导线中传输的信号能量的辐射，也会对临近的系统设备和电缆产生电磁干扰（EMI）。在双绞线电缆中增加屏蔽层就是为了提高电缆的物理性能和电气性能，减少电缆信号传输中的电磁干扰。该屏蔽层能将噪声转变成直流电。屏蔽层上的噪声电流与双绞线上的噪声电流相反，因而两者可相互抵消。屏蔽电缆可以保存电缆导线传输信号的能量，电缆导线正常的辐射能量将会碰到电缆屏蔽层，由于电缆屏蔽层接地，屏蔽金属箔将会把电荷引入地下，从而防止信号对通信系统或其他对电子噪声比较敏感的电气设备的电磁干扰（EMI）。

电缆屏蔽层的设计有如下几种形式：

- 屏蔽整个电缆；
- 屏蔽电缆中的线对；

- 屏蔽电缆中的单根导线。

电缆屏蔽层由金属箔、金属丝或金属网几种材料构成。

屏蔽双绞线电缆有 STP 和 FTP 两类。

STP 既屏蔽每个线对，又屏蔽整个电缆，如图 2-2 所示。

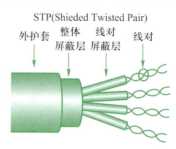

STP(Shieded Twisted Pair)

图 2-2
屏蔽双绞线电缆（STP）

另一类屏蔽双绞线电缆是金属箔屏蔽双绞线电缆，称为 ScTP 或 FTP。它不再屏蔽各个线对，而只屏蔽整个电缆，电缆中所有线对被金属箔制成的屏蔽层所包围，在电缆护套下，有一根漏电线，这根漏电线与电缆屏蔽层相接，如图 2-3 所示。

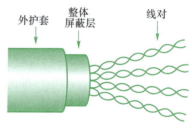

图 2-3
金属箔屏蔽双绞线电缆
（FTP 或 ScTP）

通信线路仅仅采用屏蔽双绞线电缆不足以起到良好的屏蔽作用，还必须考虑接地和端接点屏蔽等问题。屏蔽双绞线中有一条接地线，当屏蔽双绞线电缆有良好的接地时，屏蔽层就像一根电线把接收到的噪声转化为屏蔽层里的电流，这股电流依次在双绞线里感应方向相反但大小相等的电流，这两股电流只要对称则会相互抵消，因而不会把网络噪声传输到接收端。但是屏蔽层里有断点（如端接点）或电流不对称时，双绞线里的电流则会产生干扰。因此，为了起到良好的屏蔽作用，屏蔽式布线系统中的每一个元件（双绞线、RJ 接头、信息模块、配线架等）必须全部是屏蔽结构，如图 2-4 所示，且接地良好。

2. 双绞线电缆类型

（1）1 类双绞线（Cat 1）

缆线最高频率带宽是 750 kHz，用于报警系统，或只适用于语音系统。

（2）2 类双绞线（Cat 2）

缆线最高频率带宽是 1 MHz，用于语音、EIA-232。

（3）3 类双绞线（Cat 3）

3 类/C 级电缆的频率带宽最高为 16 MHz，主要应用于语音、10 Mbit/s 的以太网和 4 Mbit/s 令牌环，最大网段长为 100 m，采用 RJ 形式的连接器。4 对 3 类双绞线早已退出市场，市场上的 3 类双绞线产品只有用于语音主干布线的 3 类大对数电缆及相关配线设备。

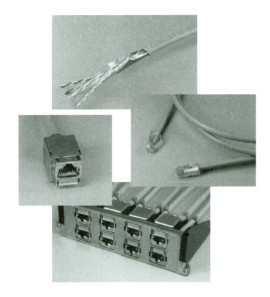

图 2-4
屏蔽系统元件

（4）4 类双绞线（Cat 4）

缆线最高频率带宽为 20 MHz，最高数据传输速率为 20 Mbit/s，主要应用于语音、10 Mbit/s 的以太网和 16 Mbit/s 令牌环，最大网段长为 100 m，采用 RJ 形式的连接器，未被广泛采用。

（5）5 类双绞线（Cat 5）

5 类/D 级电缆外套为高质量的绝缘材料。在双绞线电缆内，不同线对具有不同的绞距长度。一般来说，4 对双绞线绞距周期在 38.1 mm 内，按逆时针方向扭绞，一对线对的扭绞长度在 12.7 mm 以内。线缆最高频率带宽为 100 MHz，传输速率为 100 Mbit/s（最高可达 1 000 Mbit/s），最大网段长为 100 m，采用 RJ 形式的连接器。用于数据通信的 4 对 5 类产品已退出市场，目前只有应用于语音主干布线的 5 类大对数电缆及相关配线设备。

（6）5e 类双绞线（Cat 5e）

5e 类/D 级双绞线（Enhanced Cat 5），或称为"超 5 类""增强型 5 类"，是目前市场的主流产品。

双绞线的电气特性直接影响了其传输质量，双绞线的电气特性参数同时也是布线链路中的测试参数。5e 类双绞线的性能超过 5 类，与普通的 5 类 UTP 相比其衰减更小，同时具有更高的衰减串扰比（ACR）和回波损耗（RL），以及更小的时延和衰减，性能得到了提高。5e 类能稳定支持传输 100 Mbit/s 网络，相比 5 类能更好支持 1 000 Mbit/s 网络，成为目前网络应用中较好的解决方案。

（7）6 类双绞线（Cat 6）

TIA/EIA 在 2002 年正式颁布 6 类标准，与 5e 类相比，6 类/E 级双绞线是 1 000 Mbit/s 数据传输的最佳选择。6 类布线系统目前已成为市场的主流产品，市场占有率已超过 5e 类。

6 类双绞线标准规定线缆频率带宽为 250 MHz，它的绞距比 5e 类更密，线对间的相互影响更小，从而提高了串扰的性能。6 类电缆的线径比 5 类电缆要大，其结构有 3 种：第 1 种结构和 5 类产品类似，采用紧凑的圆形设计方式及中心平行隔离带技术，可获得较好的电气性能，其结构如图 2-5（a）所示；第 2 种是一字隔离，将线对两两隔离，如图 2-5（b）所示；第 3 种结构采用中心扭十字技术，电缆采用十字分隔器，线对之间的分隔可阻止线对间串扰，其物理结构如图 2-5（c）所示。

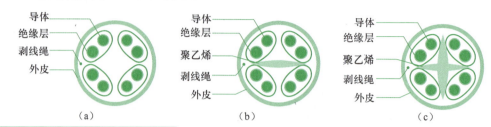

导体 绝缘层 剥线绳 外皮	导体 绝缘层 聚乙烯 剥线绳 外皮	导体 绝缘层 聚乙烯 剥线绳 外皮
（a）	（b）	（c）

图 2-5
6 类 UTP 结构

6 类标准规定了铜缆布线系统应当能提供的最高性能，规定允许使用的线缆及连接类型为 UTP 或 FTP；整个系统包括应用和接口类型都要求具有向下兼容性，即新的 6 类布线系统上可以运行以前在 3 类或 5 类系统上运行的应用，用户接口也采用 8 位模块化插座。

（8）增强 6 类双绞线（Cat 6A）

增强 6 类（俗称超 6 类）双绞线概念最早是由厂家提出的。由于 6 类双绞线标准规定线缆频率带宽为 250 MHz，有的厂家的 6 类双绞线频率带宽超过了 250 MHz，如为 300 MHz 或 350 MHz 时，就自定义了"超 6 类""Cat 6A""Cat 6E"等类别名称，表明自己的产品性能超过了 6 类双绞线。ISO/IEC 定义其为 EA 级。

IEEE 802.3an 10GBase-T 标准的发布，将万兆铜缆布线时代正式推到人们面前，布线标准组织正式提出了增强六类（Cat 6A）的概念。已颁发的 10GBase-T 标准包含了传输要求等指标，而这对线缆的选择来说产生了一定的困扰，因为 10GBase-T 标准中的传输要求超过了 Cat 6/Class E 的要求指标，10GBase-T 在 Cat 6/Class E 线缆上仅能支持不大于 55 m 的距离。

为突破距离的限制，在 TIA/EIA 568-B.2-10 标准中规定了 6A 类（超 6 类）布线系统，支持的传输带宽为 500 MHz，其传输距离为 100 m，线缆及连接类型也为 UTP 或 FTP。

图 2-6 所示是一款美国康普公司的 6A 类 UTP 双绞线产品（GigaSPEED X10D 1091），该线缆采用内齿外圆的外皮结构，线对采用一字隔离，线缆规格为 23AWG，外径为 8 mm，比 Cat 5e 的外径 5.3 mm 粗了很多。

 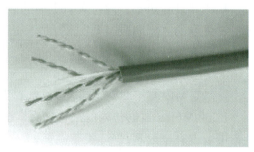

图 2-6
Cat 6A/Class EA 双绞线

（9）7 类双绞线（Cat 7）

Cat 7 的实现带宽为 600 MHz。图 2-7 所示是德特威勒公司的一款 Cat 7 FTP 双绞线产品，其线缆为 AWG23，借助于单独的线对铝箔屏蔽和整个线缆的编织网屏蔽层，达到非常优异的屏蔽效果。

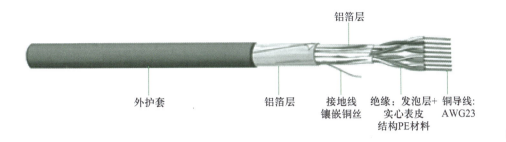

铝箔层

外护套　　　　铝箔层　　　接地线　　　绝缘：发泡层+　铜导线：
　　　　　　　　　　　　　镶嵌铜丝　　实心表皮　　AWG23
　　　　　　　　　　　　　　　　　　结构PE材料

图 2-7
德特威勒公司的一款 Cat 7 FTP

（10）7A 类电缆系统

7A 类是更高等级的线缆，其实现带宽为 1 000 MHz，对应的连接模块的结构与目前的 RJ-45 完全不兼容，目前市面上能看到 GG-45（向下兼容 RJ-45）和 Tear 模块（可完成 1 200 MHz 传输）。7A 类只有屏蔽线缆，由于频率的提升所以必须采用线对铝箔屏蔽加外层铜网编织层屏蔽实现，是为 4 万兆和 10 万兆而准备的线缆。

（11）8 类电缆系统

8 类是目前知道的最高等级的传输线缆，其实现带宽计划为 1 500 MHz。

3. 大对数电缆

大对数电缆，即大对数干线电缆，如图 2-8 所示。大对数电缆为 25 线对（50 线对、100 线对等）成束的电缆结构，在外观上看，为直径更大的单根电缆。大对数只有 UTP 电缆。

图 2-8
大对数电缆外观

为方便安装和管理，大对数电缆采用 25 对国际工业标准彩色编码进行管理，每个线对束都有不同的颜色编码，同一束内的每个线对又有不同的颜色编码，其颜色顺序如下。

01	02	03	04	05	06	07	08	09	10	11	12	13	14	15	16	17	18	19	20	21	22	23	24	25
白					红					黑					黄					紫				
蓝	橙	绿	棕	灰	蓝	橙	绿	棕	灰	蓝	橙	绿	棕	灰	蓝	橙	绿	棕	灰	蓝	橙	绿	棕	灰

- 主色：白、红、黑、黄、紫。
- 辅色：蓝、橙、绿、棕、灰。

任何系统只要使用超过 1 对的线对，就应该在 25 个线对中按顺序分配，不要随意分配线对。

导线彩色编码见表 2-3。

表 2-3　25 对非屏蔽软线导线彩色编码表

线　对	色 彩 码	线　对	色 彩 码
1	白/蓝//蓝/白	14	黑/棕//棕/黑
2	白/橙//橙/白	15	黑/灰//灰/黑
3	白/绿//绿/白	16	黄/蓝//蓝/黄
4	白/棕//棕/白	17	黄/棕//棕/黄
5	白/灰//灰/白	18	黄/绿//绿/黄
6	红/蓝//蓝/红	19	黄/棕//棕/黄
7	红/橙//橙/红	20	黄/灰//灰/黄
8	红/绿//绿/红	21	紫/蓝//蓝/紫
9	红/棕//棕/红	22	紫/橙//橙/紫
10	红/灰//灰/红	23	紫/绿//绿/紫
11	黑/蓝//蓝/黑	24	紫/棕//棕/紫
12	黑/橙//橙/黑	25	紫/灰//灰/紫
13	黑/绿//绿/黑		

2.3.3　双绞线连接器件

双绞线的主要连接件有配线架、信息插座和接插软线（跳接线），信息插座采用信息模块和 RJ 接头连接。在电信间，双绞线电缆端接至配线架，再用跳接线连接。

1. 信息模块与 RJ 接头

（1）信息模块与 RJ 接头的结构

信息模块与 RJ 接头一直用于双绞线电缆的端接，在语音和数据通信中有 3 种不同尺寸和类型的模块：四线位结构、六线位结构和八线位结构。通信行业中将模块结构指定为专用模块型号，这些模块上通常都有 RJ 字样，RJ 是缩写，表示"已注册"。RJ-11 指代四线位或者六线位结构模块，RJ-45 代表八线位模块结构。

四线位结构连接器用"4P4C"表示，这种类型的连接器通常用在大多数电话中。六线位结构连接器用"6P6C"表示，这种类型的连接器主要用于老式的数据连接。八线位结构连接器用"8P8C"表示，这种结构是目前综合布线端接标准，用于 4 对 8 芯水平电缆（数据和语音）的端接。RJ 接头俗称水晶头。

（2）RJ-11 连接头

4P4C 类型的连接器称为 RJ-11 接头，如图 2-9（a）所示，用于电话连接。在综合布线系统中，电话信息插座要求安装为 8P8C 结构的数据信息模块，用该信息模块适配 RJ-11 接头的跳线连接到普通电话机，用于语音通信。随着网络应用的拓展，新型 VOIP 网络电话机直接连 RJ-45 接头。

（3）RJ-45 接头

根据端接的双绞线的类型，有非屏蔽和屏蔽等不同类型的 RJ-45 接头。图 2-9（b）所示为屏蔽 RJ-45 接头，图 2-9（c）为非屏蔽 RJ-45 接头。

（4）信息模块与 RJ 接头连接标准

信息模块/RJ 接头与双绞线端接有 T568A 或 T568B 两种结构，它们都是 ANSI/TIA/EIA 568-A 和 ANSI/TIA/EIA 568-B 综合布线标准支持的结构。按照 T568B 标准布线的接线和按照 T568A 标准接线，信息模块/RJ 接头的引针与线对的分配如图 2-10 所示。

（a）

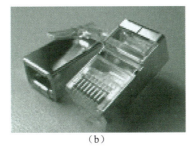
（b）

（c）

图 2-9
RJ-11 接头、屏蔽 RJ-45
接头和非屏蔽 RJ-45 接头

从引针 1 至引针 8 对应的线序如下。

- T568A：白—绿、绿、白—橙、蓝、白—蓝、橙、白—棕、棕。
- T568B：白—橙、橙、白—绿、蓝、白—蓝、绿、白—棕、棕。

注意，在同一个工程中，只能采用一种连接标准。否则，就应标注清楚。

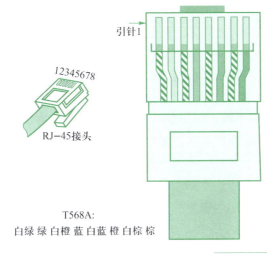

图 2-10
RJ-45 接头 T568A 线序

（5）RJ-11 信息模块

在综合布线系统的水平布线系统中，为便于管理和满足通信类型变更的需要，语音、数据通信都采用相应的 4 对双绞线电缆，信息插座要求采用 8P8C 结构的 RJ-45 信息模块连接。有些综合布线工程为了节约成本，对于无须变更的语音通信链路的信息插座，也有采用 RJ-11 信息模块连接（4P4C 结构）的。RJ-11 信息模块如图 2-11 所示。

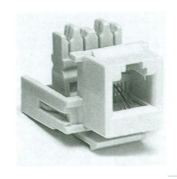

图 2-11
RJ-11 信息模块

（6）RJ-45 信息模块

信息模块用于端接水平电缆，模块中有 8 个与电缆导线连接的接线。从前端看，这些触点从接线端开始用数字 1～8 标记。RJ-45 接头插入模块后，与那些触点物理连接在一起。信息模块与插头的 8 根针状金属片具有弹性连接，且有锁定装置，一旦插入连接很难直接拔出，必须解锁后才能顺利拔出。由于弹簧片的摩擦作用，电接触随插头的插入而得到进一步加强。最新国际标准提出信息模块应具有 45° 斜面，并具有防尘、防潮护板功能。

信息模块用绝缘位移式连接（IDC）技术设计而成。连接器上有与单根电缆导线相连的接线块（狭槽），通过打线工具或者特殊的连接器帽盖将双绞线导线压到接线块里。卡接端子可以穿过导线的绝缘层直接与连接器物理接触。双绞电缆与信息模块的接线块连接时，应按色标要求的顺序进行卡接。图 2-12 所示为信息模块结构图。

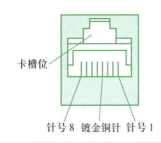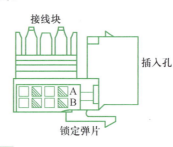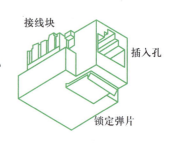

图 2-12
信息模块结构图

综合布线所用的信息模块多种多样，不同厂商的信息模块的接线结构和外观也不一致，但不管怎样，信息模块都应在底盒内部做固定线连接。

① 接线部位不同。信息模块和双绞线端接位置一般有两种，一种是在信息模块的上部，另一种是在信息模块的尾部。图 2-13 所示是安普公司的信息模块产品。当然大多数产品采用上部端接方式。

图 2-13
不同端接位置的信息模块

尾部端接　　　　　　　上部端接

② 打线方式不同。根据端接双绞线的方式，信息模块有 110 打线式信息模块和免打线式信息模块两类。打线式信息模块如图 2-14（a）所示，须用专用的 110 打线工具将双绞线导线压到信息模块的接线块里；免打线式信息模块如图 2-14（b）所示，只用连接器帽盖将双绞线导线压到信息模块的接线块里（也可用专用的打线工具）。目前市场上流行的是免打线信息模块。

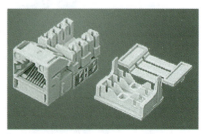

图 2-14
打线式信息模块和免打线信息模块

（a）　　　　　　　　　　　　　　　（b）

③ 屏蔽式信息模块。除 UTP 信息模块外，还有屏蔽式信息模块，如图 2-15 所示。当安装屏蔽电缆系统时，整个链路都必须屏蔽，包括线缆和连接件。屏蔽双绞电缆的屏蔽层与连接硬件端接处的屏蔽罩必须保持良好接触。线缆屏蔽层应与连接硬件屏蔽罩 360° 圆周接触，接触长度不宜小于 10 mm。

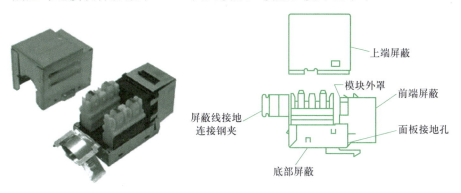

图 2-15
屏蔽式信息模块结构

2. 配线架

配线架是电缆或光缆进行端接和连接的装置，在配线架上可进行互连或交接操作。建筑群配线架是端接建筑群干线电缆、光缆的连接装置；建筑物配线架是端接建筑物干线电缆、干线光缆并可连接建筑群干线电缆、干线光缆的连接装置；楼层配线架是水平电缆、水平光缆与其他布线子系统或设备相连接的装置。

根据数据通信和语音通信的区别，配线架一般分为数据配线架和 110 配线架两种。

（1）数据配线架

数据配线架都是安装在 19 in（1 in=2.54 cm）标准机柜上的，主要有 24 口和 48 口两种规格，用于端接水平布线的 4 对双绞线电缆。如果是数据链路，则用 RJ-45 跳线连接到网络设备上；如果是语音链路，则用 RJ-45—110 跳线跳接到 110 配线架（连语音主干电缆）。

目前流行的是模块化配线架，如图 2-16 所示。图 2-17 所示是康普公司的一款 48 口的模块化配线架，满配为 8 个 6 口配线架信息模块。这些模块都可以向前翻转，从而在前面就可以进行线缆端接和维护。配线架内置的水平线缆理线环，既可以进行跳线管理，又可在施工时临时安放管理模块进行线对端接。这种独特的模块化技术和跳线管理方式可以自由组合各类铜缆信息端口和各类光纤端口，同时，在未来用户进行系统升级时，也可以很方便地将其中的铜缆模块更换成光纤模块，为网络系统管理人员提供了灵活的铜缆和光纤混合管理方法。

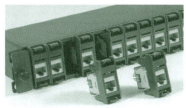

图 2-16
各种模块化配线架

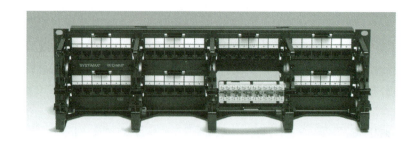

图 2-17
带理线环的模块化配线架

数据中心的配线架常用的还有角型和凹型结构。角型配线架的结构是中间突出，端口向两侧倾斜的设计，如图 2-18（a）所示，使跳线可以直接跟两侧的垂直理线槽进行理线，省去安装理线架的空间，提高机柜的安装密度。

凹型配线架则采用凹陷的设计，如图 2-18（b）所示，在角型配线架的基础上，能减少配线架前面的占用空间，有利于跳线的理线，并且不会使机柜门压迫到跳线，更方便维护人员的跳线管理操作。

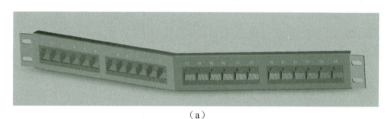

（a）

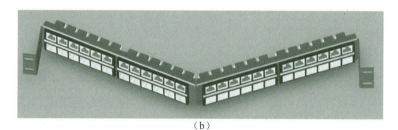

图 2-18
角型配线架和凹型高密度配线架

（b）

屏蔽系统要求整个系统上的产品都是屏蔽产品。

（2）110 配线架

110 型连接管理系统的基本部件是 110 配线架、连接块、跳线和标签，这种配线架有 25 对、50 对、100 对、300 对多种规格。110 配线架其上装有若干齿形条，沿配线架正面从左到右均有色标，以区别各条输入线。这些线放入齿形条的槽缝里，再与连接块接合，利用 788J1 工具，就可将配线环的连线"冲压"到 110C 连接块上。110 系列配线架有多种结构，下面介绍夹接式的 110A 型、110D 型和接插式的 110P 型。

1）110A 型配线架。

该配线架配有若干引脚，俗称"带腿的 110 配线架"。110A 可以应用于所有场合，特别是大型电话应用场合，通常直接安装在二级交接间、配线间的墙壁上，如图 2-19（a）所示。

2）110D 型配线架。

该配线架俗称不带引脚 110 配线架，适用于标准布线机柜安装，如图 2-19

（b）所示。

3）110P 型配线架。

该配线架由 100 对 110D 配线架及相应的水平过线槽组成，安装在一个背板支架上，底部有一个半密闭的过线槽。110P 型配线架有 300 对和 900 对两种，图 2-19（c）所示是 300 对带 188 理线槽的 110P 型配线架，其外观简洁，简单易用的插拔快接跳线代替了跨接线，为管理带来了方便。110P 型配线架采用 188C3（900 对）和 188D3（300 对）理线槽。

（a）110A型配线架

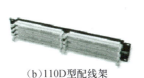

（b）110D型配线架

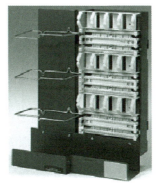

（c）110P型配线架

图 2-19
110 配线架

110 配线系统中都用到了连接块（Connection Block），称为 110C，如图 2-20 所示。连接块有 3 对线（110C-3）、4 对线（110C-4）和 5 对线（110C-5）3 种规格。连接块包括了一个单层、耐火、塑模密封器，内含熔锡快速接线柱，它们穿过线缆上的绝缘层，接在连接块的底座上，而且在配线架上电缆连接器和跳线或 110 型快接式跳线之间提供了电气紧密连接。

连接块上彩色标识顺序为蓝、橙、绿、棕、灰。3 对连接块为蓝、橙、绿，4 对连接块为蓝、橙、绿、棕，5 对连接块为蓝、橙、绿、棕、灰。在 25 对的 110 配线架基座上安装时，应选择 5 个 4 对连接块和 1 个 5 对连接块，或 7 个 3 对连接块和 1 个 4 对连接块，从左到右完成白区、红区、黑区、黄区和紫区的安装，这与 25 对大对数电缆的安装色序一致。

3. 双绞线跳线

跳线用于配线设备与配线设备或配线设备与信息通信设备之间的连接，如信息插座连计算机、数据交换机连配线设备、配线子系统连干线子系统、干线子系统连建筑群子系统等。

相应的跳线有 RJ-45—RJ-45、RJ-45—110、110—100 等不同接口的跳线。RJ-45—RJ-45 跳线用于配线设备和信息通信设备之间的连接；RJ-45—110 跳线用于配线子系统（RJ-45 接口配线架）与语音干线子系统（110 配线架）连接；110—110 跳线用于语音干线子系统和建筑群语音子系统（两端都是 110 配线架）连接。110 接口的跳线如图 2-21 所示。

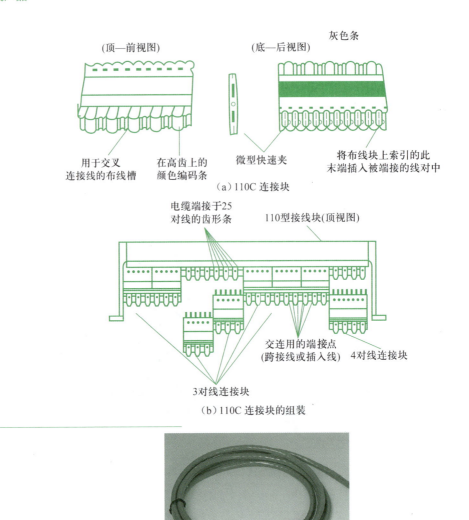

灰色条

(顶—前视图)　　　　　　(底—后视图)

用于交叉　　　在高齿上的　　　微型快速夹　　　将布线块上索引的此
连接线的布线槽　颜色编码条　　　　　　　　　　　　末端插入被端接的线对中

(a) 110C 连接块

电缆端接于25
对线的齿形条　　　　　　　　　　　110型接线块(顶视图)

交连用的端接点
(跨接线或插入线)　　4对线连接块

3对线连接块

(b) 110C 连接块的组装

图 2-20
110C 连接块

图 2-21
110 接口的跳线

2.4　光缆

　　大家都知道我国的四大发明，但是你知道促进通信实现颠覆式进步的光纤通信是谁发明的吗？他就是华裔科学家，2009 年诺贝尔物理学奖获得者，被誉为"光纤之父"的前香港中文大学校长高锟教授。他发明的"光导纤维"，即"光纤"，为人类连通了信息时代，是全球华人的骄傲。

　　通信光缆自 20 世纪 70 年代开始应用以来，现在已经从长途干线发展到用户接入网和局域网，如光纤到路边（FTTC）、光纤到大楼（FTTB）、光纤到户（FTTH）、光纤到桌面（FTTD）等。

　　本书主要讨论局域网中常用的光缆。局域网中的光缆产品主要包括布线光缆、光纤跳线、光纤连接器、光纤配线架/箱/盒等。

2.4.1　光纤

　　光纤是光导纤维的简称，它是一种传输光束的细而柔韧的媒质，也是数据传输中最高效的一种传输介质。光导纤维线缆由一捆光导纤维组成，简称光缆。

1. 光纤的物理结构

光能沿着光导纤维传播，但若只有一根玻璃纤芯的话，是无法传播光的。因为不同角度的入射光会毫无阻挡地直穿过光纤，而不是沿着它传播，就好像一块透明玻璃不会使光线方向发生改变一样。因此，为了使光线的方向发生变化从而使其可以沿光纤传播，就要在纤芯外涂上折射率比纤芯低的材料，该涂层材料称为包层。这样，当一定角度之内的入射光射入光纤纤芯后，会在纤芯与包层的交界处发生全反射，经过这样若干次全反射之后，光线就损耗极少地达到了光纤的另一端。包层所引起的作用就如透明玻璃背后所涂的水银一样，此时透明的玻璃就变成了镜子，而光纤加上包层之后才可以正常地传播光。

如果在光纤芯外面只涂一层包层的话，光线从不同的角度入射，角度大的（高次模光线）反射次数多从而行程长，角度小的（低次模光线）反射次数少从而行程短。这样在一端同时发出的光线将不能同时到达另一端，就会造成尖锐的光脉冲经过光纤传播以后变得平缓（这种现象称为"模态散射"），从而可能使接收端的设备误操作。为了改善光纤的性能，一般在光纤纤芯包层的外面再涂上一层涂覆层，内层的折射率高（但比光纤纤芯折射率低），外层的折射率低，形成折射率梯度。当光线在光纤内传播时，减少了入射角大的光线行程，使得不同角度入射的光纤大约可以同时到达端点，就好像利用包层聚焦了一样。

典型的光纤结构如图 2-22 所示，自内向外为纤芯、包层及涂覆层。

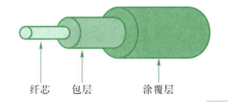

纤芯　　包层　　涂覆层

图 2-22
光纤结构

包层的外径一般为 125 μm（一根头发的平均直径为 100 μm），在包层外面是 5～40 μm 涂覆层，涂覆层的材料是环氧树脂或硅橡胶。需要注意的是，纤芯和包层是不可分离的，纤芯与包层合起来组成裸光纤，光纤的光学及传输特性主要由它决定。用光纤工具剥去外皮（Jacket）和塑料层（Coating）后，暴露在外面的是涂有包层的纤芯。实际上，我们是很难看到真正的纤芯的。

光纤有以下几个优点：

- 光纤通信的频带很宽，理论可达 30 亿兆赫兹。
- 电磁绝缘性能好。光缆中传输的是光束，而光束是不受外界电磁干扰影响的，并且本身也不向外辐射信号，因此它适用于长距离的信息传输以及要求高度安全的场合。当然，光纤的抽头困难是它固有的难题，因为割开光缆需要再生和重发信号。
- 衰减较小，在较大范围内基本上是一个常数值。

● 需要增设光中继器的间隔距离较大，因此可以比电缆通信大大减少中继器的数量。

● 重量轻、体积小，适用的环境温度范围宽，使用寿命长。

● 光纤通信不带电，使用安全，可用于易燃、易爆场所。

● 抗化学腐蚀能力强，适用于一些特殊环境下的布线。

当然，光纤也存在着一些缺点，如质地脆、机械强度低、切断和连接中技术要求较高等，这些缺点也限制了目前光纤的普及。

2. 光纤的分类

光纤的种类很多，可从不同的角度对其进行分类，比如可从构成光纤的材料成分、光纤的制造方法、光纤的传输点模数、光纤横截面上的折射率分布和工作波长等方面来分类。

（1）按材料成分分类

按照制造光纤所用材料的不同，一般可分为以下 3 类。

● 玻璃光纤：纤芯与包层都是玻璃，损耗小、传输距离长、成本高。

● 胶套硅光纤：纤芯是玻璃，包层为塑料，特性同玻璃光纤差不多，成本较低。

● 塑料光纤：纤芯与包层都是塑料，损耗大、传输距离很短、价格很低，多用于家电、音响，以及短距的图像传输。

计算机通信中常用的是玻璃光纤。

（2）按传输点模式分类

根据传输点模数的不同，光纤可分为单模光纤（Single Mode Fiber，SMF）和多模光纤（Multi Mode Fiber，MMF）。所谓"模"是指以一定角速度进入光纤的一束光。单模光纤采用固体激光器作为光源，多模光纤则采用发光二极管作为光源。多模光纤允许多束光在光纤中同时传播，从而形成模分散。模分散技术限制了多模光纤的带宽和距离，因此，多模光纤的芯线粗、传输速度低、距离短，整体的传输性能差，但其成本比较低，一般用于建筑物内或地理位置相邻的环境。单模光纤只能允许一束光传播，所以没有模分散特性，因此单模光纤的纤芯相应较细、传输频带宽、容量大、传输距离长，但因其需要激光源，故成本较高，通常在建筑物之间或地域分散时使用。

单模光纤 PMD 规范建议芯径为 8～10 μm，包层直径为 125 μm，常用的有 8.3/125 μm 单模光纤。多模光纤的纤芯直径一般为 50～200 μm，而包层直径的变化范围为 125～230 μm。国内计算机网络一般采用的纤芯直径为 50μm 和 62.5 μm，包层为 125 μm。单模光纤和多模光纤如图 2-23 所示。

（a）单模光纤　　　　　　（b）多模光纤

图 2-23
单模光纤和多模光纤的示意图

单模光纤和多模光纤的特性比较见表 2-4。

在使用光缆互连多个节点的应用中，必须考虑光纤的单向特性，如果要进行双向通信，就要使用双股光纤。由于要对不同频率的光进行多路传输和多路选择，因此又出现了光学多路转换器。

比 较 项 目	单 模 光 纤	多 模 光 纤
速度	高速度	低速度
距离	长距离	短距离
成本	成本高	成本低
其他性能	窄芯线，需要激光源，聚光好，耗散极小，高效	宽芯线，耗散大，低效

表 2-4　单模光纤和多模光纤的特性比较

光缆在普通计算机网络中的安装是从用户设备那一端开始的。由于光纤的单向传输性，为了实现双向通信，光缆就必须成对出现以用于输入和输出，光缆两端接到光学接口器上。关于光缆施工技术将在后续项目中介绍。

（3）按工作波长分

光纤传输的是光波。光的波长范围为：可见光部分波长为 390～760 nm（纳米），大于 760 nm 部分是红外光，小于 390 nm 部分是紫外光。光纤通信中应用的是红外光。

按光纤的工作波长分类，有短波长光纤、长波长光纤和超长波长光纤。多模光纤的工作波长为短波长 850 nm 和长波长 1300 nm，单模光纤的工作波长为长波长 1310 nm 和超长波长 1550 nm。今后可能在 PON 网络使用的是 1490 nm 和 1625 nm。

3. 光纤通信系统组成

光纤通信的核心是利用光在优质玻璃中传输时衰减很小，特别是在具有特定纤芯尺寸的优质光纤中，光的传输性能大大提高，从而可将信号进行远距离有效传输。另一方面，光是高频波，具有极高的传输速率和很大的频带宽度，可进行大容量实时信息传输。光纤虽然有着如此巨大的传输光信号的能力，却不能直接将信号送至常用终端设备（如计算机、电视机、电话等）使用，也不能直接从这些设备得到要传输的信号，因这些设备内部只能收发电子信号，而且，两者调制方式也不同。电子信号可以按频率、幅度、相位或混合等多种方式调制，并可构成频分、时分等多路复用系统；光信号则只能按光的强度进行调制，并依此组成时分、频分或波分复用系统。

光纤通信系统是以光波为载体、光导纤维为传输介质的通信方式。这种通信方式起主导作用的是光源、光纤、光发送机和光接收机。

- 光源：光波产生的源泉。
- 光纤：传输光波的导体。
- 光发送机：负责产生光束，将电信号转变成光信号，再把光信号导入光纤。
- 光接收机：负责接收从光纤上传输过来的光信号，并将它转变成电信号，经解码后再做相应的处理。

实际计算机网络通信时，光路多数是成对出现的，即双光纤通信系统，如图 2-24 所示。通常一根光缆由多根光纤组成，每根光纤称为一芯。每个光纤端接设备都同时具有光发射机和光接收机的功能，光纤端接设备与光缆之间则通过光跳接线相连。

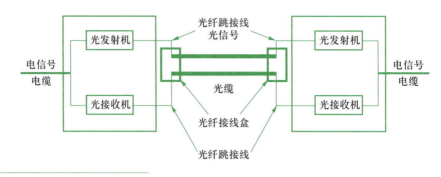

图 2-24
光纤通信系统基本结构图

2.4.2　光纤标准

常见的光纤国际标准有 IEC 60793 系列和 ITU G65x 系列，其中 ITU 系列标准同时包含光纤和光缆标准。国内标准为 GB 系列，有 GB/T 15972（光纤总规范）、GB/T 9771（通信用单模光纤系列）和 GB/T 12357（通信用多模光纤）。在综合布线领域，国际标准化委员会发布的 ISO 11801—2002 标准定义了光纤光缆要求。

从标准使用上来看，长途干线系统多采用 ITU/T G65x 系列标准，综合布线系统多采用 ISO 11801—2002 标准。

1. 按国际标准 ITU-T 规定分类

为了使光纤具有统一的国际标准，国际电信联盟（ITU-T）制定了统一的光纤标准（G 标准）。按照 ITU-T 关于光纤的建议，可以将光纤的种类分为：

① G.651 光纤（50/125μm 多模渐变型折射率光纤）；

② G.652 光纤（非色散位移光纤）；

③ G.653 光纤（色散位移光纤 DSF）；

④ G.654 光纤（截止波长位移光纤）；

⑤ G.655 光纤（非零色散位移光纤）；

⑥ G.656 光纤（非零色散光纤）；

⑦ G.657 光纤（弯曲不敏感光纤）。

为了适应新技术的发展需要，目前 G.652 类光纤已进一步分为了 G.652A、G.652B、G.652C、G.652D 四个子类，G.655 类光纤也进一步分为了 G.655A 和 G.655B 两个子类。

G.652 类光纤是目前应用最广泛的常规单模光纤。

2. 按国际标准 IEC 规定分类

按照 IEC 标准分类，IEC 标准将光纤的种类分为以下两类：

① A 类多模光纤。

● A1a 多模光纤（50/125 μm 型多模光纤）

● A1b 多模光纤（62.5/125 μm 型多模光纤）

● A1d 多模光纤（100/140 μm 型多模光纤）

② B 类单模光纤。

● B1.1 对应于 G.652A/G.652B 光纤

● B1.2 对应于 G.654 光纤

● B1.3 对应于 G.652C/G.652D 光纤

● B2 光纤对应于 G.653 光纤

- B4 光纤对应于 G.655 光纤
- B5 光纤对应于 G.656 光纤
- B6 光纤对应于 G.657 光纤

3. 按国际标准（ISO）规定分类

ISO/IEC 11801:2002 及其增编中，定义了 4 类多模光纤，分别为 OM1、OM2、OM3 和 OM4，还定义了 OS1（对应 G.652A/G.652B）和 OS2（对应 G.652C/G.652D）两个单模光纤类型。由于在综合布线工程中，多模光纤使用较多，下面重点讨论 ISO 11801—2002 中的多模光纤标准。

2002 年 9 月，ISO/IEC 11801 正式颁布了新的多模光纤标准等级，将多模光纤重新分为 OM1、OM2 和 OM3 三类，其中 OM1 和 OM2 指目前传统的 50 μm 及 62.5 μm 多模光纤，OM3 是指万兆多模光纤。2009 年，又新增加了一种 OM4 万兆多模光纤。这几种多模光纤的区别见表 2-5。需要特别说明的是，在 ISO 11801—2002 中，对于 OM1 和 OM2 只有带宽的要求；但是在实际光纤选型及应用中，已经形成了一定的规律，即 OM1 代指传统的 62.5/125 μm 光纤，OM2 代指传统的 50/125 μm 光纤，而万兆多模 OM3 和 OM4 均为新一代 50/125 μm 光纤。

表 2-5 多模光纤带宽及传输距离对比

光纤型号	光纤等级	全模式带宽（MHz·km）		有效模式带宽（MHz·km）	1 Gbit/s 距离		10 Gbit/s 距离	
		@850 nm	@1300 nm	@850 nm	@850 nm	@1300 nm	@850 nm	@1300 nm
标准 62.5/125 μm	OM1	200	500	220	275 m	550 m	33 m	300 m
标准 50/125 μm	OM1	500	500	510	500 m	1000 m	66 m	450 m
50/125 μm-150	OM2	700	500	850	750 m	550 m	150 m	300 m
50/125 μm-300	OM3	1500	500	2000	1 000 m	550 m	300 m	300 m
50/125 μm-550	OM4	3500	500	4700	1 000 m	550 m	550 m	550 m

2.4.3 光缆

光纤传输系统中直接使用的是光缆而不是光纤。光纤最外面常有 100 μm 厚的缓冲层或套塑层，套塑层的材料大都采用尼龙、聚乙烯或聚丙烯等塑料。套塑后的光纤（称为芯线）还不能在工程中使用，必须把若干根光纤疏松地置于特制的塑料绑带或铝皮内，再涂覆塑料或用钢带铠装，加上外护套后才成光缆。一根光缆由一根或多根光纤组成，外面再加上保护层。光缆中可以有 1 根光纤（单芯）、2 根光纤（双芯）、8 根光纤、24 根光纤甚至更多（48 根光纤、1000 根光纤），一般单芯光缆和双芯光缆用于光纤跳线，多芯光缆用于室内外的综合布线。图 2-25 所示为光缆结构示意图。

值得注意的是，缓冲层有松缓冲层（Loose Tube）和紧缓冲层两种。松缓冲器的内径比光纤的外层（涂覆层）直径大得多。这种设计有两个主要优点：对机械力的完好隔离和防止受潮。第一个优点来自于所谓的机械失效区，强加于缓冲器的外力并不影响光纤，直到这一外力足够大以至拉直缓冲器内的光纤。松缓冲器可以非常容易地由隔水凝胶填充，因此也提供了第二个优点。另外，松缓冲器可以容纳多根光纤，减少光缆的成本。另一方面，这一类型的光缆不能垂直安装而且连接端（接合和端接）的准备很费力。因此，光缆的松缓冲器类型大多用在户外安装，因为它在很大的温度、机械压力范围和其他环境条件下，能够提供稳定可靠的传输。

紧缓冲器的内径和光纤涂覆层外径相等，其主要优点是尽管光纤有断裂，仍有能力保持光缆可操作。紧缓冲器是粗糙的，允许较小的曲率半径。因为每个缓冲层仅包含一根光纤而且没有凝胶要去除，准备这种类型光缆的连接很容易。具有紧缓冲层的光缆可垂直安装。一般来说，紧缓冲层光缆比松缓冲层光缆对温度、机械压力和水更敏感，因此，它们大多用于室内。

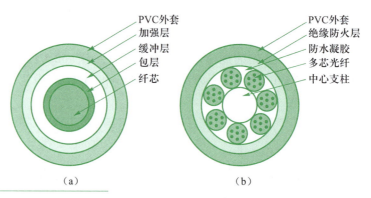

图 2-25
单芯光缆结构图和多芯光缆结构图

（a）　　　　　　　　（b）

在计算机通信中，多模光纤由于存在模间色散和模内色散，相对单模光纤来说，其传输距离较短（一般在 2 km 之内）。单模光纤传输距离长（几千米甚至几十千米），但其端接设备比多模端接设备贵得多。在对传输距离和带宽要求不特别高的中小企业网，选用多模光纤比较合适。实际中使用的光纤是含有多根纤芯且经多层保护的光缆，如国内常用光缆为 4 芯、6 芯、8 芯、12 芯、24 芯等不同规格，且分为室内和室外两种。室外光缆具有室内光缆的所有性能并增强了保护层，因此室外光缆作为楼宇之间的主干连接，室内光缆作为楼内的主干连接。

1. 室内光缆

室内光缆由于建筑物结构等原因，要求易弯曲，同时要有防火阻燃的要求，有 PVC 阻燃（OFNR）、Plenum 阻燃（OFNP）和 LSZH 低烟无卤防火外套，因此室内光缆的抗拉强度较小、保护层较差，但重量较轻且价格较便宜。室内光缆一般采用紧护套型结构，各厂家结构大体一致，但各厂家的分类名称有所不同，以下介绍几种常见的室内光缆。

（1）室内紧护套型光缆

室内紧护套型光缆有单芯单元结构和多芯单元结构两种，如图 2-26 所示。

（2）室内/外铠装光缆

铠装光缆提供较高的保护和节省安装空间，可以在任何地方安装，提供额外的保护和安全性。图 2-27 所示是康普公司的一款铠装光缆——连锁铠装光缆，该产品是在室内光缆外环绕螺旋形铝铠，铠装层外敷有护套。

2. 室外光缆

与室内光缆相比，室外光缆的抗拉强度较大、保护层较厚重，并且通常为铠装（即金属皮包裹）。室外光缆主要适用于建筑物之间的布线。根据布线方式的不同，室外光缆又有直埋、架空和管道式 3 种安装方式。室外光缆一般采用松护套型和中心套管型结构，下面介绍几款室外光缆产品。

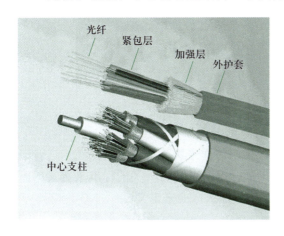
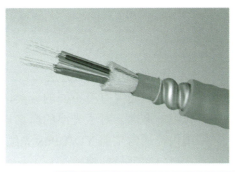

图 2-26
室内紧护套型光缆（上为单芯结构，下为多芯结构）
图 2-27
连锁铠装光缆

（1）室外松护套全干式光缆

室外松护套全干式光缆保护层和绝缘层设计适于架空和直埋。内部干式阻水结构可以防止水渗透，较小直径构造可节省管道的空间；标准的外护套材质是中密度聚乙烯（MDPE）或高密度聚乙烯（HDPE），可减少光缆准备时间，提高工作环境的清洁度，提供全阻水保护，降低光缆重量和降低松套的直径，提高光缆结构的利用率。

该产品有绝缘和铠装两种结构，图 2-28（a）所示为绝缘型，图 2-28（b）所示为铠装型。

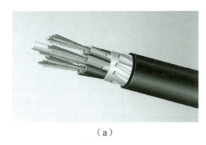
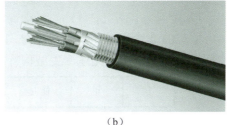

（a） （b）

图 2-28
室外松护套全干式光缆

（2）室外松护套充油式光缆（凝胶填充缓冲护套）

这种光缆可以为室外的端到端和中跨型的光纤数据传输应用提供高保护和高可靠性，其核心是防水的非充油材料，方便施工和使用。

该产品有绝缘和铠装两种结构：松护套绝缘充油光缆是采用工业标准的 3 mm 凝胶填充的缓冲护套全方位保护中心的光纤；松护套金属铠装充油光缆则是采用波纹状结构的复合金属包层和工业标准的 3 mm 凝胶填充的缓冲护套全方位保护中心的光纤。其产品结构和松护套全干式光缆类似。

（3）室外中心套管光缆

中心套管光缆可以布放在地下管槽中，也可以直接埋入地下或者架空布放。这种光缆采用中等铠装外皮线缆的设计，采用凝胶填充的防水中心套管保护套管内的各组光纤，中层的金属铠装提供防动物啃咬和防雷的保护，外皮采用中等密度聚乙烯材料，在室外环境中提供最大程度的保护和防侵蚀。

中心套管光缆也有绝缘和金属铠装两种结构，图 2-29（a）所示为绝缘型，图 2-29（b）所示为铠装型。

（a）　　　　　　　　　（b）

图 2-29
室外中心套管光缆

3. 光缆型号命名方法

既然光缆有着不同的分类，那么我们怎样来快速辨别一款光缆？这就涉及光缆的命名。对于光缆的命名，在国际标准中并没有相关的标准来定义；而在国内，通常依照 YD/T 908 光缆型号命名方法标准来定义。

（1）型号的组成

型号由型式、规格和特殊性能标识（可缺省）三大部分组成。型号组成的格式化如图 2-30 所示，其中型式代号、规格代号和特殊性能标识（可缺省）之间应空一个格。

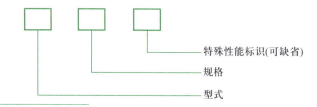

图 2-30
型号组成的格式

（2）型号的组成内容、代号及含义

1）型式。

型式由 5 个部分组成，各部分均用代号表示，如图 2-31 所示。其中，结构特征指缆芯结构和光缆派生结构特征。

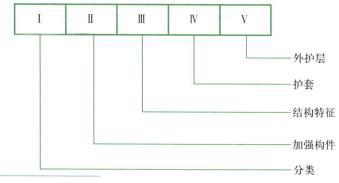

图 2-31
光缆型式的构成

2）分类的代号及含义。

光缆按适用场合分为室外、室内和室内外等几大类，每一大类下面还细分成小类。

① 室外型。

GY——通信用室（野）外光缆。

GYW——通信用微型室外光缆。

GYC——通信用气吹布放微型室外光缆。

GYL——通信用室外路面微槽敷设光缆。

GYP——通信用室外防鼠啮排水管道光缆。

② 室内型。

GJ——通信用室（局）内光缆。

GJC——通信用气吹布放微型室内光缆。

GJX——蝶形引放光缆。

③ 室内外型。

GJY——通信用室内外光缆。

GJYX——室内外蝶形引放光缆。

④ 其他类型。

GH——通信用海底光缆。

GM——通信用移动式光缆。

GS——通信用设备光缆。

GT——通信用特殊光缆。

当现有分类代号不能满足新型光缆命名需要时，应在相应代号后面增加新字符以方便表达。加入的新字符应符合下列规定：

● 应使用一个带下画线的英文字母；

● 使用的字符应与上面相应的同一大类列出的字符不重复；

● 应尽量采用与新分类名称相关的词汇的拼音或英文的首字母。

3）加强构件的代号及含义。

加强构件指护套以内或嵌入护套中用于增强光缆抗拉力的构件。加强构件的代号及含义如下：

无符号——金属加强构件。

F——非金属加强构件。

当遇到以上代号不能准确表达光缆的加强构件特征时，应增加新字符以方便表达。新字符应符合下列规定：

● 应使用一个带下画线的英文字母；

● 使用的字符应与上面列出的字符不重复；

● 应尽量采用与新构件特征相关的词汇的拼音或英文的首字母。

4）结构特征的代号及含义。

光缆结构特征应表示出缆芯的主要结构类型和光缆的派生结构。当光缆形式有几个结构特征需要表明时，可用组合代号表示，其组合代号按下列相应的各代号自上而下的顺序排列。

① 缆芯光纤结构。

无符号——分立式光纤结构。

D——光纤带结构。

② 二次被覆结构。

无符号——光纤松套被覆结构或无被覆结构。

J——光纤紧套被覆结构。

S——光纤束结构（光纤束结构是指经固化形成一体的相对位置固定的束状光纤结构）。

③ 松套管材料。

无符号——塑料松套管或无松套管。

M——金属松套管。

④ 缆芯结构。

无符号——层绞结构。

G——骨架槽结构。

X——中心管结构。

⑤ 阻水结构特征。

无符号——全干式或半干式。

T——填充式。

⑥ 承载结构。

无符号——非自承式结构。

C——自承式结构。

⑦ 吊线材料。

无符号——金属加强吊线或无吊线。

F——非金属加强吊线。

⑧ 截面形状。

无符号——圆形。

8——"8"字形状。

B——扁平形状。

E——椭圆形状。

当遇到以上代号不能准确表达光缆的缆芯结构和派生结构特征时，应在相应位置加入新字符以方便表达。加入的新字符应符合下列规定：

- 应使用一个带下画线的英文字母或阿拉伯数字；
- 使用的字符应与上面列出的字符不重复；
- 应尽量采用与新结构特征相关的词汇的拼音或英文的首字母。

5）护套的代号及含义。

护套的代号表示出护套的材料和结构，当护套有几个特征需要表明时，可用组合代号表示，其组合代号按下列相应的各代号自上而下的顺序排列。

① 护套阻燃代号。

无符号——非阻燃材料护套。

Z——阻燃材料护套。

② 护套材料和结构代号。

Y——聚乙烯护套。

V——聚氯乙烯护套。

U——聚氨酯护套。

H——低烟无卤护套。

A——铝-聚乙烯粘接护套（简称 A 护套）。

S——钢-聚乙烯粘接护套（简称 S 护套）。

F——非金属纤维增强-聚乙烯粘接护套（简称 F 护套）。

W——夹带钢丝的钢-聚乙烯粘接护套（简称 W 护套）。

L——铝护套。

G——钢护套。

注：V、U 和 H 护套具有阻燃特性，不必在前面加 Z。

当遇到以上代号不能准确表达光缆的护套特征时，应增加新字符以方便表达。增加的新字符应符合下列规定：

- 应使用一个带下画线的英文字母；
- 使用的字符应与上面列出的字符不重复；
- 应尽量采用新护套特征相关词汇的拼音或英文的首字母。

6）外护层的代号及含义。

当有外护层时，它可包括垫层、铠装层和外被层，其代号用两组数字表示（垫层不用表示），第一组表示铠装层，可以是一位或两位数字；第二组表示外被层，应是一位数字。

① 铠装层的代号及含义。

铠装层的代号及含义见表 2-6。

代　号	含　义
0 或无符号	无铠装层
1	钢管
2	绕包双钢带
3	单细圆钢丝
33	双细圆钢丝
4	单粗圆钢丝
44	双粗圆钢丝
5	皱纹钢带
6	非金属丝束
7	非金属带

表 2-6　铠装层的代号及含义

注：① 细圆钢丝的直径小于 3.0 mm；粗圆钢丝的直径大于等于 3.0 mm。

② 光缆有外被层时，用代号"0"表示"无铠装层"；光缆无外被层时，用代号"无符号"表示"无铠装层"。

② 外被层的代号及含义。

外被层的代号及含义见表 2-7。

代　号	含　义
无符号	无外被层
1	纤维外被
2	聚氯乙烯套
3	聚乙烯套
4	聚乙烯套加覆尼龙套
5	聚乙烯保护管
6	阻燃聚乙燃套
7	尼龙套加覆聚乙烯套

表 2-7　外被层的代号及含义

当遇到以上表中数字不能准确表达光缆的外护层特征时，应增加新的数字以方便表达。增加的新数字应符合下列规定：

- 表示铠装层时应使用一个或两个带下画线的数字，表示外被层时应使用一个带下画线的数字。
- 使用的数字应与上面表中列出的数字不重复。

（3）规格

1）规格组成的格式。

光缆的规格由光纤、通信线和馈电线的有关规格组成。规格组成的格式如图 2-32 所示，光纤、通信线以及馈电线的规格之间用"+"号隔开，通信线和馈电线可以全部或部分缺省。

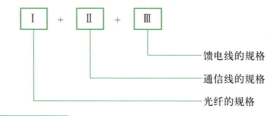

图 2-32
光缆规格的构成

2）光纤规格。

光纤的规格由光纤数和光纤类别组成。注意：如果同一根光缆中含有两种或两种以上规格（光纤数和类别）的光纤时，中间应用"+"号连接。

① 光纤数的代号。

光纤数的代号用光缆中同类别光纤的实际有效数目的数字表示。

② 光纤类别的代号。

光纤类别应采用光纤产品的分类代号表示，即用大写字母 A 表示多模光纤，用大写字母 B 表示单模光纤，再以数字和小写字母表示不同种类型光纤。具体的光纤类别代号应符合 GB/T 12357 以及 GB/T 9771 中的规定。多模光纤的类别代号参见表 2-8，单模光纤的类别代号参见表 2-9。

表 2-8　多模光纤的分类代号

分类代号	特　征	纤芯直径（μm）	包层直径（μm）	材　料
A1a.1	渐变折射率	50	125	二氧化硅
A1a.2	渐变折射率	50	125	二氧化硅
A1a.3	渐变折射率	50	125	二氧化硅
A1b	渐变折射率	62.5	125	二氧化硅
A1d	渐变折射率	100	140	二氧化硅
A2a	突变折射率	100	140	二氧化硅
A2b	突变折射率	200	240	二氧化硅
A2c	突变折射率	200	280	二氧化硅
A3a	突变折射率	200	300	二氧化硅芯颜料包层
A3b	突变折射率	200	380	二氧化硅芯颜料包层
A3c	突变折射率	200	230	二氧化硅芯颜料包层
A4a	突变折射率	965~985	1000	塑料
A4b	突变折射率	717~735	750	塑料
A4c	突变折射率	465~985	500	塑料
A4d	突变折射率	965~985	1000	塑料
A4e	渐变或多阶折射率	≥500	750	塑料
A4f	渐变折射率	200	490	塑料
A4g	渐变折射率	120	490	塑料
A4h	渐变折射率	62.5	245	塑料

注：万兆多模光纤（即 OM3 光纤），采用的是 50/125 μm 规格的芯/包直径，根据最大传输距离可分为三类，OM3-150 m、OM3-300 m 以及 OM3-550 m。

IEC 分类代号	名　称	ITU 分类代号
B1.1	非色散位移光纤	G.652.A.B
B1.2	截止波长位移光纤	G.654
B1.3	波长段扩展的非色散位移光纤	G.652.C.D
B2	色散位移光纤	G.653
B4a	非零色散位移光纤	G.655.A
B4b		G.655.B
B4c		G.655.C
B4d		G.655.D
B4e		G.655.E
B5	宽波长段光传输用非零色散光纤	G.656
B6a1	接入网用弯曲损耗不敏感光纤	G.657.A1
B6a2		G.657.A2
B6b2		G.657.B2
B6b3		G.657.B3

表 2-9 单模光纤的分类代号

注：IEC——国际电工委员会，ITU——国际电信联盟。

③ 通信线的规格。

通信线规格的构成应符合 YD/T 322—1996 中表 3 的规定。

示例：2×2×0.4，表示 2 对标称直径为 0.4 mm 的通信线对。

④ 馈电线的规格。

馈电线规格的构成应符合 YD/T 1173—2010 中表 3 的规定。

示例：2×1.5，表示 2 根标称截面积为 1.5 mm^2 的馈电线。

⑤ 特殊性能标识。

对于光缆的某些特殊性能可加相应标识。

（4）示例

例1： 非金属加强构件、松套层绞填充式、铝-聚乙烯粘接护套、皱纹钢带铠装、聚乙烯护套通信用室外光缆，包含 12 根 B1.3 类单模光纤、2 对标称直径为 0.4 mm 的通信线和 4 根标称截面积为 1.5 mm^2 的馈电线的型号是什么？

答：其型号应表示为 GYFTA53 12B1.3+2×2×0.4+4×1.5。

例2： 非金属加强构件、光纤带骨架全干式、聚乙烯护套、非金属丝铠装、聚乙烯套通信用室外光缆，包含 144 根 B1.3 类单模光纤的型号是什么？

答：其型号应表示为 GYFDGY63 144B1.3。

例3： 型号 GYFTZY-24B1 代表什么光缆？

答：GY 表示通信用室外光缆，F 表示非金属加强构件，T 表示油膏填充式结构，Z 表示阻燃，Y 表示聚乙烯护套，24 表示 24 芯，B1 表示非色散位移型单模光纤。

2.4.4 光纤连接器件

一条光纤链路，除了光纤外还需要各种不同的硬件部件，其中一些用于光纤连接，另一些用于光纤的整合和支撑。光纤的连接主要在设备间/电信间完成，方法如下：光缆敷设至设备间/电信间后连至光纤配线架（光纤终端盒），光缆与一条光纤尾纤熔接，尾纤的连接器插入光纤配线架上的光纤耦合器的一端，耦合器的另一端用光纤跳线连接，跳线的另一端通过交换机的光纤接口或光纤收发器与交换机相连，从而形成一条通信链路。

1. 光纤配线设备

光纤配线设备是光缆与光通信设备之间的配线连接设备，用于光纤通信系统中光缆的成端和分配，可方便地实现光纤线路的熔接、跳线、分配和调度等功能。

光纤配线设备有机架式光纤配线架、挂墙式光纤配线盒、光纤接续盒和光纤配线箱等，可根据光纤数量和用途加以选择。

图 2-33 所示为机架式光纤配线架的外观，图 2-34 所示为一款机架式光纤配线架的内部结构。图 2-35 所示为挂墙式光纤配线盒，左边为光纤接口外置，右边是安普公司一款光纤接口内置的产品。图 2-36 所示为一款光纤接续盒，主要用于机柜以外地点光缆接续，通过侧面端口，接续盒可接纳多种光缆外套，光缆进入端口被密封。图 2-37 所示是一款小型抽屉式光纤配线箱，适用于多路光缆接入接出的主配线间，具有光缆端接、光纤配线、尾纤余长收容功能，既可作为光纤配线架的熔接配线单元，亦可独立安装于 19 in 标准网络机柜内。光纤可进行集中熔接；可卡装 FC、SC、LC 和 ST（另配附件）四种适配器；适合各种结构光缆的成端、配线和调度，可上下左右进纤（缆）；适用于带状和非带状光缆的成端；有清晰、完整的标识。

除小型光纤配线箱外，还有能容纳几百根光纤连接的大型光纤配线箱（柜）。

12口SC光纤配线架

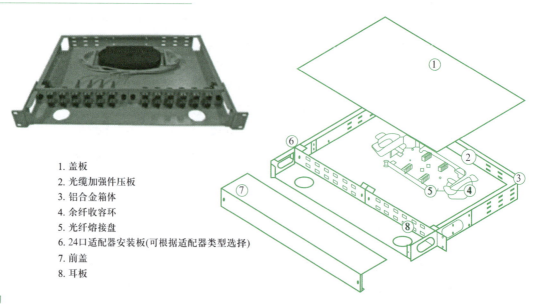

1. 盖板
2. 光缆加强件压板
3. 铝合金箱体
4. 余纤收容环
5. 光纤熔接盘
6. 24口适配器安装板(可根据适配器类型选择)
7. 前盖
8. 耳板

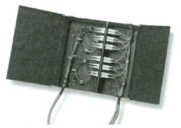

图 2-35
挂墙式光纤配线盒

图 2-36
光纤接续盒

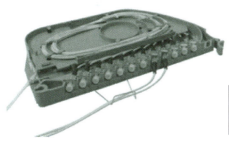

光缆固定方式

图 2-37
小型光纤配线箱

2. 光纤连接器（Fiber Connector）

光纤连接器是光纤系统中使用最多的光纤无源器件，是用来端接光纤的。光纤连接器的首要功能是把两条光纤的芯子对齐，提供低损耗的连接。光纤连接器按接头结构可分为 SC、ST、FC、LC、D4、DIN、MU、MT 等各种形式，按光纤端面形状分有 FC、PC（包括 SPC 或 UPC）和 APC 型，按光纤芯数还有单芯、多芯（如 MT-RJ）型之分。

传统主流的光纤连接器品种是 SC 型（直插式）、ST 型（卡扣式）、FC 型（螺纹连接式）3 种，它们的特点是都有直径为 2.5 mm 的陶瓷插针，这种插针可以大批量地进行精密磨削加工，以确保光纤连接的精密准直。插针与光纤组装方便，经研磨抛光后，插入损耗一般小于 0.2 dB。

（1）SC 型光纤连接器

SC 型光纤连接器外壳呈矩形，所采用的插针与耦合套筒的结构尺寸与 FC 型完全相同，其中插针的端面多采用 PC 或 APC 型研磨方式；紧固方式采用插拔销闩式，不用旋转。此类连接器价格低廉、插拔操作方便、抗压强度较高、安装密度高。

（2）ST 型光纤连接器

ST 型光纤连接器外壳呈圆形，所采用的插针与耦合套筒的结构尺寸与 FC 型完全相同，其中插针的端面多采用 PC 或 APC 型研磨方式，紧固方式为螺扣。此类连接器适用于各种光纤网络，操作简便且具有良好的互换性。

（3）FC 型光纤连接器

FC 是 Ferrule Connector 的缩写，其外部加强采用金属套，紧固方式为螺扣。最早，FC 型光纤连接器采用的陶瓷插针的对接端面是平面接触方式，此类连接器结构简单、操作方便、制作容易，但光纤端面对微尘较为敏感。后来，该类型光纤连接器有了改进，采用对接端面呈球面的插针（PC），而外部结构没有改变，使得插入损耗和回波损耗性能有了较大幅度的提高。

SC、ST 和 FC 型连接器根据安装光纤方式又可分为压接型免打磨光纤连接器、压接型光纤连接器和胶粘型光纤连接器等种类，安装方式不同且结构有所区别，但外观一致。图 2-38 所示是安普公司的压接型免打磨光纤连接器，左边为 SC 型，中间为 ST 型，右边为 FC 型。

图 2-38
SC、ST 和 FC 型光纤连接器

（4）SFF 光纤连接器

随着光缆在工程中的大量使用，以及光缆密度和光纤配线架上连接器密度的不断增加，目前使用的连接器已显示出体积过大、价格太贵的缺点。于是小型化（SFF）光纤连接器应运而生，它压缩了面板、墙板及配线箱所需要的空间，使其占有的空间只相当于传统连接器的一半。在使用时，SFF 光纤连接器能够成对一起使用而不用考虑连接的方向，有助于网络连接，因此越来越受到用户的喜爱，也是光纤连接器的发展方向。

目前 SFF 光纤连接器有 4 种类型：美国朗讯公司开发的 LC 型连接器、日本 NTT 公司开发的 MU 型连接器、美国 Tyco Electronics 和 Siecor 公司联合开发的 MT-RJ 型连接器以及 3M 公司开发的 Volition VF-45 型连接器。下面介绍 LC 型连接器。

LC 型光纤连接器是为了满足客户对连接器小型化、高密度连接的使用要求而开发的一种新型连接器，有单芯、双芯两种结构可供选择，具有体积小、尺寸精度高、插入损耗低、回波损耗高等特点。图 2-39 所示为 LC 型光纤连接器。

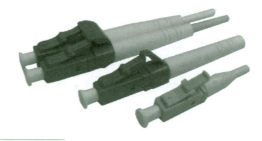

图 2-39
LC 型光纤连接器

3. 光纤适配器（耦合器）

光纤适配器（Fiber Adapter）又称为光纤耦合器，是实现光纤活动连接的重要器件之一。它通过尺寸精密的开口套管在适配器内部实现了光纤连接器的精密对准连接，保证两个连接器之间有一个低的连接损耗。局域网中常用的是两个接口的适配器，它实质上是带有两个光纤插座的连接件，同类型或不同类型的光纤连接器插入光纤耦合器，从而形成光纤的连接，主要用于光纤配线设备和光纤面板。图 2-40 所示是 FC、SC、ST 型的光纤适配器。

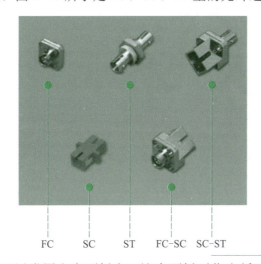

FC　　SC　　ST　　FC-SC　SC-ST

图 2-40
多种类型的光纤适配器

光纤适配器通常固定在面板上，这个面板叫作光纤适配器板，安装在光纤配线架上。图 2-41 所示为安普公司的各种接口类型的光纤适配器板产品。

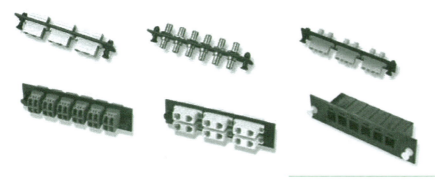

图 2-41
各种接口类型的
光纤适配器板

4. 光纤跳线

　　除非特殊要求，否则目前在综合布线工程中光纤与连接器连接一般不在现场安装，而是购买厂商现成的光纤跳线。光纤跳线是两端带有光纤连接器的光纤软线，又称互连光缆，有单芯和双芯、多模和单模之分。光纤跳线主要用于光纤配线架到交换设备或光纤信息插座到计算机的跳接。根据需要，跳线两端的连接器可以是同类型的，也可以是不同类型的，其长度在 5 m 以内。

5. 光纤尾纤

　　光纤尾纤一端是光纤，另一端连光纤连接器，用于与综合布线的主干光缆和水平光缆相接，有单芯和双芯两种。一条光纤跳线剪断后就形成两条光纤尾纤。

6. 光纤适配器模块和光纤面板

　　光纤到桌面时，和双绞线的综合布线一样，需要在工作区安装光纤信息插座，即一个带光纤适配器的光纤面板。光纤信息插座和光纤配线架的连接结构一样，光缆敷设至底盒后，光缆与一条光纤尾纤熔接，尾纤的连接器插入光纤面板上的光纤适配器的一端，光纤适配器的另一端用光纤跳线连接计算机。图 2-42 所示是现在主流的光纤面板，一般采用容易盘纤的突出于墙面的 86 型 FTTD 面板，左图为光纤面板内部结构，右图为光纤面板。

图 2-42
光纤面板

微课：综合布线系统
选择

2.5 综合布线系统性能比较

统合布线系统的选择，包括电缆和光缆、屏蔽与非屏蔽、不同级别双绞线的选择。为确定综合布线系统的选型，首先应做好信息应用需求分析，测定建筑物周围环境的干扰场强度，对系统与其他干扰源之间的距离是否符合规范要求进行摸底，根据取得的数据和资料，选择合适布线系统和采取相应的措施。

2.5.1 屏蔽与非屏蔽双绞线系统比较

综合布线系统的产品有非屏蔽和屏蔽两种，这两种系统产品的优劣，在综合布线系统中是否采用屏蔽结构的布线系统，一直有不同的意见。抛开两种系统产品的性能优劣、现场环境和数据安全等因素，采用屏蔽系统还是非屏蔽系统，很大程度上取决于综合布线市场的消费观念。欧洲用户倾向应用屏蔽系统，而以北美为代表的其他国家则更喜欢采用非屏蔽系统（UTP）。我国最早从美国引入综合布线系统，所以工程中使用最多的是 UTP，采用屏蔽系统的产品较少。我们必须熟悉不同系统的电气特性，以便在实际综合布线工程中根据用户需求和现场环境等条件，选择合适的非屏蔽或屏蔽布线系统产品。

1. 为什么要采用非屏蔽系统

采用非屏蔽系统产品主要有以下理由：

① UTP 线缆结构设计可很好地抗干扰。由于 UTP 双绞线对称电缆中的线对采取完全对称平衡传输技术，其结构本身安排科学合理，各线对双绞的结构使得电磁场耦合产生的互相干扰影响相等，从而彼此抵消和有效去除，可以将线对的干扰减少到最低限度，甚至忽略不计。

② 线缆传输数据速率要求不高。UTP 双绞线对称电缆主要用在综合布线系统中接入桌面的水平布线子系统，网络接入层 90% 左右是 100 Mbit/s 快速以太网，数据传输速率要求不高，网络的信息量经过网络设备的编码和调制后，对线缆和带宽的需求并没有过高的要求。在一般情况下，非屏蔽系统是完全可以胜任的，尤其是要求不高的一般办公性质的网络应用。

③ 管槽系统的屏蔽作用。在水平布线子系统中，UTP 非屏蔽双绞电缆都敷设在钢筋混凝土结构的房屋内，如果线缆敷设在金属线槽、金属桥架或金属线管中的话，对于线缆来说形成多层屏蔽层，水平布线子系统的线缆所受到的电磁干扰的影响必然会大大降低。据有些工程的实际测试，实际上在布线的环境中电磁干扰场强的指标值绝大部分低于标准规定限值。

④ 安装维护方便，整体造价低。由于非屏蔽系统具有重量轻、体积小、弹性好、种类多、价格便宜、技术比较成熟和安装施工简便等很多优点，所以目前大部分综合布线系统大都采用非屏蔽系统，现在传输速率为 1000 Mbit/s 的链路也都采用非屏蔽双绞线系统。

⑤ 屏蔽系统安装困难、技术要求较高且工程造价较高。屏蔽布线系统整体造价比非屏蔽布线系统高。在安装施工中，因为屏蔽线缆只有在端到端的全程中保证完全屏蔽和正确接地后，才能较好地防止电磁向外辐射和受到外界干扰，因此要求屏蔽系统的所有线缆和连接硬件的每一部分都必须完全屏蔽而无缺陷，才能取得理想的屏蔽效果。同时，除了完全屏蔽外，还要求有正确的接地系统。在屏蔽系统中如有一个不正确的接地系统，就有可能成为一个主要的向外辐射或受到干扰的来源，起不到屏蔽作用，甚至安装效果更差。屏蔽系统必须采用一端接地或两端都接地的方式，而对于高频信号传输，屏蔽系统至少要两端接地，有时需要多处接地，因为只在一端接地的屏蔽系统对磁场的干扰会不起作用。在接地系统中采用的接地导体不能过长，否则就失去接地的作用。

2. 为什么要采用屏蔽系统

随着通信技术和信息产业的高速发展，人们对信息的要求越来越高，最基本的要求是信息传输必须非常精确、迅速、安全以及保密，尤其在政府机关、金融机构和军事、公安等重要部门中更为突出。同时在有强电磁干扰源环境的综合布线工程中，非屏蔽系统难以达到较好的抗干扰效果。采用屏蔽系统产品主要有以下理由：

① 非屏蔽系统线缆结构有可能降低其技术性能。虽然 UTP 双绞电缆中的线对采取互相绞合方式和完全对称平衡传输技术，具有一定的防止电磁干扰作用，但双绞线的绞合长度有限，使其抗干扰效果受到限制，目前 UTP 的绞合长度更适合 30~40 MHz 的数据传输。同时在安装施工线缆时，在牵引电缆时线对受到拉伸力或线缆弯曲半径过小等因素，会使非屏蔽双绞电缆的线对均衡绞合遭到破坏，其技术性能必然会有所降低。

② 非屏蔽系统容易对外辐射保密性差。UTP 系统的近端串扰和衰减值的结果比屏蔽系统线缆低很多，约 10 dB，即非屏蔽系统线缆对外辐射是屏蔽系统的 10 倍。这就是说，使用非屏蔽系统的线缆很容易被外界窃取信息，其安全性和保密性显然较差。

③ 非屏蔽系统的高速数据传输性能较差。目前，大多数局域网以 100 Mbit/s 快速以太网来传送数据，采用 UTP 较好。如果数据传输频率超过 100 MHz，传输速率在 1 Gbit/s 以上，在这种高速数据传输时，非屏蔽系统的链路比屏蔽系统链路会出现更多的错误，如丢失的帧、节点混杂、记号出错、突发的错误等，使得整个网络传输效果不佳甚至失败。

3. 选择非屏蔽系统与屏蔽系统的考虑因素

在综合布线系统工程中应根据用户通信要求、现场环境条件等实际情况，分别选用屏蔽系统或非屏蔽系统。具体选用要求有以下几点：

① 当综合布线工程现场的电磁干扰场强度低于防护标准的规定，或采用非屏蔽布线系统能满足安装现场条件对线缆的间距要求时，综合布线系统宜采用非屏蔽系统产品。

② 当综合布线区域内存在的电磁干扰场强高于 3 V/m 时，或建设单位（业主）对电磁兼容性有较高的要求（电磁干扰和防信息泄露）时，或出于网络安全保密的需要，综合布线系统宜采用屏蔽系统产品。

③ 在综合布线系统工程中，对于选用的传输媒介必须从综合布线系统的整体和全局考虑，要求保证工程的一致性和统一性。如决定选用屏蔽系统的产品时，则要求各种传输媒介和连接硬件都应具有屏蔽性能，不得混合采用屏蔽和非屏蔽的两种产品，以保证布线系统的整体性。

④ 当布线环境处在强电磁场附近需要对布线系统进行屏蔽时，可以根据环境电磁干扰的强弱，采取 3 个层次不同的屏蔽措施。在一般电磁干扰的情况下，可采用金属槽管屏蔽的办法，即把全部线缆都封闭在预先铺设好的金属桥架和管道中，并使金属桥架和管道保持良好的接地，这样同样可以把干扰电流导入大地，取得较好的屏蔽效果。在存在较强电磁干扰源的情况下，可采用屏蔽双绞线和屏蔽连接件的屏蔽系统，再辅助以金属桥架和管道，可取得较好的屏蔽效果。在有极强电磁干扰的情况下，可以采用光缆布线。采用光缆布线成本较高，但屏蔽效果最好，而且可以得到极高的带宽和传输速率。

2.5.2　6 类与 6A 类布线系统比较

5e 类和 6 类是百兆和千兆上的比较，而 6 类和 6A 类则是千兆和万兆上的较量。对于千兆以太网而言，6 类系统是一个很好的平台，却不能很好地支持万兆网络所需的性能。万兆网络经非屏蔽线缆传输时，很容易受电磁干扰（EMI）的影响，除非对缆线加以特别护理，否则 6 类非屏蔽双绞线在短至 10 m 的距离也难以完全达到万兆网络的要求。2006 年 6 月 IEEE 10GBase-T 万兆以太网标准批准颁布，随着千兆位以太网应用向万兆位以太网的升级演变，作为网络传输承载子系统的结构化综合布线系统，6 类系统的 250 MHz 带宽已远远不能满足万兆速率传输要求（TSB 155 中对于 6 类定义为 37 m 内传输万兆，37～55 m 内需要采用补偿技术缓解线外串扰）。由此 TIA 568-C 于 2009 年发布，满足最高可用带宽到 500 MHz 的 6A 系统被认可。

6A 类包括非屏蔽和屏蔽两类，满足外部串扰指标的 6A 布线系统具备更好的抗外界干扰能力，特别在一些线缆汇聚的应用环境，如数据中心，有得天独厚的性能优势。TIA 942 机房标准最新版本中已将 6A 类作为数据中心机房项目指定的推荐系统。全球范围内越来越多的项目建设，特别是重要的金融、科研和数据中心项目已开始部署 6A 类系统。相比 6 类系统，6A 类系统优势见表 2-10。

在未来的一段时间内，6A 类系统将越来越多地出现在综合布线工程中。办公区域选用 6 类系统，重要区域和数据中心选用 6A 类系统将是明智的选择。

选用 6A 类时其设计和施工相比 6 类系统有不同的要求。6A 类非屏蔽布线系统的缆径已经明显变粗，这就要求在综合布线系统的设计中充分考虑到这种变化，在桥架和管线配线的选型时，严格按照《综合布线系统工程设计规范》GB 50311—2007 的设计要求，以免桥架和电线管的容量不足造成施工困难。而对于 6A 类屏蔽布线系统而言，这一变化则不大，其线缆线径是从 6 类的 7 mm 增加到了 6A 类的 7.4 mm。

表 2-10 6 类与 6A 类系统比较

对　比	6 类	6A 类
最高可用带宽	250 MHz	500 MHz
抗 EMI 电磁干扰能力	弱	强
万兆传输距离	采用补偿技术，理论情况下为 37～55 m	100 m 内
UTP 线缆结构	4 对 8 芯扭绞，单层护套，中心十字隔离骨架	4 对 8 芯扭绞，双层护套，中心增强型十字隔离骨架
安装	一般安装	6A 类铜缆线径较 6 类铜缆略粗，管道空间有所增加
测试	一般测试	在 6 类测试基础上，增加"6 包 1"模型 ANEXT 外部综合近端串扰抽测
系统成本	一般成本	略高于 6 类
适用范围	目前常规项目	重要的金融、科研和数据中心项目

总之，布线产品应该从使用环境、短期和长期的应用类型、预期年限和建设成本等几方面来考虑布线系统等级选型。一般核心的、重要的、年限长的应用要考虑使用高级别的布线，而一些临时的、应用类型受限制的以及升级相关成本较低的可以考虑使用低级别的布线。

2.5.3　双绞线与光缆系统比较

近期有一种观点认为，铜质电缆在不久的将来会逐渐消亡，取而代之的是光缆布线系统和无线网络系统。这种观点虽然偏激，但客观上也反映了目前计算机通信的一个发展方向，应该说这种看法虽有道理，但并不全面。替代铜质电缆的两种系统都有其优越之处，但细加分析，在目前和今后一段时期，它们也各有难以解决的缺点和课题。

光纤与非屏蔽双绞线相比具有以下优点：

- 具有更高的带宽；
- 允许的距离更长；
- 安全性更高；
- 完全消除了 RFI 和 EMI，允许更靠近电力电缆，而且不会对人身健康产生辐射威胁。

1. 光纤布线是数据干线的首选

早在 5 类 UTP（非屏蔽双绞线）推出之前，计算机网络的桌面应用速率是 10 Mbit/s 的时候，100 Mbit/s 的骨干网采用了 FDDI（Fiber Distributed Data Interface, 光纤分布数据接口）网，而 FDDI 是完全基于光纤构建的。因此可以说，综合布线的数据干线，绝大多数工程都采用光缆，是由来已久的事实。它有以下优点：

- 干线用缆量不大；
- 用光缆不必为升级考虑；
- 处于电磁干扰较严重的弱电井，光缆比较理想；
- 光缆在弱电井内布放，安装难度较小。

2. 光纤到桌面的机遇

光纤到桌面（Fiber To The Desktop，FTTD）是指光纤替代传统的铜缆传输介质直接延伸至用户终端计算机，使用户终端全程通过光纤实现网络接入。铜缆系统由于价格成本低、安装施工简单、维护方便和支持 PoE 以太网技术等特点，在工作区子系统中仍然普遍使用。但是，随着光通信技术的发展，由于铜缆系统升级的瓶颈和应用环境的复杂性等，光纤的优点越发明显。

① 光纤可支持更远距离、更高带宽的传输。新一代的 OM4 多模光缆支持最长 550 m 的 10 Gbit/s 串行传输，以及 150 m 以上的 40/100 Gbit/s 传输。零水峰 OS2 单模光缆在万兆的以太网中，最长甚至可以达到 40 km 的传输，这些都是铜缆系统根本无法做到的。

② 光纤是非金属物质，数据在光波上传输，可以避免外界的电磁干扰（EMI）和无线电频干扰（RFI），例如在一些特殊的布线环境：空调机房、医院的医疗设备房间、机械制造工厂等。并且，纤芯之间无串扰，信号也不会对外泄露，起到了很好的保密作用，例如在一些信息要求保密的场所：公检法机关、军事行业、高科技研发单位等。

③ 使用环境温度范围宽，通信不带电，可用于易燃、易爆场所，使用安全。

④ 耐化学腐蚀，使用寿命长。

⑤ 不同的护套材料和内部结构，可应付恶劣的办公环境。

⑥ 铜缆系统从 Cat 5 发展到 Cat 6A，在结构上增加了十字骨架、屏蔽层（甚至双层屏蔽层），线径变得越来越大，这些都无形增加了铜缆的原材料成本、运输成本、安装辅材成本、安装施工成本和测试成本等。铜缆系统从 Cat 5 的 4 个测试参数，发展到后来十几个，还多了外部串扰测试参数，使得 Cat 6A 布线系统的验收测试更加烦琐和费时。但是，光纤发展到今天，体积及重量没发生过任何变化，测试参数一般只有两个：衰减和长度。并且，随着光通信技术的发展，原材料成本有下降的趋势，安装施工也变得越来越简便。

⑦ 10GBase-LRM 的应用，使 OM1 和 OM2 光缆在万兆的以太网中也能达到 300 m 的传输距离，大大降低了布线成本。

3. 促进光纤在综合布线中应用的新技术

由于光纤制造技术的进步，光纤衰减特性得到改善，布线成本也得到了较大幅度的降低。下述几种光纤新技术的出现和发展，对于光纤在综合布线中以及光纤到桌面的应用很有促进。

（1）小型化（SFF）光纤连接器

光纤和铜缆相比，光纤端接要比铜缆复杂。近几年以来，多家布线厂商开发出先进的小型化（SFF）光纤连接器，它具有小巧、能密集安装、端接技术简化和价格不太高的特点。

局域网应用需要用双芯光纤（一芯用于发送，另一芯用于接收）连接器，过去双芯连接器的尺寸，比用于 UTP 的 RJ-45 插座的尺寸大得多，在一个 86 安装盒内，很难支持双信息点的实现。外形类似于 RJ-45 插座的新型双芯连接器及其配套的耦合器，免除现场打磨步骤，安装方便，解决了这个问题。

（2）光电介质转换器

光纤到桌面，不仅要有光纤信息插座、光纤配线箱，还需要光纤集线器和光纤网卡，致使系统造价上升。实现光纤到桌面的过渡，则要使用光电介质转换器。光电介质转换器使局域网升级到光纤非常简单，可以保护原铜缆局域网设备的投资。

4. 双绞线与光缆系统的选择

尽管在高速数据传输上光纤比铜缆具有上述优势，但也不是十全十美的。首先是价格问题。使用光纤会大幅度地增加成本，不但光纤布线系统（光缆和光纤配线架、光纤耦合器、光纤跳线等）本身价位比铜缆高，而且使用光纤传输的网络连接设备，如带光纤端口的交换机、光电转发器、光纤网卡等的价格也高。其次光纤有安装施工技术要求高以及安装难度大等缺点。此外，从目前和今后几年的网络应用水平来看，并不是所有的桌面都需要很高的传输速率。因此，未来的解决方案是光缆在综合布线系统中有着重要的地位，但在目前和今后一定时期，它还不能完全立即取代铜线电缆。光缆主要是在建筑物间和建筑物内的主干线路，而双绞线电缆将会在距离近、分布广和要求低的到工作区的水平布线系统中广泛应用，只是当水平布线距离很远导致电缆无法达到、桌面应用有高带宽和高安全性等要求时，水平布线就需要采用光纤布线系统。

光纤的应用和发展是一个循序渐进的过程，从光纤到路边、光纤到楼、光纤到户发展到光纤到桌面，实现全光纤网，也许还有较长的路要走。因此，光纤主干系统+双绞线水平系统还是相当长一段时间内综合布线系统的首选方案。

2.6 综合布线产品选型

综合布线系统是智能建筑内的基础设施之一。从国内以往的工程来分析，系统设备和器材的选型是工程设计的关键环节和重要内容，其与技术方案的优劣、工程造价的高低、业务功能的满足程度、日常维护管理和今后系统的扩展等都密切相关。因此，从整个工程来看，产品选型具有基础性的意义，应予以重视。

1. 产品选型原则

产品选型的原则如下：

① 满足功能需求。产品选型应根据智能建筑的主体性质、所处地位和使用功能等特点，从用户信息需求、今后的发展及变化情况等考虑，选用等级合适的产品，例如 5e 类、6 类、6A 系统产品或光纤系统的配置，包括各种线缆和连接硬件。

② 结合实际环境。应考虑智能建筑和智能小区所处的环境、气候条件和客观影响等特点，从工程实际和用户信息需求考虑，选用合适的产品。如目前和今后有无电磁干扰源存在、是否有向智能小区发展的可能性等，这与是否选

用屏蔽系统产品、设备配置以及网络结构的总体设计方案都有关系。

③ 选用同一品牌的产品。由于在原材料、生产工艺、检测标准等方面的不同，不同厂商的产品在阻抗特性等电气指标方面存在较大差异，如果线缆和接插件选用不同厂商的产品，由于链路阻抗不匹配会产生较大的回波损耗，这对高速网络是非常不利的。

④ 符合相关标准。选用的产品应符合我国国情和有关技术标准，包括国际标准、我国国家标准和行业标准。所用的国内外产品均应以我国国家标准或行业标准为依据进行检测和鉴定，未经鉴定合格的设备和器材不得在工程中使用。

⑤ 技术性与经济性相结合。目前我国已有符合国际标准的通信行业标准，对综合布线系统产品的技术性能应以系统指标来衡量。在产品选型时，所选设备和器材的技术性能指标一般要稍高于系统指标，这样在工程竣工后，才能保证全系统的技术性能指标满足发展的需要，当然也不能一味追求高的技术性能指标，否则会增加工程造价。

此外，一些工作原则在产品选型中应综合考虑。例如，在产品价格相同且技术性能指标符合标准的前提下，若已有可用的国内产品且能提供可靠的售后服务，应优先选用国内产品，以降低工程总体的运行成本，促进民族企业产品的改进、提高和发展。

2. 市场现状

综合布线最早是从美国引入我国的，因此市场上最早的综合布线产品主要是美国品牌，随着市场的发展，欧洲、澳洲等地的产品相继进入中国市场。近年来，国内综合布线市场呈现出百花齐放、百家争鸣的景象，国内一些厂商根据国际标准和国内通信行业标准，结合我国国情，吸取国外产品的先进经验，自行开发研制出了适合我国使用的产品，打破了国外厂商在综合布线产品领域的垄断，价格也在逐年下降。综合布线市场正面临着前所未有的繁荣，国外知名品牌多足鼎立，国内品牌所占市场份额也大幅攀升。

2003 年，是国内布线厂家异军突起的一年，各布线厂家都加强了产品研发、市场拓展的能力，一些业主也开始变得更加理性，在综合布线产品的选择上开始由先进性向实用性转变，一些国内布线厂家，如普天、TCL、大唐电信、VCOM等在 2003 年以后不论新产品的推广还是具体的工程应用，都取得了不错的成绩。国内产品的最大优势在于价格较低，有竞争力，凭借着低廉的价格、良好的性价比，迅速占领了中低端市场，并且有着良好的市场前景。

以下是千家综合布线网公布的 2014 年 7 月国内市场上综合布线产品千家品牌指数排位前 30 位的产品：康普、美国西蒙、施耐德电气、德特威勒、TCL-罗格朗、普天天纪、泛达、大唐电信、耐克森、罗森伯格、GCI、天诚、清华同方、Belden、一舟、立维腾、MOLEX、万泰科技、鼎志、艾柏森、Simon 电气、日海、长飞、IBM、3M、兆龙、康宁、普利驰、以色列瑞特、爱达讯。

从中可以看出国内综合布线产品市场已形成国际品牌、国内品牌竞争的局面。

拓展学习

> 要了解更多综合布线产品市场情况，请登录千家综合布线网：
> http://www.cabling-system.com/

▶ 探索实践

1. 产品学习

① 通过课堂学习、图书馆查阅、电话联系、网络探索、实地走访等方式，进一步了解综合布线产品种类、功能和性能。

② 在教师指导下，以小组为单位，试着和当地的 1 到 2 家综合布线产品厂商的分公司（代表处、办事处）联系，咨询产品事情，索取产品手册学习。

③ 实地考察你所在学校校园综合布线系统中光纤链路都采用了哪些种类的光纤连接器。

2. 产品性能分析

通过课堂学习、图书馆查阅、网络探索、实地走访等方式，进一步分析比较屏蔽与非屏蔽双绞线系统、5e 类与 6 类布线系统、6 类与 6A 类布线系统、双绞线与光缆系统的性能，获得第一手资料。

① 就上述等题目将班上同学分为正反两方，组织辩论赛。

② 通过辩论掌握屏蔽与非屏蔽双绞线系统、5e 类与 6 类布线系统、6 类与 6A 类布线系统、双绞线与光缆系统的优势、劣势和适用场合。

习题与思考

一、选择题（单、多选）

1. 传输速率能达 1 Gbit/s 的最低类别双绞线电缆产品是（　　　）。
   A. 3 类　　　　　　B. 5 类　　　　　　C. 5e 类　　　　　　D. 6 类

2. 传输速率能达 10 Gbit/s 最低类别的双绞线电缆产品是（　　　）。
   A. 5e 类　　　　　B. 6 类　　　　　　C. 6A 类　　　　　D. 7 类

3. 6 类布线系统能传输速率能达到 10 Gbit/s，其有效传输距离是（　　　）。
   A. 50 m　　　　　B. 55 m　　　　　　C. 90 m　　　　　　D. 100 m

4. 6A 类布线系统能传输速率能达到 10 Gbit/s，其有效传输距离是（　　　）。
   A. 50 m　　　　　B. 55 m　　　　　　C. 90 m　　　　　　D. 100 m

5. 110 配线系统中的连接块有以下 3 种规格：（　　　）。
   A. 2 对线连接块　　　　　　　　B. 3 对线连接块
   C. 4 对线连接块　　　　　　　　D. 5 对线连接块

6. 网络标准 1000Base-SX 规定的传输介质是（　　　）。
   A. 5e 类以上双绞线　　　　　　　B. 6 类以上双绞线
   C. 多模光纤　　　　　　　　　　D. 单模光纤

7. 关于 110D 型配线架，正确的描述是（　　　）。

　　A. 配有若干引脚　　　　　　　　B. 不带引脚

　　C. 适合安装在墙壁上　　　　　　D. 适用于安装在标准布线机柜中

8. 多模光纤传输 1Gbit/s 网络的最长传输距离是（　　）。

　　A. 500 m　　　　B. 550 m　　　　C. 2000 m　　　　D. 5000 m

9. 传统光纤连接器有（　　）。

　　A. ST、SC、FC　　　　　　　　B. ST、SC、LC

　　C. ST、LC、MU　　　　　　　　D. LC、MU、MT-RJ

二、简答题

1. 为什么双绞线的铜导线要按一定密度两两绞合在一起？

2. 一条双绞线水平链路，需要哪些连接器件？

3. 一条光纤主干链路，需要哪些连接器件？

4. 光纤通信系统有哪些组成部分？

5. 识别光缆型号：GYFTS-12J50/125(30409)B+5×4×0.9

6. 识别光缆型号：GYZT53-24D9/125(303) A

7. 识别光缆型号：GYSTQ41-24D9/125(302) B

8. 金属加强构件、松套层绞填充式、铝-聚乙烯粘接护套通信用室外光缆，包含 12 根 B1.3 类单模光纤和 6 根 B4 类单模光纤的型号是什么？

项目 3　设计综合布线系统

PPT: 设计综合布线系统

学习素材: 综合布线设计方案基本内容

▶ 学习目标

知识目标:

（1）掌握园区（建筑群）和建筑物综合布线系统的结构与组成。

（2）熟悉综合布线系统各种结构变化。

（3）掌握需求分析方法。

（4）熟悉综合布线系统设计国家标准。

技能目标:

（1）能进行综合布线系统需求分析。

（2）能根据需求进行综合布线系统结构设计。

（3）能进行材料设备选型和预算。

（4）能进行综合布线图纸绘制。

（5）能撰写中小型综合布线系统设计方案。

素质目标

3.1　项目背景

任何工程项目都必须做设计方案，综合布线系统也不例外。综合布线系统的工程设计是网络通信和智能建筑的基础，网络通信科技的不断发展，给综合布线系统不断增加新的技术内容和要求，特别是智能建筑的各种终端和控制设备的数字化改进，促使原来依赖传统控制线、同轴线、电话线的智能弱电系统逐渐过渡到以铜缆双绞线和光纤通信的综合布线系统上来。

计算机系统等各种终端和控制设备使用统一的综合布线系统通信，其开放的结构可以作为各种不同工业标准的基准，不再需要为不同的设备准备不同的配线零件以及复杂的线路标志与管理线路图表。最重要的是，配线系统将具有更大的适应性、灵活性，而且可以用最低的成本在最小的干扰下进行工作地点上终端业务的重新安排或规划。

综合布线系统设计是建设综合布线系统的关键。综合布线系统需要规划信息系统的种类、数量和分布，设计系统结构，设计各功能子系统，选择综合布线产品，预算设备和材料用量，绘制图纸，编制设计方案书和施工方案等。

1. 设计原则

一般以国家标准《综合布线系统工程设计规范》（GB 50311—2016）的要求，结合行业其他规范来设计综合布线系统，基本原则如下:

① 尽量将综合布线系统纳入建筑物整体规划、设计和建设之中。例如，在建筑物整体设计中就完成了垂直干线子系统和水平子系统的管线设计，完成

了设备间和工作区信息插座的定位。

② 综合布线系统到底要加入多少信息系统，是满足智能建筑/小区的所有要求，还是仅完成语音和数据通信？这要综合考虑用户需求、建筑物功能、当地技术和经济的发展水平等因素，尽可能将更多的信息系统纳入综合布线系统。

③ 具有长远规划思想，保持一定的先进性。综合布线是预布线，在进行布线系统的规划设计时可适度超前，采用先进的概念、技术、方法和设备，做到既能反映当前水平，又具有较大的发展潜力。目前，综合布线厂商都有 15 年或 20 年的质量保证，也就是说，在这段时间内布线系统只要没有较大的变动就能适应通信的需求。否则因为通信技术发展很快，按摩尔定律，每 18 个月计算机运行速度增加一倍，而要一次又一次地改造布线系统，将会造成大量人力、物力和财力的浪费。

④ 扩展性。综合布线系统应是开放式结构，应能支持语音、数据、图像（较高档次的应能支持实时多媒体图像信息的传送）及监控等系统的需要。在进行布线系统的设计时，应适当考虑今后信息业务种类和数量增加的可能性，预留一定的发展余地。实施后的布线系统将能在现在和未来适应技术的发展，实现数据、语音和楼宇自控一体化。

⑤ 标准化。为了便于管理、维护和扩充，综合布线系统的设计均应采用国际标准或国内标准及有关工业标准，支持基于基本标准的主流厂家的网络通信产品。综合布线系统工程设计，除应符合国标规范外，还应符合国家现行的相关强制性或推荐性标准规范的规定。必须选用符合国家或国际有关技术标准的定型产品，未经认可的产品标准或未经产品质量检验机构鉴定合格的设备及主要材料不得在工程中使用。

⑥ 灵活的管理方式。综合布线系统应采用星形/树形结构，用层次管理原则，同一级节点之间应避免线缆直接连通。建成的网络布线系统应能根据实际需求变化，进行各种组合和灵活配置，方便地改变网络应用环境，所有的网络形态都可以借助于跳线完成。例如，语音系统和数据系统的方便切换，星形网络结构改变为总线型网络结构等。

⑦ 经济性。在满足上述原则的基础上，力求线路简洁，距离最短，尽可能降低成本，使有限的投资发挥最大的效用。

2. 设计步骤

设计一个合理的综合布线系统一般有以下 7 个步骤：

① 分析用户需求。

② 获取建筑物平面图。

③ 系统结构设计。

④ 布线路由设计。

⑤ 可行性论证。

⑥ 绘制综合布线施工图。

⑦ 编制综合布线用料清单。

3.2 项目需求分析

在综合布线系统工程规划和设计之前，必须对智能建筑或智能小区的用户需求信息进行分析。用户需求信息就是对信息点的数量、位置以及通信业务需求进行分析，分析结果是综合布线系统设计的基础数据，它的准确和完善程度将会直接影响综合布线系统的网络结构、线缆规格、设备配置、布线路由和工程投资等重大问题。设计方以建设方提供的数据为依据，在充分理解建筑物近期和将来的通信需求后，分析得出信息点数量和信息分布图。由于设计方和建设方对工程的理解一般存在一定的偏差，因此对分析结果的确认是一个反复的过程，得到双方认可的分析结果才能作为设计的依据。

3.2.1 需求沟通

需求的沟通是一门学问，沟通的好坏和畅顺与否会直接影响工程项目的设计质量和双方的合作关系。不同性质的建设单位其负责沟通的人员职位不尽相同，不同的职位和角色其立场和对项目的理解程度也不一样，导致无法反映项目的真实情况，使设计的偏差度变大，影响变更的可能性大幅提高。所以进行需求沟通的设计师必须对综合布线工程的标准、技术、产品了然于心，对市场常用网络设备的需求基本掌握，并且要了解不同性质的用户单位其建设需求的一般特性。要用正确的设计原则引导用户，讲解不同等级的综合布线系统和产品如何满足需求的不同响应。耐心沟通、表现出专业性和尊重是设计师必备的专业素养。

3.2.2 建筑物现场勘察

在需求沟通期间，为了确认需求信息，综合布线的设计与施工人员必须熟悉建筑物的结构。主要通过两种方法来掌握建筑结构情况，首先是查阅建筑图纸，然后到现场勘察。勘察工作一般是在新建大楼主体结构完成或旧楼改造，进行综合布线系统设计前或中标施工工程后进行，勘察参与人包括工程负责人、布线系统设计人、施工督导人、项目经理及其他需要了解工程现状的人，当然还应包括建筑单位的技术负责人，以便现场研究决定一些事情。

工程负责人到工地对照"平面图"查看大楼，逐一确认以下任务：

① 查看各楼层、走廊、房间、电梯厅和大厅等吊顶的情况，包括吊顶是否可以打开，吊顶高度和吊顶距梁高度等，然后根据吊顶的情况确定水平主干线槽的敷设方法。对于新楼，要确定是走吊顶内线槽，还是走地面线槽；对于旧楼，改造工程须确定水平干线槽的敷设路线。找到布线系统要用的电缆竖井，查看竖井有无楼板，询问同一竖井内有哪些其他线路（如大楼自控系统、空调、消防、闭路电视、保安监视和音响等系统的线路）。

② 计算机网络线路可与哪些线路公用槽道，特别注意不要与电话以外的其他线路公用槽道，如果需要公用，要有隔离设施。

③ 如果没有可用的电缆竖井，则要和甲方技术负责人商定垂直槽道的位

置，并选择垂直槽道的种类是梯级式、托盘式、槽式桥架还是钢管等。

④ 在设备间和楼层配线间，要确定机柜的安放位置，确定到机柜的主干线槽的敷设方式，设备间和楼层配线间有无高架活动地板，并测量楼层高度数据。特别要注意的是，一般主楼和裙楼、一层和其他楼层的楼层高度有所不同，同时还要确定卫星配线箱的安放位置。

⑤ 如果在竖井内墙上挂装楼层配线箱，要求竖井内有电灯，并且有楼板，而不是直通的。如果是在走廊墙壁上暗嵌配线箱，则要看墙壁外表的材料，是否需要在配线箱结合处做特殊处理，是否离电梯厅或房间门太近而影响美观。

⑥ 确定到卫星配线箱的槽道的敷设方式和槽道种类。

⑦ 讨论大楼结构方面尚不清楚的问题。一般包括：哪些是承重墙体，设备层在哪层，大厅的地面材质，墙面的处理方法（如喷涂、贴大理石、木墙围等），柱子表面的处理方法（如喷涂、贴大理石、不锈钢包面等）。

3.2.3　需求分析的对象与范围

1. 需求分析对象

通常，综合布线系统建设对象分为智能建筑和智能小区两大类型。

（1）智能建筑

在用户需求分析方面理解智能建筑，可以对智能建筑的种类、性质做一定的分析。一般意义上的智能建筑是通过综合布线系统将各种终端设备，如通信终端（计算机、电话机、传真机）、传感器（如烟感、压力、温度、湿度等传感器）进行连接，实现楼宇自动化、通信自动化和办公自动化（3A）三大功能的建筑。另外，从智能建筑用途方面确认需求，如政府、银行、军队等对保密要求较高的单位通常会选用普遍认为的保密性能更好的屏蔽系统或光纤布线系统；而普通的商用智能建筑，其布线系统则常采用非屏蔽的超 5 类、6 类以上等级的布线系统。智能建筑的设计等级也是需求调研的重要指标，如位于城市中心的标志性顶级写字楼与普通的办公楼其智能化的设计倾向就明显不同。

（2）智能小区

智能小区是继智能建筑后的又一个热点。随着智能建筑技术的发展，人们把智能建筑技术应用到一个区域内的多座建筑物中，将智能化的功能从一座大楼扩展到一个区域，实现统一管理和资源共享，这样的区域就称为智能小区或智能园区。

从目前的发展情况看，智能小区可以分为住宅智能小区、商住智能小区、校园智能小区等几种。

① 住宅智能小区（或称居民智能小区）：城市中居民居住生活的聚集地，小区内除基本住宅外，还应有与居住人口规模相适应的公共建筑、辅助建筑及公用服务设施。

② 商住智能小区：由部分商业区和部分住宅区混合组成，一般位于城市中的繁华街道附近，有一边或多边是城市中的骨干道路，其两侧都是商业和贸易等房屋建筑。小区的其他边界道路或小区内部不是商业区域，有大量城市居民的住宅建筑。

③ 校园智能小区：在小区内除了教学、科研等公共活动需要的大型智能

化房屋建筑（如教学楼、科研楼）外，还有学生宿舍、住宅楼以及配套的公共建筑（如图书馆、体育馆）等，还有医院智能小区、工业智能小区等。

目前所讲的智能小区主要是指住宅智能小区，根据建设部在《全国住宅小区智能化技术示范工程工作大纲》中对智能小区示范工程的技术含量做出了普及型、先进型、领先型的规定，一般用星级对应为"一星级"普及型、"二星级"先进型、"三星级"领先型 3 种。从功能划分上，小区智能化系统由安防系统、基础物业管理系统、信息网络系统构成，3 个等级的智能化对应的功能见表 3-1。

表 3-1　住宅小区智能化划分标准

系统	功能组成	功能说明	一星级	二星级	三星级
安防系统	防盗报警	识别盗情，实现现场、物业管理中心、110 和预设电话同时报警	√	√	√
	防可燃气体报警	识别可燃气体泄漏，实现现场、物业管理中心、110 和预设电话同时报警	√	√	√
	防火报警	识别火情，实现现场、物业管理中心、119 和预设电话同时报警	√	√	√
	可视对讲	视频、音频同步传输，自动开锁控制	√	√	√
	高级防盗报警	实现等级布防、撤防和防破坏等报警功能		√	√
	防可燃气体报警	自动启动排风系统		√	√
	区域保安闭路电视监视	实现重要场所、主要出入口、主干道及电梯等处的区域闭路电视监视			√
	紧急呼救	人身安全受到威胁或疾病突发时，实现现场、物业管理中心、110 和预设电话同时报警		√	√
	电子巡更	实现可编程的定时、定点、定路线巡更，确保巡更人员安全和小区安全			√
	门禁控制	限制外来人员进入小区、各楼宇和乘坐电梯			√
	家居智能化	实现家庭内部综合智能化管制			√
基础物业管理系统	多表电子计量	采用电子技术，解决入室抄表问题	√	√	√
	区域自动照明	实现道路、走廊及车库等公共场所自动照明控制	√	√	√
	基础物业管理电子化	实现给排水状态、电梯状态、车库状态、房产信息、房屋维修、小区收费等计算机化管理	√	√	√
	给排水状态监控	实时检测给/排水水位/水压及水泵工作状态		√	√
	高级区域自动照明	可根据照度、时间、人的活动及其规律等多种因素自动控制照明		√	√
	车库自动化管理	实现车库出/入口管理和闭路电视监控		√	√
	远程自动抄表	通过网络通信和小区物业管理中心，可实现远程自动抄表和传输			√
	远程多表控制	通过网络通信和小区物业管理中心，可实现远程自动多表控制			√
	物业信息管理网络化	通过计算机网络体系，实现小区基础物业网上收费、查询、维护等业务			√
	网上信息服务	提供远程医疗就诊、远程医疗监护、远程教学、网上会议等功能			√

续表

系统	功能组成	功能说明	一星级	二星级	三星级
信息网络系统	光纤到小区	光纤铺到小区，实现高速视频、图像和数据传输	√	√	√
	电话线上网	能通过电话线上 Internet	√	√	√
	光纤到楼宇	光纤铺到楼宇，实现高速视频、图像和数据传输		√	√
	光纤到户	光纤铺到户，实现高速视频、图像和数据传输			√
	高速数据传输	建立高速局域网，实现信号的调整传输			√
	VOD 服务	提供 VOD 等高速视频娱乐服务			√

2．用户需求的分析范围

综合布线系统工程设计的范围就是用户需求分析的范围，这个范围包括信息覆盖区域和区域上有什么信息两层含义，因此需要从工程地理区域和信息业务种类两方面来考虑这个范围。

（1）工程区域的大小

综合布线系统的工程区有单幢独立的智能建筑和由多幢组成的智能建筑群两种。前者的用户信息预测只是单幢建筑的内部需要，后者则包括由多幢大楼组成的智能建筑群的内部需要。

（2）信息业务种类多少

从智能建筑的"3A"功能来说，综合布线系统应当满足以下几个子系统的信息传输要求：

① 语音、数据和图像通信系统。

② 保安监控系统。

③ 楼宇自控系统。

④ 卫星电视接收系统。

⑤ 消防监控系统。

3.2.4　用户需求分析的基本要求

为准确分析用户综合布线建设需求，必须遵循以下基本要求：

① 确定分析用户需求和性质。对用户的建设需求进行分析，确定建筑物中需要信息点的场所，也就是综合布线系统中工作区的数量，摸清各工作区的用途和使用对象，从而为准确预测信息点的位置和数量创造条件。

② 主要考虑近期需求，兼顾长远发展需要。智能建筑建成后期建筑结构已形成，并且其使用功能和用户性质一般变化不大，因此，一般情况下智能建筑物内设置满足近期需求的信息插座数量和位置是固定的。建筑物内的综合布线系统主要是水平布线和主干布线，水平布线一般敷设在建筑物的天花板内或管道中，如果要更换或增加水平布线，不但损坏建筑结构，影响整体美观，且施工费比初始投资的材料费高；主干布线大多数都敷设在建筑物的弱电井中，和水平布线相比，更换或扩充相对省事。为了保护建筑物投资者的利益，应采取"总体规划、分步实施，水平布线尽量一步到位"的策略。因此，在需求分

析中，信息插座的分布数量和位置要适当留有发展和应变的余地。

③ 多方征求意见。根据调查收集到的资料，参照其他已建智能建筑的综合布线系统的情况，初步分析出该综合布线系统所需的用户信息。将分析结果与建设单位或有关部门共同讨论分析，多方征求意见，进行必要的补充和修正，最后形成比较准确的用户需求信息报告。

3.2.5 需求分析记录

综合布线需求分析需要有一定信息完整性，在用户沟通之前，为了确保信息能够相对细致地掌握，可以根据项目的不同制定需求分析记录表，表格样例见表3-2。

项目名称

建设单位

表3-2 综合布线用户需求信息表（例）

综合布线用户需求信息表			
项　　目	内　　容	用户回复	备注
项目性质、类型	新建/增建/改造		
	智能建筑：办公楼/商场/酒店/医院/...		
	智能小区：校园智能小区/住宅智能小区/商住智能小区		
	智能小区：普及型/先进型/领先型/		
	策划阶段/招标阶段/实施阶段		
综合布线等级	屏蔽系统/非屏蔽系统/光纤		
	布线等级：超5类/6类/6A类		
	水平布线：5e类/6类/6A类/7类/多模光纤		
	数据主干布线：5e类/6类/6A类/7类/光纤		
	语音主干布线：3类/5类大对数电缆		
	办公区：5e类/6类/7类		
品牌倾向性	国内品牌/国际品牌		
大楼布线系统	1. 建筑物进线间、电信间、设备间位置与平面布置		
	2. 水平布线主路由形式：桥架/穿管/埋地		
	3. 楼层数据信息点数量统计		
	4. 楼层语音信息点数量统计		
	5. 信息面板：单口/双口		
	6. FD机柜安装形式：挂墙/落地		
综合布线整合其他子系统	综合布线整合那些智能化子系统（如监控、门禁、一卡通、数字电视、数字广播等）		

3.3 系统配置设计

系统配置是综合布线系统工程设计的核心，是以综合布线标准中7个子系统的结构为主，进行模块化设计的工作。在综合布线系统设计中，系统配置一般是在对用户的信息需求分析之后，结合标准、技术、功能、产品、成本等因素进行合理的配置，并制定方案说明的过程。

3.3.1　工作区子系统设计

在综合布线中，一个独立的、需要设置终端设备的区域称为一个工作区。工作区的终端包括电话和计算机等设备，工作区是指办公室、工作间等需用电话和计算机等终端设施的区域。工作区应由配线子系统的信息插座模块（TO）延伸到终端设备处的连接线缆及适配器组成。

目前建筑物的功能类型较多，大体上可以分为商业、文化、媒体、体育、医院、学校、交通、住宅、通用工业等类型，因此，对工作区面积的划分应根据应用的场合做具体的分析后确定，工作区面积需求可参照表 3-3 执行。但对于应用场合，如终端设备的安装位置和数量无法确定并考虑自行设置计算机网络时，工作区面积可按区域（租用场地）面积确定，而对于 IDC 机房（为数据通信托管业务机房或数据中心机房）可按生产机房每个配线架的设置区域考虑工作区面积。对于此类项目，涉及数据通信设备的安装工程，可参考 3.4 节。

表 3-3　工作区面积划分表

建筑物类型及功能	工作区面积（m^2）
网管中心、呼叫中心、信息中心等终端设备较为密集的场地	3～5
办公区	5～10
会议、会展	10～60
商场、生产机房、娱乐场所	20～60
体育场馆、候机室、公共设施区	20～100
工业生产区	60～200

一般来讲，工作区的电话和计算机等终端设备可用跳接线直接与工作区的信息插座相连接，但当信息插座与终端连接电缆不匹配时，需要选择适配器或平衡/非平衡转换器进行转换，才能连接到信息插座上。信息插座是属于配线子系统的连接件，由于它位于工作区，所以也在工作区来讨论它的设计要求。工作区中的信息插座、跳接线和适配器（选用）都有具体的要求。

1. 工作区选用的适配器的要求

① 当在设备连接器处采用不同信息插座的连接器时，可以使用专用接插电缆或适配器。

② 当在单一信息插座上进行两项服务时，可在标准范围内使用"Y"型适配器。

③ 当在配线子系统中选用的电缆类别（介质）与设备所需的电缆类别（介质）不同时，应采用适配器，如光纤链路与铜缆端口设备的连接。

④ 在连接使用不同信号的数/模转换或数据速率转换等相应的装置时，应采用适配器。

⑤ 为了网络的兼容性，可采用协议转换适配器，特别在楼宇自控的项目中，楼控的信息采集点和控制点一般采用模拟信号，为了通过网络传输，则需要将多个采集点连接至控制节点（专用协议转换器），再由控制节点通过局域网连接至上位机控制平台。

2. 信息插座的要求

① 每一个工作区信息插座模块（电、光）数量不宜少于两个，并满足各种业务的需求。

② 底盒数量应由插座盒面板设置的开口数确定，每一个底盒支持安装的

信息点数量不宜大于两个。底盒的选择应考虑到信息模块的长度，对于平面的信息面板，信息模块端接完线缆后其长度一般达到 30 mm 以上，明装底盒的深度则最好考虑 36 mm 以上，留有足够的盘线空间。对于 6 类以上的布线系统，明装布线时建议采用斜口面板，以提高底盒空间兼容性。

③ 光纤信息插座模块安装的底盒大小应充分考虑到水平光缆（2 芯或 4 芯）终接处的光缆盘留空间和满足光缆对弯曲半径的要求。

④ 工作区的信息插座模块应支持不同的终端设备接入，每一个 8 位模块通用插座应连接 1 根 4 对对绞电缆；对每一个双工或两个单工光纤连接器件及适配器连接 1 根 2 芯光缆。

⑤ 从电信间至每一个工作区水平光缆宜按 2 芯光缆配置。

⑥ 安装在地面上的信息插座应采用防水和抗压的接线盒。

⑦ 安装在墙面或柱子上的信息插座的底部离地面的高度宜为 300 mm。

⑧ 信息模块材料预算方式如下：

$m = n + n \times 3\%$ （其中：m—总需求量，n—信息点的总量，$n \times 3\%$—富余量）

3. 跳接软线要求

① 工作区连接信息插座和计算机间的跳接软线应小于 5 m。

② 跳接软线可订购也可现场压接。一条链路需要两条跳线，一条从配线架跳接到交换设备，另一条从信息插座连到计算机。

③ 现场压接跳线 RJ-45 所需的数量。RJ-45 接头材料预算方式如下：

$m = n \times 4 + n \times 4 \times 5\%$（其中：$m$—总需求量，$n$—信息点的总量，$n \times 4 \times 5\%$—富余量）

当然，当语音链路须从水平数据配线架跳接到语音干线 110 配线架时，还需要 1 对 RJ-45—110 跳接线。

4. 用电配置要求

在综合布线工程中设计工作区子系统时，要同时考虑终端设备的用电需求。每组信息插座附近宜配备 220 V 电源三孔插座为设备供电，暗装信息插座（RJ-45）与其旁边的电源插座应保持 200 mm 的距离，工作区的电源插座应选用带保护接地的单相电源插座，保护接地与零线应严格分开，如图 3-1 所示。

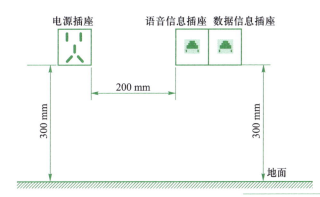

图 3-1
工作区信息插座与电源插座布局图

3.3.2 配线子系统设计

配线子系统（水平子系统）应由工作区的信息插座模块、信息插座模块至电信间配线设备（FD）的配线电缆或光缆、电信间的配线设备及设备线缆和跳线等组成（图 3-2）。它的布线路由遍及整个智能建筑，与每个房间和管槽系统密切相关，是综合布线工程中工程量最大、最难施工的一个子系统。配线子系统的设计涉及水平布线系统的网络拓扑结构、布线路由、管槽的设计、线缆类型的选择、线缆长度的确定、线缆布放和设备的配置等内容，它们既相对独立又密切相关，在设计中要考虑相互间的配合。

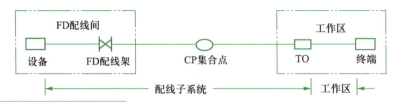

图 3-2
配线子系统范围

配线子系统通常采用星形网络拓扑结构，以楼层配线架 FD 为主节点，各工作区信息插座为分节点，二者之间采用独立的线路相互连接，形成以 FD 为中心向工作区信息插座辐射的星形网络。通常用双绞线敷设水平布线系统，此时水平布线子系统的最大长度为 90 m。这种结构的线路长度较短，工程造价低，维护方便，保障了通信质量。

1. 管槽布线路由设计

管槽系统（包括线管和线槽）是综合布线系统的基础设施之一，对于新建建筑物，要求与建筑设计和施工同步进行。因此，在综合布线系统总体方案决定后，对于管槽系统需要预留管槽的位置和尺寸，并满足洞孔的规格和数量以及其他特殊工艺要求（如防火要求或与其他管线的间距等）。这些资料要及早提供给建筑设计单位，以便在建筑设计中一并考虑，使管槽系统能满足综合布线系统线缆敷设和设备安装的需要。

管槽系统建成后与房屋建筑成为一个整体，属于永久性设施。因此，它的使用年限应与建筑物的使用年限一致，这说明管槽系统的满足年限应大于综合布线系统线缆的满足年限。这样，管槽系统的规格尺寸和数量要依据建筑物的终期需要从整体和长远来考虑。

管槽系统由引入管路、电缆竖井和槽道、楼层管路（包括槽道和工作区管路）和联络管路等组成。它们的走向、路由、位置、管径和槽道的规格以及与设备间、电信间等的连接，都要从整体和系统的角度来统一考虑。此外，对于引入管路和公用通信网的地下管路的连接，也要做到互相衔接、配合协调，不应产生脱节和矛盾等现象。

对于原有建筑改造成智能建筑而增设综合布线系统的管槽系统设计，应仔细了解建筑物的结构，从而设计出合理的垂直和水平的管槽系统。

由于水平布线路由遍及整座建筑物，因此水平布线路由是影响综合布线工程美观程度的关键。水平管槽系统有明敷设和暗敷设两种，通常暗敷设是沿楼层的地板、楼顶吊顶和墙体内预埋管槽布线，而明敷设则沿墙面和无吊顶走廊布线。新建的智能化建筑中，应采用暗敷设方式，对原有建筑改造成智能化建筑须增设综合布线系统时，可根据工程实际尽量创造条件采用暗敷管槽系统，只有在不得已时，才允许采用明敷管槽系统。

水平布线就是将线缆从楼层配线间连接到工作区的信息插座上。综合布线工程施工的对象有新建建筑、扩建（包括改建）建筑和已建建筑等多种情况，有钢筋混凝土结构、砖混结构等不同的建筑结构。因此，设计水平布线子系统的路由时要根据建筑物的用途和结构特点，从布线规范、便于施工、路由最短、工程造价、隐蔽、美观和扩充方便等几个方面考虑。在设计中，往往会存在一些矛盾，考虑了布线规范却影响了建筑物的美观，考虑了路由长短却增加了施工难度。因此，设计水平子系统必须折中考虑，对于结构复杂的建筑物一般都设计多套路由方案，通过对比分析选取一个较佳的水平布线方案。

（1）暗敷设布线方式

暗敷设通常沿楼层的地板、楼顶吊顶、墙体内预埋管布线。这种方式适合于建筑物设计与建设时已考虑综合布线系统的场合。预埋线槽宜采用金属线槽，预埋或密封线槽的截面利用率应为 30%～50%。敷设暗管宜采用钢管或阻燃聚氯乙烯硬质管，布放大对数主干电缆及 4 芯以上光缆时，直线管道的管径利用率应为 50%～60%，弯管道应为 40%～50%。暗管布放 4 对对绞电缆或 4 芯及以下光缆时，管道的截面利用率应为 25%～30%。

1）天花板吊顶内敷设线缆方式。

天花板吊顶内敷设线缆方式，适合于新建建筑和有天花板吊顶的已建建筑的综合布线工程，有分区方式、内部布线方式和电缆槽道方式 3 种。这 3 种方式都要求有一定的操作空间，以利于施工和维护，但操作空间也不宜过大，否则将增加楼层高度和工程造价。此外，在天花板或吊顶的适当地方应设置检查口，以便日后维护检修。

① 分区方式。

将天花板内的空间分成若干个小区，敷设大容量电缆。从楼层配线间利用管道或直接敷设到每个分区中心，由小区的分区中心分别把线缆经过墙壁或立柱引到信息插座，也可在中心设置适配器，将大容量电缆分成若干根小电缆再引到信息插座。

② 内部布线方式。

它是指从楼层配线间将电缆直接敷设到信息插座。内部布线方式的灵活性最大，不受其他因素限制，经济实用，无须使用其他设施且电缆独立敷设，传输信号不会互相干扰，但需要的线缆条数较多，初次投资较分区方式大。

③ 电缆槽道方式。

这是使用最多的天花板吊顶内敷设线缆的方式。线槽可选用金属线槽，也可选用阻燃、高强度的 PVC 槽，通常安装在吊顶内或悬挂在天花板上，用在大型建筑物或布线比较复杂而需要有额外支持物的场合，用横梁式线槽将线缆引向所要布线的区域。由配线间出来的线缆先走吊顶内的线槽，到各房间的位置后，经分支线槽把横梁式线槽分叉后，将电缆穿过一段支管引向墙柱或墙壁，沿墙而下到本层的信息出口，或沿墙而上引到上一层墙上的暗装信息出口，最后端接在用户的信息插座上，如图 3-3 所示。

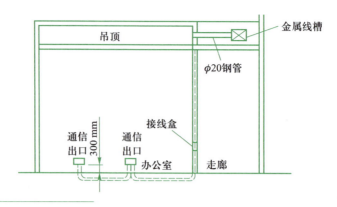

图 3-3
先走吊顶内的槽道再穿过支管至信息出口

2）地板下敷设线缆方式。

地板下敷设线缆方式在智能化建筑中使用较为广泛，尤其对新建和扩建的房屋建筑更为适宜。由于线缆敷设在地板下面，既不影响美观，又无须考虑其荷重，施工安装和维护检修均较方便。地板下的布线方式主要有地面线槽布线方式、蜂窝状地板布线方式和高架地板布线方式 3 种，此外，直接埋管方式也属于地板下敷设线缆方式，可根据客观环境条件予以选用。上述几种方法可以单独使用，也可混合使用。

① 直接埋管方式。

直接埋管方式和新建建筑物同时设计施工。这种方式由一系列密封在现浇混凝土里的金属布线管道组成。这些金属管道从配线间向信息插座的位置辐射。根据通信和电源布线要求、地板厚度和占用的地板空间等条件，这种直接埋管方式可能要采用厚壁镀锌管或薄型电线管。

② 地面线槽布线方式。

地面线槽方式是指由配线间出来的线缆走地面线槽到地面出线盒或由分线盒出来的支管到墙上的信息出口，如图 3-4 所示。由于地面出线盒或分线盒不依赖墙或柱体而直接走地面垫层，因此这种方式适用于大开间或需要打隔断的场合。

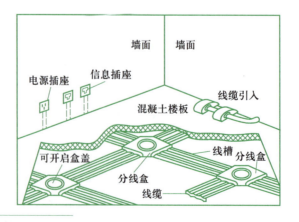

图 3-4
地面线槽布线方式

地面线槽全部采用金属线槽，它把长方形的线槽打在地面垫层中，每隔 4～8m 设置一个过线盒或出线盒（在支路上出线盒也起分线盒的作用），直到信息出口的接线盒。70 型线槽外形尺寸为 70 mm × 25 mm（宽 × 厚），有效截面积为 1470 mm²，截面利用率取 30%，可穿 25 根 6 类水平线缆；50 型线槽外形尺寸为 50 mm × 25 mm，有效截面积为 960 mm^2，可穿 15 根水平线缆。分线盒与过线盒有 2 槽和 3 槽两种，均为正方形，每面可接 2 根或 3 根地面线槽。因为正方形有 4 面，分线盒与过线盒均有将 2～3 个分路汇成一个主路的功能或起到 90° 转弯的功能。4 槽以上的分线盒都可用 2 槽或 3 槽分线盒拼接。

地面线槽方式的优点为：

● 采用地面线槽方式，对信息出口离弱电间的距离没有限制。地面线槽每隔 4～8 m 设置一个分线盒或出线盒，布线时拉线非常容易，因此距离没有限制。

● 强电和弱电可以同路由。强电和弱电可以走同路由相邻的地面线槽，而且可接到同一出线盒内的各自插座。当然地面线槽必须接地屏蔽。

● 适用于大开间或需要打隔断的场合。例如，交易大厅面积大，计算机离墙较远，用较长的线接墙上的网络出口及电源插座显然是不合适的，这时用地面线槽在附近留一个出线盒，联网及用电都解决了。

● 地面线槽方式可以提高商业建筑物的档次。大开间办公室是现代流行的管理模式，只有高档建筑物才能采用这种地面线槽方式。

地面线槽方式的缺点为：

● 地面线槽装在地面垫层中，需要至少 65 mm 以上的垫层厚度。这对于要尽量减小挡板及垫层厚度是不利的。

● 地面线槽由于装在地面垫层中，如果楼板较薄，有可能在装吊顶过程中被吊杆打中，影响使用。

● 不适合楼层中信息点特别多的场合。如果一个楼层中有 500 个信息点，按 70 型线槽穿 25 根线算，需 20 根 70 型线槽，线槽之间有一定空隙，每根线槽大约占 100 mm 宽度，20 根线槽就要占 2 m 的宽度，除门可走 6～10 根线槽外，还要开 1.0～1.4 m 的洞，但因弱电间的墙一般是承重墙，开这样大的洞是不允许的。另外，地面线槽多了，被吊杆打中的机会相应增大。

● 不适合石质地面。地面出线盒宛如大理石地面长出了几只不合时宜的"眼睛"，地面线槽的路由应避免经过石质地面或不在其上放出线盒与分线盒。

● 造价昂贵。为了美观，地面出线盒的盒盖采用铜质，这样就比墙上出线盒价格高得多。地面线槽方式的造价是天花板吊顶内敷设线槽方式的 3～5 倍。目前地面线槽方式大多数用在高档会议室等建筑物中。

若楼层信息点较多，应同时采用地面线槽与天花板吊顶内敷设线槽相结合的方式。

③ 蜂窝状地板布线方式。

地板结构较复杂，采用钢铁或混凝土制成构件，其中导管和布线槽均事先设计，在这种电力、通信两个系统交替使用的场合，蜂窝状地板布线方式与直接埋管方式相似，其容量大，适用于电缆条数较多的场合，工程造价较高，地板结构复杂，增加地板厚度和重量，与房屋建筑配合协调较多，但不适应敷设地毯的场合。

④ 高架地板布线方式。

高架地板为活动地板，由许多方块面板组成，放置在钢制支架上的每块面板均能活动，如图 3-5 所示。高架地板布线方式具有安装和检修线缆方便、布线灵活、适应性强、不受限制、操作空间大、布放线缆容量大、隐蔽性好、安全和美观等特点，但初次工程投资大，降低了房间净高。

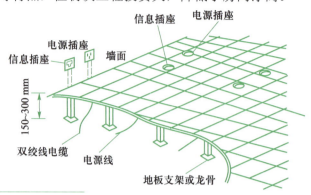

图 3-5
高架地板布线方式

（2）明敷设布线方式

明敷设布线方式主要用于既没有天花板吊顶又没有预埋管槽的建筑物的综合布线系统，通常采用走廊槽式桥架和墙面线槽相结合的方式来设计布线路由。通常水平布线路由从 FD 开始，经走廊槽式桥架，用支管到各房间，再经墙面线槽将线缆布放至信息插座（明装）。当布放的线缆较少时，从配线间到工作区信息插座布线时也可全部采用墙面线槽方式。

1）走廊槽式桥架方式。

对一座既没有天花板吊顶又没有预埋管槽的已建建筑物，水平布线通常采用走廊槽式桥架和墙面线槽相结合的方式来设计布线路由。当布放的线缆较多时，走廊使用槽式桥架，进入房间后采用墙面线槽；当布放的线缆较少时，从管理间到工作区信息插座的布线也可全部采用墙面线槽方式。

走廊槽式桥架是指将线槽用吊杆或托臂架设在走廊的上方，如图 3-6 所示。线槽一般采用镀锌和镀彩两种金属线槽，镀彩线槽抗氧化性能好，镀锌线槽相对便宜，规格有 50 mm × 25 mm、100 mm × 50 mm、200 mm × 100 mm 等型号，厚度有 0.8 mm、1 mm、1.2 mm、1.5 mm、2 mm 等规格，槽径越大，要求厚度越厚。50 mm × 25 mm 的厚度要求一般为 0.8～1 mm，100 mm ×50 mm 厚度要求一般为 1～1.2 mm，200 mm × 100 mm 厚度要求一般为 1.2～1.5 mm，也可根据线缆数量向厂家定做特型线槽。当线缆较少时，也可采用高强度 PVC 线槽。槽式桥架方式设计施工方便，最大的缺陷是线槽明敷，影响建筑物的美观。

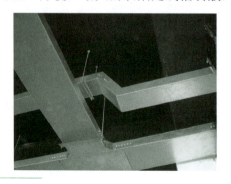

图 3-6
走廊槽式桥架方式

2）墙面线槽方式。

墙面线槽方式适用于既没天花板吊顶又没有预埋管槽的已建建筑物的水平布线，如图 3-7 所示。墙面线槽的规格有 20 mm × 10 mm、40 mm × 20 mm、60 mm × 30 mm、100 mm × 30 mm 等型号，根据线缆的多少选择合适的线槽，主要用于房间内布线，当楼层信息点较少时也用于走廊布线。和走廊槽式桥架方式一样，墙面线槽设计施工方便，但最大缺陷是线槽明敷，影响建筑物的美观。

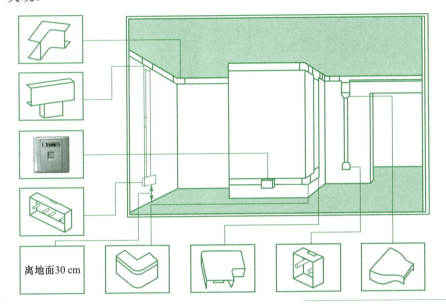

离地面30 cm

图 3-7
墙面线槽方式

3）其他布线方式。

其他还有护壁板管道线、地板导管、模制管道等布线方式，在此不一一介绍。

2. 管槽规格设计

根据 GB 50312 标准要求和工程经验，线槽（PVC 或金属）、线管（PVC 或金属）在不同的安装方式下，有不同的利用率，具体要根据密封还是开放、暗装还是明装、现场环境而定，同样大小的管槽，开放、明装方式比密封、暗装方式要多布放一些线缆，也就是截面利用率可大一些。

微课：管槽规格设计

（1）管槽利用率

通常的管槽利用率如下：

① 预埋或密封线槽的截面利用率应为 30%～50%。

② 暗管布放 4 对对绞电缆或 4 芯及以下光缆时，管道的截面利用率应为 25%～30%。

③ 布放大对数主干电缆及 4 芯以上光缆时，直线管道的管径利用率应为 50%～60%，弯管道应为 40%～50%。

（2）管槽规格设计示例

例1： 某水平布线路由处须敷设 85 条 5e 类 UTP 双绞线电缆。由于该线槽是明装，盖板可开启，截面利用率高，按 45% 计算，用多大规格的金属线槽（设该线槽厚度为 1 mm）布放这些线缆最合适？

解：① 5e 类 UTP 双绞线电线缆芯标准一般为 24AWG，外径约为 5.3 mm。

② 85 条 5e 类双绞线电缆总的截面积为 $85 \times 3.14 \times (5.3/2)^2 = 1874.3$ mm²。

③ 实际需要线槽的截面积=电缆总的截面积/截面利用率=1874.3/45%=4165 mm²。

④ 常规金属线槽中，截面积大于 4165 mm² 的最小线槽是 100 mm×50 mm 规格的线槽，其有效截面积为 98×48=4704 mm²。

因此，100 mm×50 mm 规格线槽最合适（需求量大时，可订做非常规尺寸线槽，如本例可用 100 mm×45 mm 线槽）。

3. 开放型办公室布线系统

有些楼层房间面积较大，而且房间办公用具布局经常变动，墙（地）面又不易安装信息插座。为了解决这一问题，可以采用"大开间办公环境附加水平布线惯例"。大开间是指由办公用具或可移动的隔断代替建筑墙面构成的分隔式办公环境。在这种开放型办公室中，将线缆和相关的连接件配合使用，就会有很大的灵活性，节省安装时间和费用。开放型办公室布线系统设计方案有两种：多用户信息插座设计方案和集合点设计方案。

（1）多用户信息插座设计方案

多用户信息插座（Multiuser Information Outlet，MIO）设计方案就是将多个多种信息模块组合在一起，安装在吊顶内，然后用接插线沿隔断、墙壁或墙柱而下，接到终端设备上。混合电缆和多用户信息插座结合使用就是其中的一种。如美国 AVAYA 科技公司的 M106SMB 型就是 6 个信息模块组合在一起的，可连接 6 台工作终端。水平布线可用混合电缆，从配线间引出，走吊顶辐射到各个大开间。每个大开间再根据需求采用厚壁管或薄壁金属管，从房间的墙壁内或墙柱内将线缆引至接线盒，与组合式信息插座相连接。多用户信息插座连接方式如图 3-8 所示。

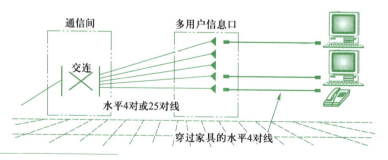

图 3-8
多用户信息插座连接

多用户信息插座为在一个用具组合空间中办公的多个用户提供了一个单一的工作区插座集合，接插线通过内部的槽道将设备直接连至多用户信息插座。多用户信息插座应该放在像立柱或墙面这样的永久性位置上，而且应该保证水平布线在用具重新组合时保持完整性。多用户信息插座适用于那些重新组合非常频繁的办公区域，组合时只要重新配备接插线即可。

（2）集合点（CP）设计方案

集合点是水平布线中的一个互连点，它将水平布线延长至单独的工作区，是水平布线的一个逻辑集合点（从这里连接工作区终端电缆）。和多用户信息插座一样，集合点应安装在可接近的且永久的地点，如建筑物内的柱子上或固定的墙上，尽量紧靠办公用具，这样可使重组用具的时候能够保持水平布线的完整。在集合点和信息插座之间敷设很短的水平电缆，服务于专用区域。集合点可用模块化表面安装盒（6口或12口）、配线架（25对或50对）、区域布线盒（6口）等。集合点设计方案如图3-9所示。集合点和多用户信息插座的相似之处是它也位于建筑槽道（来自配线间）和开放办公区的集合点。

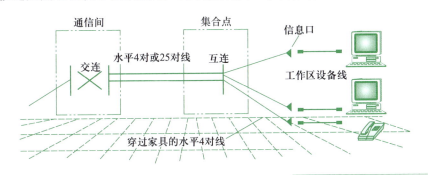

图3-9
集合点连接方式

比较图3-8和图3-9可以看出，图3-8是直接用接插线将工作终端插入组合式插座，而图3-9是将工作终端经一次接插线转接后插入组合式插座。

对于大厅的站点，可采用打地槽铺设厚壁镀锌管或薄壁电线管的方法将线缆引到地面接线盒。地面接线盒用钢面铝座制作，直径为10～12 cm，高为5～8 cm。地面接线盒用铜面铝座，高度可调节，在地面浇灌混凝土时预埋。大楼竣工后，可将信息插座安装在地面接线盒内，再把电缆从管内拉到地面接线盒，端接在信息插座上。需要使用信息插座时，只要把地面接线盒盖上的小窗口向上翻，用接插线把工作终端连接到信息插座即可。平常小窗口向下，与地面平齐，可保持地面平整。

 注意

集合点和多用户信息插座水平布线部分的区别。

大开间附加水平布线把水平布线划分为永久和可调整两部分。永久部分是水平线缆先从配线间到集合点，再从集合点到信息插座。当集合点变动时，水平布线部分也随之改变。多用户信息插座可直接端接一根25对双绞电缆，也可端接12芯光纤。当有变动时，不要改变水平布线部分。

在吊顶内设置集合点的方法如图3-10所示。集中点可用大对数线缆，距楼层配线间应大于15 m，集合点配线设备容量宜以满足12个工作区信息点需求设置。同一个水平电缆路由不允许超过一个集合点（CP），从集合点引出的CP线缆应终接于工作区的信息插座或多用户信息插座上，多用户信息插座和集合点的配线设备应安装于墙体或柱子等建筑物固定的位置。

4. 水平线缆系统

水平子系统的线缆要依据建筑物信息的类型、容量、带宽或传输速率来确定。双绞线电缆是水平布线的首选。但当传输带宽要求较高，管理间到工作区超过90 m时就会选择光纤作为传输介质。

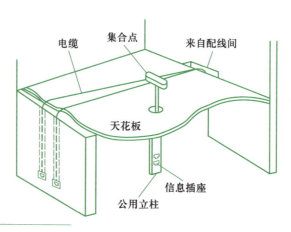

电缆　集合点　来自配线间

天花板

信息插座

公用立柱

图 3-10
在吊顶内设置集合点的方法

（1）线缆类型选择

水平子系统中推荐采用的线缆型号如下：

① 100Ω 双绞电缆。

② 50/125 μm 多模光纤。

③ 62.5/125 μm 多模光纤。

④ 8.3/125 μm 单模光纤。

在水平子系统中，也可以使用混合电缆。采用双绞电缆时，根据需要可选用非屏蔽双绞电缆或屏蔽双绞电缆。在一些特殊应用场合，可选用阻燃、低烟、无毒等线缆。

（2）水平子系统布线距离

水平线缆是指从楼层配线架到信息插座间的固定布线，一般采用 100 Ω 双绞电缆，水平电缆最大长度为 90 m，配线架跳接至交换设备、信息模块跳接至计算机的跳线总长度不超过 10 m，通信通道总长度不超过 100 m。在信息点比较集中的区域，如一些较大的房间，可以在楼层配线架与信息插座之间设置集合点（TP，最多转接一次），这种集合点到楼层配线架的电缆长度不能过短（至少 15 m），但整个水平电缆最长 90 m 的传输特性保持不变。

（3）电缆长度估算

① 确定布线方法和走向。

② 确定每个楼层配线间或二级交接间所要服务的区域。

③ 确认离楼层配线间距离最远的信息插座位置。

④ 确认离楼层配线间距离最近的信息插座位置。

⑤ 用平均电缆长度估算每根电缆长度。

⑥ 平均电缆长度=（信息插座至配线间的最远距离+信息插座至配线间的最近距离）/2。

⑦ 总电缆长度=平均电缆长度+备用部分（平均电缆长度的 10%）+端接容差 6m（变量）。

每个楼层用线量（m）的计算公式如下：

$$C=[0.55(L+S)+6]\times n$$

式中，C——每个楼层的用线量；

L——服务区域内信息插座至配线间的最远距离；

微课：电缆长度估算

S——服务区域内信息插座至配线间的最近距离；

n——每层楼的信息插座（IO）的数量。

整座楼的用线量为 $W = \sum MC$（M 为楼层数）。

⑧ 电缆订购数。按 4 对双绞电缆包装标准（1 箱线长为 305 m）计算公式如下：

电缆订购数=W/305 箱（不够一箱时按一箱计）

本公式是综合布线系统刚刚引入中国时综合布线工程中的一个经验估算公式，随着施工技术和现场管理水平的进步以及线缆布入长度测量精度的提高，线缆备用部分和端接容差大大减少，根据情况，线缆备用可设为 3%～8%，端接容差为 2～5 m。

（4）电缆用量预算示例

例 2： 现设计某办公楼综合布线方案，须估算水平配线子系统的双绞线材料用量。第 1 层有 50 个信息点，楼层电信间位于楼层的中间位置，最远信息点距电信间 68 m，最近信息点距电信间 22 m；第 2 层共有 48 个信息点，楼层电信间位于楼层的中间位置，最远信息点距电信间 70 m，最近信息点距电信间 20m；第 3～5 层和第 2 层情况相同。若电缆长度估算公式中，每条电缆的备用部分按平均电缆长度的 8%，端接冗余按 3 m 计算，该工程共需多少箱双绞线？

解：① 每层楼线缆估算公式为 $C = [0.54(L+S)+3] \times n$

② 第 1 层用线量：

$C_1 = [0.54(68+22)+3] \times 50 = 2580$ m

③ 第 2 层用线量：

$C_2 = [0.54(70+20)+3] \times 48 = 2476.8$ m

④ 总用线量：

$W = C_1 + C_2 \times 4 = 2580 + 2476.8 \times 4 = 12487.2$m

⑤ 电缆订购数=12487.2/305=40.91≈41 箱

3.3.3 干线子系统设计

干线子系统由建筑物设备间和楼层配线间之间的连接线缆组成。它是智能化建筑综合布线系统的中枢部分，与建筑设计密切相关，主要用于确定垂直路由的多少和位置、垂直部分的建筑方式（包括占用上升房间的面积大小）以及干线系统的连接方式。

现代建筑物的通道有封闭型和开放型两大类型。封闭型通道是指一连串上下对齐的交接间，每层楼都有一间，利用电缆竖井、电缆孔、管道电缆和电缆桥架等穿过这些房间的地板层，每个空间通常还有一些便于固定电缆的设施和消防装置。开放型通道是指从建筑物的地下室到楼顶的一个开放空间，中间没有任何楼板隔开，如通风通道或电梯通道，不能敷设干线子系统电缆。对于没有垂直通道的老式建筑物，一般采用敷设垂直线槽的方式。

在综合布线中，干线子系统的线缆并非一定是垂直布置的，从概念上讲它是建筑物内的干线通信线缆。在某些特定环境中，如低矮而宽阔的单层平面大型厂房，干线子系统的线缆就是平面布置的，同样起着连接各配线间的作用。对于 FD/BD 一级布线结构的布线来说，配线子系统和干线子系统是一体的。

1. 干线子系统基本要求

① 干线子系统所需要的电缆总对数和光纤总芯数，应满足工程的实际需求，并留有适当的备份容量。主干线缆宜设置电缆与光缆，并互相作为备份路由。

② 点对点端接是最简单、最直接的接合方法，干线电缆宜采用点对点端接，大楼与配线间的每根干线电缆直接延伸到指定的楼层配线间。也可采用分支递减端接，分支递减端接是有一根大对数干线电缆足以支持若干楼层的通信容量，经过电缆接头保护箱分出若干根小电缆，它们分别延伸到每个楼层，并端接于目的地的连接硬件。

③ 如果电话交换机和计算机主机设置在建筑物内不同的设备间，宜采用不同的主干线缆来分别满足语音和数据的需要。

④ 为便于综合布线的路由管理，干线电缆、干线光缆布线的交接不应多于两次。从楼层配线架到建筑群配线架只能通过一个配线架，即建筑物配线架。当综合布线只用一级干线布线进行配线时，放置干线配线架的二级交接间可以并入楼层配线间。

⑤ 主干电缆和光缆所需的容量要求及配置应符合以下规定：对语音业务，大对数主干电缆的对数应按每一个电话 8 位模块通用插座配置 1 对线，并在总需求线对的基础上至少预留约 10% 的备用线对。对于数据业务应以集线器（Hub）或交换机（SW）群（按 4 个 Hub 或 SW 组成 1 群）为主配置，或以每个 Hub 或 SW 设备设置 1 个主干端口配置。每 1 群网络设备或每 4 个网络设备宜考虑 1 个备份端口。主干端口为电端口时，应按 4 对线容量配置，为光端口时则按 2 芯光纤容量配置。

⑥ 在同一层若干电信间之间宜设置干线路由。

⑦ 主干路由应选在该管辖区域的中间，使楼层管路和水平布线的平均长度适中，有利于保证信息传输质量。宜选择带门的封闭型综合布线专用的通道敷设干线电缆，也可与弱电竖井合用。

⑧ 线缆不应布放在电梯、供水、供气、供暖、强电等竖井中。

⑨ 设备间连线设备的跳线应选用综合布线专用的插接软跳线，在语音应用时也可选用双芯跳线。

⑩ 干线子系统垂直通道有电缆孔、电缆竖井和管道等 3 种方式可供选择，宜采用电缆竖井方式。水平通道可选择预埋暗管或槽式桥架方式。

2. 干线子系统线缆类型的选择

可根据建筑物的楼层面积、建筑物的高度、建筑物的用途和信息点数量来选择干线子系统的线缆类型。在干线子系统中可采用以下 4 种类型的线缆：

① 100 Ω 双绞线电缆。

② 62.5/125 μm 多模光缆。

③ 50/125 μm 多模光缆。

④ 8.3/125 μm 单模光缆。

无论是电缆还是光缆，综合布线干线子系统都受到最大布线距离的限制，即建筑群配线架（CD）到楼层配线架（FD）的距离不应超过 2000 m，建筑物配线架（BD）到楼层配线架（FD）的距离不应超过 500 m。通常将设备间的主配线架放在建筑物的中部附近使线缆的距离最短。当超出上述距离限制，可以分成几个区域布线，使每个区域满足规定的距离要求。配线子系统和干线子系统布线的距离与信息传输速率、信息编码技术和选用的线缆及相关连接件有关。根据使用介质和传输速率要求，布线距离还有变化。

① 数据通信采用双绞线电缆时，布线距离不宜超过 90 m，否则宜选用单模或多模光缆。

② 在建筑群配线架和建筑物配线架上，接插线和跳线长度不宜超过 20 m，超过 20 m 的应从允许的干线线缆最大长度中扣除。

③ 作为现在行业主流的主干带宽传输已经升级到 1 Gbit/s 和 10 Gbit/s，其传输介质可以参考表 4-5 进行选择。

④ 延伸业务（如通过天线接收）可能从远离配线架的地方进入建筑群或建筑物，这些延伸业务引入点到连接这些业务的配线架间的距离，应包括在干线布线的距离之内。如果有延伸业务接口，与延伸业务接口位置有关的特殊要求也会影响这个距离。应记录所用线缆的型号和长度，必要时还应提交给延伸业务提供者。

⑤ 把电信设备（如程控用户交换机）直接连接到建筑群配线架或建筑物配线架的设备电缆、设备光缆长度不宜超过 30 m。如果使用的设备电缆、设备光缆超过 30 m，干线电缆、干线光缆的长度宜相应减少。

3. 干线子系统的接合方法

在确定主干线路连接方法时（包括楼层配线间与二级交接间连接），最要紧的是要根据建筑物结构和用户要求，确定采用哪些接合方法。通常有两种接合方法可供选择。

（1）点对点端接法

点对点端接是最简单、最直接的接合方法，如图 3-11 所示。首先要选择一根双绞线电缆或光缆，其数量（指电缆对数或光纤根数）可以满足一个楼层的全部信息插座的需要，而且这个楼层只设一个配线间。然后从设备间引出这根电缆，经过干线通道，端接于该楼层的一个指定配线间内的连接件。这根电缆到此为止，不再往别处延伸。因此，这根电缆的长度取决于它要连往哪个楼层，以及端接的配线间与干线通道之间的距离。

选用点对点端接方法，可能引起干线中每根电缆的长度各不相同（每根电缆的长度要足以延伸到指定的楼层和配线间），而且粗细也可能不同。在设计阶段，电缆的材料清单应反映出这一情况。此外，还要在施工图纸上详细说明哪根电缆接到哪一楼层的哪个配线间。

点对点端接方法的主要优点是可以在干线中采用较小、较轻、较灵活的电缆，不必使用昂贵的绞接盒；缺点是穿过二级交接间的电缆数目较多。

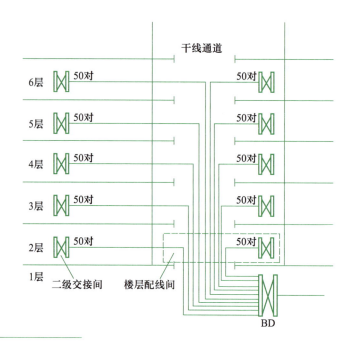

图 3-11
点对点端接法

（2）分支接合方法

分支接合，顾名思义，就是干线中的一根多对电缆通过干线通道到达某个指定楼层，其容量足以支持该楼层所有配线间的信息插座的需要。安装人员用一个适当大小的绞接盒把这根主电缆与粗细合适的若干根小电缆连接起来，后者分别连往各个二级交接间。典型的分支接合如图 3-12 所示。

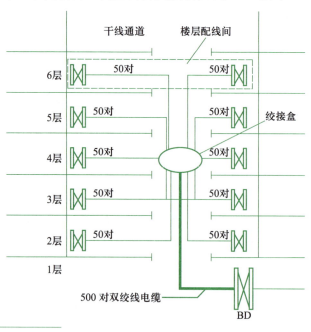

图 3-12
分支接合方法

分支接合方法的优点是干线中的主馈电缆总数较少，可以节省一些空间。在某些情况下，分支接合方法的成本低于点对点端接法。对一座建筑物来说，这两种接合方法中究竟哪一种更适宜，通常要根据电缆成本和所需的工程费通盘考虑。如果设备间与计算机机房处于不同的地点，而且需要把语音电缆连至设备间，把数据电缆连至计算机机房，则可以采取直接的连接方法。

4. 干线子系统的布线路由

建筑物垂直干线布线通道可采用电缆孔、电缆井和管道3种方法,下面介绍前两种方法。

（1）电缆孔方法

干线通道中所用的电缆孔是很短的管道,通常用一根或数根直径为10 cm的钢管做成。它们嵌在混凝土地板中,这是在浇注混凝土地板时嵌入的,比地板表面高出2.5～10 cm。另外,也可直接在地板中预留一个大小适当的孔洞。电缆往往捆在钢绳上,而钢绳又固定到墙上已铆好的金属条上。当楼层配线间上下都对齐时,一般采用电缆孔方法,如图3-13所示。

（2）电缆井方法

电缆井方法常用于干线通道,也就是常说的竖井。电缆井是指在每层楼板上开出一些方孔,使电缆可以穿过这些电缆井从这层楼伸到相邻的楼层,上下应对齐,如图3-14所示。电缆井的大小依所用电缆的数量而定。与电缆孔方法一样,电缆捆在或箍在支撑用的钢绳上,钢绳由墙上的金属条或地板三角架固定。离电缆很近的墙上的立式金属架可以支撑很多电缆。电缆井可以让粗细不同的各种电缆以任何组合方式通过。电缆井虽然比电缆孔灵活,但在原有建筑物中采用电缆井安装电缆造价较高;另一个缺点是不使用的电缆井很难防火。如果在安装过程中没有采取措施去防止损坏楼板的支撑件,则楼板的结构完整性将受到破坏。

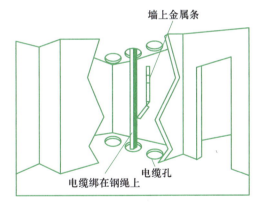
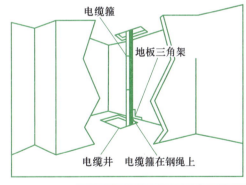

图 3-13
电缆孔方法
图 3-14
电缆井方法

在多层楼房中,经常需要使用横向通道,干线电缆才能从设备间连接到干线通道或在各个楼层上从二级交接间连接到任何一个楼层配线间。横向走线需要寻找一条易于安装的方便通路,因而两个端点之间很少是一条直线。在水平干线和干线子系统布线时,可考虑数据线、语音线以及其他弱电系统共槽问题。

3.3.4 设备间子系统设计

设备间除一般意义上的建筑物设备间和建筑群设备间外,还包括楼层电信间（又称楼层设备间、楼层配线间或弱电间）。

1. 电信间的基本要求

电信间主要为楼层安装配线设备（为机柜、机架、机箱等安装方式）和楼层计算机网络设备（Hub或SW）的场地,并可考虑在该场地设置线缆竖井、等电位接地体、电源插座、UPS配电箱等设施。在场地面积满足的情况下,也可设置安防、消防、建筑设备监控和无线信号覆盖等系统。如果综合布线系统与弱电系统设备合设于同一场地，从建筑的角度出发，称为弱电间。

一般情况下，综合布线系统的配线设备和计算机网络设备采用 19 in 标准机柜安装。机柜尺寸通常为 600 mm（宽）×900 mm（深）×2000 mm（高）或 600 mm（宽）×600 mm（深）×2000 mm（高），共有 42U 的安装空间。机柜内可安装光纤连接盘、RJ-45（24 口）配线模块、多线对卡接模块（100 对）、理线架、计算机 Hub/SW 设备等。如果按建筑物每层电话和数据信息点各为 200 个考虑配置上述设备，大约需要两个 19 in（42U）的机柜空间，以此测算电信间面积至少应为 5 m^2（2.5 m×2.0 m）。对于涉及布线系统设置内、外网或专用网时，19 in 机柜应分别设置，并在保持一定间距的情况下预测电信间的面积。

电信间温、湿度按配线设备要求提出，如在机柜中安装计算机网络设备（Hub/SW）时，环境应满足设备提出的要求，温、湿度的保证措施由空调系统负责解决。

基本要求如下：

① 电信间的数量应按所服务的楼层范围及工作区面积来确定。如果该层信息点数量不大于 400 个，水平线缆长度在 90 m 范围以内，宜设置一个电信间；当超出这一范围时宜设两个或多个电信间；每层的信息点数量较少，且水平线缆长度不大于 90 m 的情况下，宜几个楼层合设一个电信间。

② 电信间应与强电间分开设置，电信间内或其紧邻处应设置线缆竖井。

③ 电信间的使用面积不应小于 5 m^2，也可根据工程中配线设备和网络设备的容量进行调整。

④ 电信间应提供不少于两个 220 V 带保护接地的单相电源插座，但不作为设备供电电源。电信间如果安装电信设备或其他信息网络设备时，设备供电应符合相应的设计要求。

⑤ 电信间应采用外开丙级防火门，门宽大于 0.7 m。电信间内温度应为 10～35 ℃，相对湿度宜为 20%～80%。如果安装信息网络设备时，应符合相应的设计要求。

2. 设备间基本要求

设备间是综合布线系统的关键部分，是大楼的电话交换机设备和计算机网络设备，以及建筑物配线设备（BD）安装的地点，也是进行网络管理的场所。对综合布线工程设计而言，设备间主要安装总配线设备。当信息通信设施与配线设备分别设置时考虑到设备电缆有长度限制的要求，安装总配线架的设备间与安装电话交换机及计算机主机的设备间之间的距离不宜太大。

如果一个设备间以 10 m^2 计，大约能安装 5 个 19 in 的机柜。在机柜中安装电话大对数电缆多对卡接式模块，数据主干线缆配线设备模块，大约能支持总量为 6000 个信息点所需（其中电话和数据信息点各占 50%）的建筑物配线设备安装空间。在设计中一般要考虑以下几点。

① 设备间位置应根据设备的数量、规模、网络构成等因素，综合考虑确定。

② 每幢建筑物内应至少设置 1 个设备间，如果电话交换机与计算机网络设备分别安装在不同的场地或根据安全需要，也可设置两个或以上设备间，以满足不同业务的设备安装需要。

③ 建筑物综合布线系统与外部配线网连接时，应遵循相应的接口标准要求。

④ 设备间的设计应符合下列规定：

● 设备间宜处于干线子系统的中间位置，并考虑主干线缆的传输距离与数量。

● 设备间宜尽可能靠近建筑物线缆竖井位置，有利于主干线缆的引入。

● 设备间的位置宜便于设备接地。

● 设备间应尽量远离高低压变配电、电动机、X 射线、无线电发射等有干扰源存在的场地。

● 设备间室温度应为 10～35 ℃，相对湿度应为 20%～80%，并应有良好的通风。

● 设备间内应有足够的设备安装空间，其使用面积不应小于 10 m²，该面积不包括程控用户交换机、计算机网络设备等设施所需的面积在内。

● 设备间梁下净高不应小于 2.5 m，采用外开双扇门，门宽不应小于 1.5 m。

⑤ 设备间应防止有害气体（如氯、碳水化合物、硫化氢、氮氧化物、二氧化碳等）侵入，并应有良好的防尘措施，尘埃含量限值宜符合表 3-4 的规定。

尘埃颗粒的最大直径（μm）	0.5	1	3	5
灰尘颗粒的最大浓度（粒子数 / m³）	$1.4×10^4$	$7×10^5$	$2.4×10^5$	$1.3×10^5$

表 3-4　尘埃限值

> **注意**
>
> 灰尘粒子应是不导电的、非铁磁性和非腐蚀性的。

⑥ 设备间应按防火标准安装相应的防火报警装置，使用防火防盗门。墙壁不允许采用易燃材料，应有至少能耐火 1 h 的防火墙。地面、楼板和天花板均应涂刷防火涂料，所有穿放线缆的管材、洞孔和线槽都应采用防火材料堵严密封。

⑦ 在地震区的区域内，设备安装应按规定进行抗震加固。

⑧ 设备安装宜符合下列规定。

● 机架或机柜前面的净空不应小于 800 mm，后面的净空不应小于 600 mm。

● 壁挂式配线设备底部离地面的高度不宜小于 300 mm。

⑨ 设备间应提供不少于两个 220 V 带保护接地的单相电源插座，但不作为设备供电电源。

⑩ 设备间如果安装电信设备或其他信息网络设备时，设备供电应符合相应的设计要求。

在设备间内应有可靠的 50 Hz、220 V 交流电源，必要时可设置备用电源和不间断电源。当设备间内装设计算机主机时，应根据需要配置电源设备。

3. 设备间线缆敷设

（1）活动地板

活动地板一般在建筑物建成后安装敷设，目前有以下两种敷设方法：

① 正常活动地板，如图 3-15 所示，高度为 300～500 mm，地板下面空间较大，除敷设各种线缆外还可兼作空调送风通道。

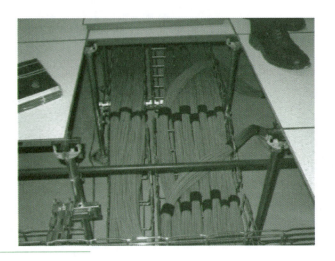

图 3-15
设备间架空地板布线

② 简易活动地板，高度为 60～200 mm，地板下面空间小，只作线缆敷设用，不能作为空调送风通道。

两种活动地板在新建建筑中均可使用，一般用于电话交换机房、计算机主机房和设备间。简易活动地板下空间较小，在层高不高的楼层尤为适用，可节省净高空间，也适用于已建成的原有建筑或地下管线和障碍物较复杂且断面位置受限制的区域。

（2）地板或墙壁内沟槽

线缆在建筑的预先建成的墙壁或地板内的沟槽中敷设时，沟槽的大小根据线缆容量来设计，上面设置盖板保护。地板或墙壁内沟槽敷设方式只适用于新建建筑，在已建建筑中较难采用，因为不易制成暗敷沟槽，沟槽敷设方式只能在局部段落中使用，不宜在面积较大的房间内全部采用。在今后有可能变化的建筑中不宜使用沟槽敷设方式，因为沟槽方式是在建筑中预先制成的，所以在使用时会受到限制，线缆路由不能自由选择和变动。

（3）预埋管路

在建筑的墙壁或楼板内预埋管路，其管径和根数根据线缆需要来设计。预埋管路只适用于新建建筑，管路敷设段落必须根据线缆分布方案要求设计。因为预埋管路必须在建筑施工中建成，所以使用会受到限制，必须精心设计和考虑。

（4）机架

如图 3-16 所示为在机架柜上安装桥架的敷设方式，桥架的尺寸根据线缆需要设计。在已建或新建的建筑中均可使用这种敷设方式（除楼层层高较低的建筑外），它的适应性较强，使用场合较多。

3.3.5　进线间子系统设计

进线间是建筑物外部通信和信息管线的入口部位，并可作为入口设施和建筑群配线设备的安装场地。进线间一个建筑物宜设置 1 个，一般位于地下层，外线宜从两个不同的路由引入进线间，有利于与外部管道沟通。进线间与建筑物红外线范围内的人孔或手孔采用管道或通道的方式互连。进线间因涉及因素较多，难以统一提出具体所需面积，可根据建筑物实际情况，并参照通信行业和国家的现行标准要求进行设计。其基本要求如下：

图 3-16
设备间机架上走线方式

① 进线间应设置管道入口。

② 进线间应满足线缆的敷设路由、成端位置及数量、光缆的盘长空间和线缆的弯曲半径、充气维护设备、配线设备安装所需要的场地空间和面积。

③ 进线间的大小应按进线间的进楼管道最终容量及入口设施的最终容量设计。同时应考虑满足多家电信业务经营者安装入口设施等设备的面积。

④ 进线间宜靠近外墙和在地下设置,以便于线缆引入。进线间设计应符合下列规定:

● 进线间应防止渗水,宜设有抽排水装置。

● 进线间应与布线系统垂直竖井沟通。

● 进线间应采用相应防火级别的防火门,门向外开,宽度不小于 1000 mm。

● 进线间应设置防有害气体措施和通风装置,排风量按每小时不小于 5 次容积计算。

⑤ 与进线间无关的管道不宜通过。

⑥ 进线间入口管道口所有布放线缆和空闲的管孔应采取防火材料封堵,做好防水处理。

⑦ 进线间如安装配线设备和信息通信设施时,应符合设备安装设计的要求。

3.3.6 管理子系统设计

1. 管理子系统的基本要求

管理是对工作区、电信间、设备间、进线间的配线设备、线缆、信息插座模块等设施按一定的模式进行标识和记录,内容包括管理方式、标识、色标、连接等。这些内容的实施,将给今后维护和管理带来很大的方便,有利于提高管理水平和工作效率。

① 对设备间、电信间、进线间和工作区的配线设备、线缆、信息点等设施应按一定的模式进行标识和记录,并宜符合下列规定:

● 综合布线系统工程宜采用计算机进行文档记录与保存。目前,市场上已有商用的管理软件可供选用。简单且规模较小的综合布线系统工程可按图纸资料等纸质文档进行管理,并做到记录准确、及时更新、便于查阅,文档资料应实现汉化。

● 综合布线的每一电缆、光缆、配线设备、端接点、接地装置、敷设管线等组成部分均应给定唯一的标识符，并设置标签。标识符应采用相同数量的字母和数字等标明。

- 电缆和光缆的两端均应标明相同的标识符。
- 设备间、电信间、进线间的配线设备宜采用统一的色标区别各类业务与用途的配线区，同时，还应采用标签表明端接区域、物理位置、编号、容量、规格等，以便维护人员在现场一目了然地加以识别。

② 在每个配线区实现线路管理的方式是在各色标区域之间按应用的要求，采用跳线连接。色标用来区分配线设备的性质，分别由按性质划分的配线模块组成，且按垂直或水平结构进行排列。

③ 所有标签应保持清晰、完整，并满足使用环境要求。

④ 对于规模较大的布线系统工程，为提高布线工程维护水平与网络安全，宜采用电子配线设备对信息点或配线设备进行管理，以显示与记录配线设备的连接、使用及变更状况。电子配线设备目前应用的技术有多种，在工程设计中应考虑到电子配线设备的功能，在管理范围、组网方式、管理软件、工程投资等方面合理地加以选用。

⑤ 综合布线系统相关设施的工作状态信息应包括：设备和线缆的用途、使用部门、组成局域网的拓扑结构、传输信息速率、终端设备配置状况、占用器件编号、色标、链路与信道的功能和各项主要指标参数及完好状况、故障记录等，还应包括设备位置和线缆走向等内容。

2. 标识管理

在综合布线标准中，EIA/TIA 606 标准专门对布线标识系统做了规定和建议，该标准是为了提供一套独立于系统应用之外的统一管理方案。

标识管理是综合布线的一个重要组成部分。在综合布线中，应用系统的变化会导致连接点经常移动或增加，而没有标识或使用不恰当的标识，都会给用户管理带来不便。因此，引入标识管理，可以进一步完善和规范综合布线工程。

（1）标识信息

完整的标识应提供以下信息：建筑物的名称、位置、区号和起始点。综合布线使用了 3 种标识：电缆标识、场标识和插入标识。

① 电缆标识。由背面有不干胶的材料制成，可以直接贴到各种电缆表面上，配线间安装和做标识之前利用这些电缆标识来辨别电缆的源发地和目的地。

② 场标识。也由背面为不干胶的材料制成，可贴在设备间、配线间、二级交接间、建筑物布线场的平整表面上。

③ 插入标识。硬纸片，通常由安装人员在需要时取下来使用。每个标识都用色标来指明电缆的源发地，这些电缆端接于设备间和配线间的管理场。对于 110 配线架，可以插在位于 110 型接线块上的两个水平齿条之间的透明塑料夹内；对于数据配线架，可插入插孔面板下部的插槽内。

（2）线缆标签种类与印刷

《商业建筑物电信基础设施管理标准》ANSI/TIA/EIA 606 中推荐了两种：一类是专用标签，另一类是套管和热缩套管。

① 专用标签。专用标签可直接粘贴在线缆上，这类标签通常以耐用的化学材料作为基层而绝非纸质。

② 套管和热缩套管。套管类产品只能在布线工程完成前使用，因为需要从线缆的一端套入并调整到适当位置。如果为热缩套管还要使用加热枪使其收缩固定。套管线标的优势在于紧贴线缆，提供最大的绝缘和永久性。

标签可通过以下几种方式印制而成：使用预先印制的标签；使用手写的标签；借助软件设计和打印标签；使用手持式标签打印机现场打印。

（3）标识管理要求

① 应该由施工方和用户方的管理人员共同确定标识管理方案的制定原则，所有的标识方案均应规定各种识别步骤，以便查清交连场的各种线路和设备端接点。为了有效地进行线路管理，方案必须作为技术文件存档。

② 需要标识的物理件有线缆、通道（线槽/管）、空间（设备间）、端接件和接地 5 部分，其标识相互联系、互为补充，而每种标识的方法及使用的材料又各有特点。像线缆的标识，要求在线缆的两端都进行标识，严格来说，每隔一定距离都要进行标识，以及在维修口、接合处、牵引盒处的电缆位置进行标识；空间的标识和接地的标识要求清晰、醒目，让人一眼就能注意到。

③ 标识除了清晰、简洁易懂外，还要整齐、美观。各种标识效果如图 3-17 所示。

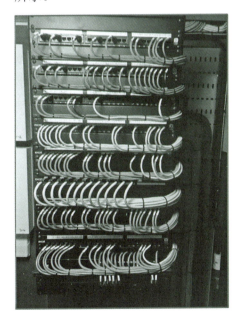

图 3-17
标识效果图

④ 标识材料要求。线缆的标识，尤其是跳线的标识要求使用带有透明保护膜（带白色打印区域和透明尾部）的耐磨损、抗拉的标签材料，像乙烯基这种适合于包裹和伸展性的材料最好，这样线缆的弯曲变形以及经常的磨损才不会使标签脱落和字迹模糊不清。另外，套管和热缩套管也是线缆标签的很好选择。面板和配线架的标签要使用连续的标签，材料以聚酯的为好，可以满足外露的要求。由于各厂家的配线架规格不同，所留标识的宽度也不同，所以选择标签时宽度和高度都要多加注意。

⑤ 标识编码。越是简单易识别的标识越易被用户接受，因此标识编码要简单明了，符合日常的命名习惯，比如信息点的编码可以按信息点类别＋楼栋号＋楼层号＋房间号＋信息点位置号来编码。

⑥ 变更记录。随时做好移动或重组的各种记录。

3.3.7 建筑群干线子系统设计

建筑群干线子系统是指由多幢相邻或不相邻的房屋建筑组成的小区或园区的建筑物间的布线系统。

1. 建筑群干线子系统的设计特点

建筑群干线子系统的设计特点如下：

① 由于建筑群干线子系统的线路设施主要在户外，且工程范围大，易受外界条件的影响，较难控制施工，因此和其他子系统相比，更应注意协调各方关系，建设中更要加以重视。

② 由于综合布线系统较多采用有线通信方式，一般通过建筑群干线子系统与公用通信网连成整体，因此从全程全网来看，也是公用通信网的组成部分。它们的使用性质和技术性能基本一致，其技术要求也是相同的，因此要从保证全程全网的通信质量来考虑。

③ 建筑群干线子系统的线缆是室外通信线路，通常建在城市市区道路两侧。其建设原则、网络分布、建筑方式、工艺要求以及与其他管线之间的配合协调均与市区内的其他通信管线要求相同，必须按照本地区通信线路的有关规定办理。

④ 当建筑群干线子系统的线缆在校园式小区或智能小区内敷设成为公用管线设施时，其建设计划应纳入该小区的规划，具体分布应符合智能小区的远期发展规划要求（包括总平面布置），且与近期需要和现状相结合，尽量不与城市建设和有关部门的规定发生矛盾，使传输线路建设后能长期稳定、安全可靠地运行。

⑤ 在已建或正在建的智能小区内，如已有地下电缆管道或架空通信线路时，应尽量设法利用，以避免重复建设，节省工程投资，使小区内管线设施减少，有利于环境美观和小区布置。

2. 建筑群干线子系统的工程设计的步骤

建筑群干线子系统的设计步骤如下：

① 确定敷设现场的特点。

② 确定电缆系统的一般参数。

③ 确定建筑物的电缆入口。

④ 确定明显障碍物的位置。

⑤ 确定主电缆路由和备用电缆路由。

⑥ 选择所需电缆类型和规格。

⑦ 确定每种选择方案所需的劳务成本。

⑧ 确定每种选择方案的材料成本。

⑨ 选择最经济、最实用的设计方案。

3. 建筑群干线子系统管槽路由设计

建筑群干线子系统的线缆设计有架空和地下两种类型，其中架空方式又分为架空杆路和墙壁挂放两种类型；地下方式则分为地下电缆管道、电缆沟和直埋3种类型。

（1）地下方式

1）管道电缆。

管道电缆如图 3-18 所示，一般采用塑料护套电缆，不宜采用钢带铠装电缆。

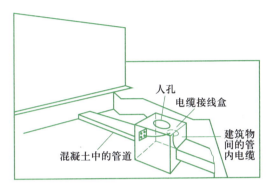

图 3-18
管道电缆

① 优点：

● 电缆有最佳的保护措施，比较安全，可延长电缆使用年限。

● 产生障碍机会少，不易影响通信，有利于使用和维护。

● 维护工作量小，费用少。

● 线路隐蔽，环境美观，整齐有序，较好布置。

● 敷设电缆方便，易于扩建或更换。

② 缺点：

● 因建筑管道和人孔等施工难度大，土方量多，技术要求复杂。

● 初次工程投资较高。

● 要有较好的建筑条件（如有定型的道路和管线）。

● 与各种地下管线设施产生的矛盾较多，协调工作较复杂。

③ 适用场合：

● 较为定型的智能小区和道路基本不变的地段。

● 要求环境美观的校园式小区或对外开放的示范性街区。

● 广场或绿化地带的特殊地段。

● 交通道路或其他建筑方式不适用时。

2）电缆沟。

电缆沟如图 3-19 所示。

① 优点：

● 线路隐蔽、安全稳定，不受外界影响。

● 施工简单，工作条件较直埋好。

● 查修障碍和今后扩建均较方便。

● 可与其他弱电线路合建综合性公用设施，可节省初次工程投资。

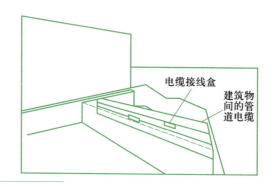

电缆接线盒
建筑物间的管道电缆

图 3-19
电缆沟

② 缺点：

● 若作为专用电缆沟道等设施，初次工程投资较高。

● 与其他弱电线路共建时，在施工和维护中要求配合和相互制约，有时会发生矛盾。

● 如在公用设施中设有有害于通信的管线，需要增设保护措施，从而增加了维护费用和工作量。

③ 适用场合：

● 在较为定型的小区和道路基本不变的地段。

● 在特殊场合或重要场所，要求各种管线综合建设公共设施的地段。

● 已有电缆沟道且可使用的地段。

3）直埋电缆。

直埋电缆如图 3-20 所示，应按不同环境条件采用不同方式的铠装电缆，一般不用塑料护套电缆。

① 优点：

● 较架空电缆安全，产生障碍机会少，有利于使用和维护。

● 维护工作费用较少。

● 线路隐蔽，环境美观。

● 初次工程投资较管道电缆低，不用建人孔和管道，施工技术也较简单。

● 不受建筑条件限制，与其他地下管线发生矛盾时，易于躲让和处理。

② 缺点：

● 维护、更换和扩建都不方便，发生障碍后必须挖掘，修复时间长，影响通信。

● 如果电缆与其他地下管线过于邻近，双方在维修时会增加机械损伤机会。

③ 适用场合：

● 用户数量比较固定，电缆容量和条数不多的地段和今后不会扩建的场所。

● 要求电缆隐蔽，但电缆条数不多，采用管道不经济或不能建设的场合。

● 敷设电缆条数虽少，但却是特殊或重要的地段。

● 不宜采用架空电缆的校园式小区，要求敷设直埋电缆。

（2）架空方式

1）架空电缆。

架空电缆（立杆架设）如图 3-21 所示，宜采用塑料电缆，不宜采用钢带铠装电缆。

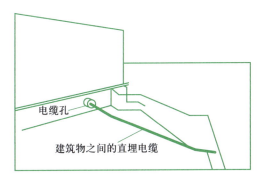

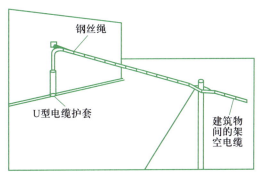

图 3-20
直埋电缆
图 3-21
架空电缆

① 优点：

- 施工建筑技术较简单，建设速度较快。
- 能适应今后变动，易于拆除、迁移、更换或调整，便于扩建增容。
- 初次工程投资较低。

② 缺点：

- 产生障碍的机会较多，对通信安全有所影响。
- 易受外界腐蚀和机械损伤，影响电缆使用寿命。
- 维护工作量和费用较多，对周围环境的美观有影响。

③ 适用场合：

- 不定型的街坊或刚刚建设的小区以及道路有可能变化的地段。
- 有其他架空杆路可利用，可采取合杆的地段。
- 因客观条件限制无法采用地下方式，须采用架空方式的地段。

2）墙壁电缆。

① 优点：

- 初次工程投资费用较低，施工和维护较方便。
- 较架空电缆美观。

② 缺点：

- 产生障碍的机会较多，对通信安全有所影响，安全性不如地下方式。
- 对房屋建筑的立面美观有影响。
- 今后扩建、拆换时不太方便。

③ 适用场合：

- 建筑较坚固整齐的小区，且墙面较为平坦齐直的地段。
- 相邻的办公楼等建筑和内外沿墙可以敷设的地段。
- 不宜采用其他建筑方式的地段。
- 已建成的房屋建筑采用地下引入有困难的地段。

3.3.8 防护系统设计

1. 电气防护设计

为向建筑物中的人们提供舒适的工作与生活环境，建筑物除要安装综合布线系统外，还有供电系统、供水系统、供暖系统、煤气系统，以及高电平电磁干扰的电动机、电力变压器、射频应用设备等电器设备。射频应用设备又称 ISM（工业、科学和医疗）设备，我国目前常用的 ISM 设备大致有 15 种。

这些系统都对综合布线系统的通信产生严重的影响，为了保障通信质量，布线系统与其他系统之间应保持必要的间距。

① 综合布线系统与电力电缆的间距应符合表 3-5 的要求。

表 3-5 综合布线电缆与电力电缆的间距

类　别	与综合布线接近状况	最小净距(mm)
380 V 电力电缆（<2 kV·A）	与线缆平行敷设	130
	有一方在接地的金属线槽或钢管中	70
	双方都在接地的金属线槽或钢管中[①]	10[①]
380 V 电力电缆（2~5 kV·A）	与线缆平行敷设	300
	有一方在接地的金属线槽或钢管中	150
	双方都在接地的金属线槽或钢管中[②]	80
380 V 电力电缆（>5 kV·A）	与线缆平行敷设	600
	有一方在接地的金属线槽或钢管中	300
	双方都在接地的金属线槽或钢管中[②]	150

注：① 当 380 V 电力电缆（<2 kV·A）与布线都在接地的线槽中，且平行长度小于 10 m 时，最小间距可以是 10mm。

② 双方都在接地的线槽中，可用两个不同的线槽，也可在同一线槽中用金属板隔开。

② 综合布线系统线缆与配电箱、变电室、电梯机房、空调机房之间的最小净距宜符合表 3-6 的规定。

表 3-6 综合布线线缆与电气设备的最小净距

名　称	最小净距（m）	名　称	最小净距（m）
配电箱	1	电梯机房	2
变电室	2	空调机房	2

③ 综合布线电缆、光缆及管线与其他管线的间距应符合表 3-7 的规定。

表 3-7 墙上敷设的综合布线电缆、光缆及管线与其他管线的间距

其 他 管 线	最小平行净距（mm）	最小交叉净距（mm）
	电缆、光缆或管线	电缆、光缆或管线
避雷引下线	1000	300
保护地线	50	20
给水管	150	20
压缩空气管	150	20
热力管（不包封）	500	500
热力管（包封）	300	300
煤气管	300	20

注：如墙壁电缆敷设高度超过 6000 mm 时，与避雷引下线的交叉净距应按下式计算确定。

$$S \geqslant 0.05L$$

式中，S——交叉净距（mm）；

L——交叉处避雷引下线距地面的高度（mm）。

④ 综合布线系统应根据环境条件选用相应的线缆和配线设备，或采取防护措施，并应符合下列规定：

● 当综合布线区域内存在的电磁干扰场强低于 3 V/m 时，宜采用非屏蔽电缆和非屏蔽配线设备。

● 当综合布线区域内存在的电磁干扰场强高于 3 V/m 时，或用户对电磁兼容性有较高要求时，可采用屏蔽布线系统和光缆布线系统。

● 当综合布线路由上存在干扰源，且不能满足最小净距要求时，宜采用金属管线进行屏蔽，或采用屏蔽布线系统及光缆布线系统。

2. 接地设计

综合布线系统中接地设计的好坏将直接影响到综合布线系统的运行质量。接地设计要求如下：

① 在电信间、设备间及进线间应设置楼层或局部等电位接地端子板。

② 综合布线系统应采用共用接地的接地系统，如单独设置接地体时，接地电阻不应大于 4 Ω。如布线系统的接地系统中存在两个不同的接地体时，其接地电位差不应大于 1 V_{rms}（$V_{root\ mean\ square}$，电压有效值）。

③ 楼层安装的各个配线柜（架、箱）应采用适当截面的绝缘铜导线单独布线至就近的等电位接地装置，也可采用竖井内等电位接地铜排引到建筑物共用接地装置，铜导线的截面应符合设计要求。

④ 线缆在雷电防护区交界处，屏蔽电缆屏蔽层的两端应做等电位连接并接地。

⑤ 综合布线的电缆采用金属线槽或钢管敷设时，线槽或钢管应保持连续的电气连接，并应有不少于两点的良好接地。

⑥ 安装机柜、机架、配线设备屏蔽层及金属管、线槽、桥架使用的接地体应符合设计要求，就近接地，并应保持良好的电气连接。当线缆从建筑物外面进入建筑物时，电缆和光缆的金属护套或金属件应在入口处就近与等电位接地端子板连接。

⑦ 当电缆从建筑物外面进入建筑物时，应选用适配的信号线路浪涌保护器，信号线路浪涌保护器应符合设计要求。

⑧ 综合布线系统接地导线截面积可参考表 3-8 确定。

表 3-8 接地导线选择表

名　称	楼层配线设备至大楼总接地体的距离	
	30 m	100 m
信息点的数量（个）	<75	75～450
选用绝缘铜导线的截面（mm²）	6～16	16～50

⑨ 对于屏蔽布线系统的接地做法，一般在配线设备（FD、BD、CD）的安装机柜（机架）内设有接地端子，接地端子与屏蔽模块的屏蔽罩相连通，机柜（机架）接地端子则经过接地导体连至大楼等电位接地体。

3. 防火设计

防火安全保护是指在发生火灾时，系统能够有一定程度的屏障作用，防止火与烟的扩散。防火安全保护设计包括线缆穿越楼板及墙体的防火措施、选用阻燃防毒线缆材料两个方面。

① 在智能化建筑中，线缆穿越墙体及电缆竖井内楼板时，综合布线系统所有的电缆或光缆都要采用阻燃护套。如果这些线缆穿放在不可燃的管道内，或在每个楼层均采取了切实有效的防火措施（如用防火堵料或防火板材堵封严

密）时，可以不设阻燃护套。

② 在电缆竖井或易燃区域中，所有敷设的电缆或光缆宜选用防火、防毒的产品。这样万一发生火灾，因电缆或光缆具有防火、低烟、阻燃或非燃等性能，不会或很少散发有害气体，对于救火人员和疏散人流都有较好作用。目前，采用的有低烟无卤阻燃型（LSHF-FR）、低烟无卤型（LSOH）、低烟非燃型（LSNC）、低烟阻燃型（LSLC）等多种产品。此外，配套的接续设备也应采用阻燃型的材料和结构。如果电缆和光缆穿放在钢管等非燃烧的管材中，且不是主要段落时，可考虑采用普通外护层。在重要布线段落且是主干线缆时，考虑到火灾发生后钢管受到烧烤，管材内部形成高温空间会使线缆护层发生变化或损伤，也应选用带有防火、阻燃护层的电缆或光缆，以保证通信线路安全。图3-22为市场上7类低烟无卤阻燃型线缆结构。

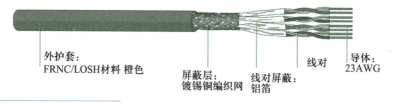

外护套：FRNC/LOSH材料 橙色　　屏蔽层：镀锡铜编织网　　线对屏蔽：铝箔　　线对　　导体：23AWG

图3-22
LOSH 低烟无卤阻燃型线缆结构

③ 对于防火线缆的应用分级，北美、欧盟、国际电工委员会（IEC）的相应标准中主要以线缆受火的燃烧程度及着火以后火焰在线缆上蔓延的距离、燃烧的时间、热量与烟雾的释放、释放气体的毒性等为指标，并通过实验室模拟线缆燃烧的现场状况实测取得。

3.4 综合布线工程图及其绘制

微课：综合布线图纸设计

综合布线工程图在综合布线工程中起着关键的作用，设计人员首先通过建筑图纸来了解和熟悉建筑物结构并设计综合布线工程图，施工人员根据设计图纸组织施工，验收阶段将相关技术图纸移交给建设方。图纸简单清晰直观地反映了网络和布线系统的结构、管线路由和信息点分布等情况。因此，识图、绘图能力是综合布线工程设计与施工组织人员必备的基本功。

3.4.1 综合布线工程图

综合布线工程图一般包括以下5类图纸：
① 网络拓扑结构图。
② 综合布线系统拓扑（结构）图。
③ 综合布线管线路由图。
④ 楼层信息点平面分布图。
⑤ 机柜设备布局图。
其中，楼层综合布线管线路由图和楼层信息点平面分布图可在一张图纸上绘出。通过以上工程图，反映以下几个方面的内容：
① 网络拓扑结构图；

② 布线路由、管槽型号和规格；

③ 工作区子系统中各楼层信息插座的类型和数量；

④ 水平子系统的电缆型号和数量；

⑤ 垂直干线子系统的线缆型号和数量；

⑥ 楼层配线架（FD）、建筑物配线架（BD）、建筑群配线架（CD）、光纤互连单元的数量及分布位置；

⑦ 机柜内配线架及网络设备分布情况。

目前综合布线设计图中的图例比较混乱，缺少统一的标识，在设计中可以采用如图 3-23 所示的图例。

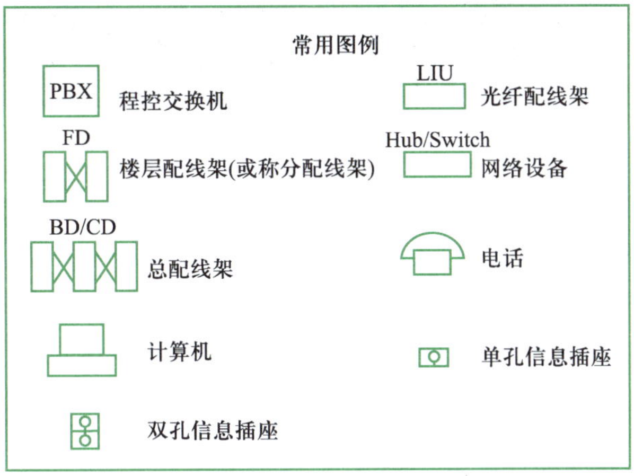

图 3-23
设计图例

3.4.2　常用绘图软件介绍

综合布线图纸的绘制主要使用两种软件，第一种是工程绘图软件领域的领先者 Autodesk（欧特克）公司的 AutoCAD 系列软件，第二种是基于图像和对象设计的软件 Microsoft Visio，这两个软件各有侧重，国内的工程师喜欢用它们搭配进行布线工程项目设计，也可以利用综合布线系统厂商提供的布线设计软件或其他绘图软件绘制。

1. AutoCAD

AutoCAD（Auto Computer Aided Design）是 Autodesk 公司于 1982 年开始开发的自动计算机辅助设计软件，用于二维绘图、详细绘制、设计文档和基本三维设计，现已成为国际上广为流行的绘图工具。AutoCAD 具有良好的用户界面，通过交互菜单或命令行方式便可以进行各种操作。它的多文档设计环境，让非计算机专业人员也能很快地学会使用，并在不断实践的过程中更好地掌握它的各种应用和开发技巧，从而不断提高工作效率。AutoCAD 具有广泛的适应性，可以在各种操作系统支持的微型计算机和工作站上运行。

AutoCAD 在全球广泛使用，可以用于土木建筑、装饰装潢、工业制图、工程制图、电子工业、服装加工等多方面领域。综合布线工程领域使用该软件适合进行平面图、管线路由图等绘制。图 3-24 所示为 AutoCAD 的主界面。

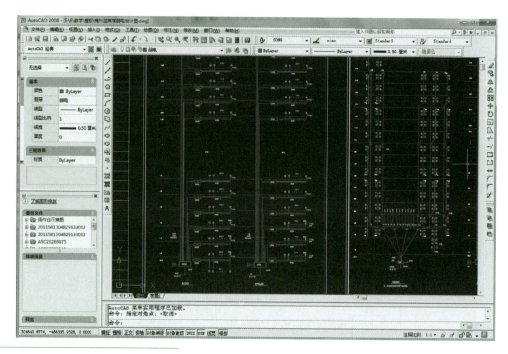

图 3-24
AutoCAD 的主界面

2．Microsoft Visio

MS Visio 2003 版本开始成为了 Office 系列的一个独立组件。Visio 可以制作的图表范围十分广泛，有些人利用其强大的绘图功能绘制地图、企业标志等，同时 Visio 支持将档案保存为 SVG、DWG 等矢量通用格式，因此受到广泛欢迎。它的最新版本为 Visio 2019。

Visio 设计的图纸风格与 CAD 差别很大，主要用于综合布线系统图、办公布局图、网络拓扑图等绘制，软件的操作方式基本与微软的其他产品相近，因而容易上手。图 3-25 所示为 Visio 2015 的设计界面，与 MS Office 基本一致。Visio 2015 版可以支持 ARM 架构的计算机并且可以支持触摸屏幕。

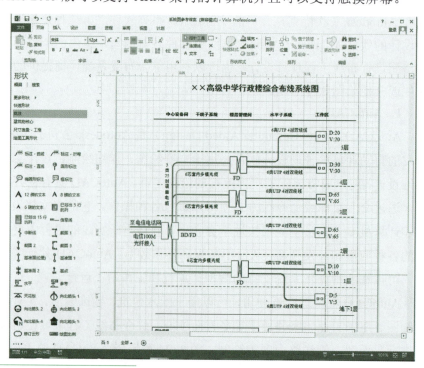

图 3-25
Visio 2015 的设计界面

3. 布线设计软件

布线设计软件是综合布线设计与安装工程师常用的一种辅助软件工具，其能实现的功能包括平面设计、系统图设计、统计计算及智能分析、其他辅助功能等。一套设计软件可能包含以上功能中的一种或几种。

（1）平面设计

布线设计软件可在目前各种流行的建筑设计软件所绘建筑平面上，直接进行综合布线设计，也可以利用布线设计软件本身提供的功能完成土建平面图设计，并在工作区划分后，完成综合布线设计中的线缆、管槽、配线架、各类信息插座以及其他设备、家具的布置。

（2）系统图设计

在各标准层平面图设计基础上，通过对建筑物楼层的定义，该软件还可以进行干线子系统等设计，采用自动或手动方式生成综合布线系统图。

（3）统计计算及智能分析

利用布线设计软件完成平面设计和系统图设计后，使用者可以不必脱离设计环境，即对整个综合布线系统中所需的信息插座、配线架、水平线缆、主干线缆、穿线管、走线槽等部件进行自动计算与统计。在计算统计结果的过程中，布线设计软件可根据规范智能检测各级配线架间的连线长度是否满足设计规范要求，查看综合布线的线缆与其他管线之间的最小净距是否符合规定。

（4）其他辅助功能

使用者所设计的图纸可按不同比例出图，各种设备材料表可用图形和文本方式输出。另外，布线设计软件的专业符号库功能灵活便捷，用户可以根据情况，方便地分类添加各种设计所需的专业符号。在参数设定、图示、标注等方面布线设计软件为用户提供了简便的自定义功能，只作简单的操作就可将用户定义的参数、图示等加入系统。设计中所有的数据均用数据库进行管理，并与图中对应部件双向联动，修改数据库中的部件记录，图中的部件同时修改。

3.5 任务实施：办公楼综合布线系统设计

办公楼是政务、商务、管理等业务办公场所的称呼，形式上可以是整幢大楼，也可以是大楼的某个间隔区域或更大范围的园区。办公楼综合布线系统是最常见的综合布线系统应用之一，其特点是系统结构分明、功能完善、信息点密度高、稳定性要求高、性能要满足主流应用需求等。本项目以企业办公楼为例进行综合布线系统简要设计。

3.5.1 项目概述

项目为某企业办公大楼，共 8 层，主要功能区域分布为：1 层是大楼大厅、前台、接待室、消防控制室、弱电机房、进线间机房等；2 层是企业产品展厅、多功能媒体室、休息室；3～6 层是企业的办公楼层，设立有业务部、市场部、推广部、采购部、商务部、行政部、技术部、研发部、财务部以及高层办公区；7 层是企业的仓库和生产基地；8 层是企业的自助饭堂、休闲场所。

根据以上的大楼功能区域划分及用户需求，来设计大楼的综合布线系统。综合布线系统由工作区、配线区、干线子系统、建筑群子系统、设备区和进线间等组成，详见综合布线系统图。

本项目的综合布线系统性能等级为 6 类非屏蔽系统。

3.5.2　系统配置

1．工作区

办公区部分每个工作区面积按 3 m² 设计，以办公屏风卡座分隔，每个工作区设置 1 组信息点（即 1 个语音点和 1 个数据点）；每个会议室均设置两组信息点，打印室设置 4 个数据点，高层办公区每个办公室最少设置两组信息点，其余场所根据需求设置一定数量的信息点，网络和语音点均采用 6 类 8 芯信息模块。

本工程语音信息点共有 224 个，数据信息点共有 204 个。

2．配线子系统

配线子系统采用 6 类 4 对非屏蔽双绞电缆（UTP）进行布线，语音布线与数据布线采用同样规格传输介质，有利于提升系统日后的升级空间和兼容性。配线子系统的水平敷设采用架空桥架布线，进入工作区空间的部分，采用埋地或穿管等暗装施工，暗装布线的线管采用 A 级 PVC 管，线管填充率计算原则上不大于 40%。

3．干线子系统

采用室内 8 芯多模光缆支持数据传输，采用 0.5 mm 芯径的 3 类大对数电缆支持语音主干传输，数据传输可考虑拉 1 条双绞线作为备用链路。

4．设备间

BD 设备间设置在首层弱电机房，面积约为 50 m²，包含了电话机房配线区以及计算机网络机房配线区，电话系统设有程控交换机及 110 主干配线架，计算机及网络设备采用机柜安装。

办公楼每层均设有楼层 FD 配线间，FD 配线间安装与 BD 主干信息点对应数量的配线架。

5．进线间

其设在首层进线间机房，面积约为 9 m²，提供与电信运营商的光纤、语音线路交接功能。

6．管理子系统

略。

7．建筑群子系统

建筑群子系统在本方案中没有涉及。

3.5.3　识图与绘图

与建筑工程图纸类似，电气工程图纸是表示电气工程的设计、构造、施工要求等内容的有关图纸。电气工程图是审批建筑弱电电气工程项目的依据；在生产施工中，它是备料和施工的依据；当工程竣工时，要按照电气工程图的设计要求进行质量检查和验收，并以此评价工程质量优劣；此外，电气工程图还是编制电气工程概算、预算和决算及审核工程造价的依据，是具有法律效力的技术文件。

1. 设计说明

一般综合布线工程项目由建筑设计院进行先期设计，建筑设计院出方案的"行规"是经常将综合布线的配置设计和清单等文件一并绘入设计图纸当中。本案例的办公楼综合布线设备及材料表（图 3-26）就是典型设计案例，这种方式的好处是图形和设计说明都在同一套图文之中，使用时打开图纸可以先查阅设计要求，再进一步对图纸进行分析。

主要设备及系统要求

1. 配线设备选用
1.1 FD采用6类RJ-45模块化配线架支持数据及语音系统，用RJ-45—IDC跳线与110语音配线架相连，使语音接入主干。SW采用具有POE供电的设备，用于支持无线AP接入。
1.2 BD采用3类IDC配线架用于支持语音主干。
1.3 BD采用光纤配线架用于支持数据。
1.4 电信业务运营商提供进线间的MDF、ODF。

1.5 机柜采用表面无尘防静电喷塑处理，且经过全自动管理工序，脱脂、磷化、纯化等前处理。
2. 布线
2.1 水平布线：水平电缆沿金属线槽、网络地板敷设或穿镀锌钢管敷设。
2.2 垂直干线布线：干线大对数电缆和光缆沿电井内垂直金属线槽敷设或穿镀锌钢管敷设。
2.3 所有线缆在敷设过程中必须一步到位，中间不得有断点，机柜内配线架的布局设计必须合理，接插件、模块及跳线标识齐全，线缆终端必须有编号和颜色标签。
3. 系统接地方式及接地电阻要求
3.1 系统采用联合接地方式，其接地电阻要求≤1 Ω。
3.2 由室外引入的通信电缆加装浪涌保护器（SPD）。
3.3 机柜配有专用的接地铜牌及接地连接端子，机柜的每个门和柜体用接地铜牌相连。机柜带有良好的接地装置，以减少各种静电对设备的危害。

办公楼主要设备及材料清单

序号	名称	型号及规格	单位	数量
1	双孔面板	86型	个	188
2	单孔面板	86型	个	20
3	双孔地弹插座	金属弹起式信息插座	个	16
4	数据模块	6类非屏蔽模块	个	204
5	语音模块	6类非屏蔽模块	个	224
6	数据电缆	6类非屏蔽4对双绞线	箱	50
7	语音电缆	6类非屏蔽4对双绞线	箱	53
8	多模室内电缆	8芯	米	500
9	大对数电缆	3类，50对或100对	米	520
10	数据配线架	6类非屏蔽24口配线架	个	24
11	语音配线架	6类非屏蔽24口配线架	个	24
12	光纤配线架	ST，12口配线架	个	16
13	IDC配线架	3类，100对	个	16
14	光纤跳线	多模2芯	条	32
15	工作区跳线	6类非屏蔽3 m跳线	条	204
16	语音跳线	IDC—RJ-45	条	224
17	语音跳线	IDC—IDC	条	250
18	跳线管理器	1U	个	48

办公楼综合布线设备材料配置表

审核：　　　　校对：　　　　设计：

图 3-26
办公楼综合布线设备材料配置表（图）

2. 综合布线系统图

在套图中的综合布线系统图，体现了综合布线设计的拓扑结构和项目概况，一般体现了楼层数量、设备间以及楼层管理间的位置、主干线缆选型、水平线缆选型、楼层信息点数量等信息。图 3-27 是本案例办公楼综合布线系统图，图中反映出该办公楼共计 8 层，BD 设置在 1 层，语音和数据均通过主干线缆连接至楼层配线架，水平链路采用 6 类双绞线传输数据和语音。

3. 综合布线平面图

在综合布线工程套图中，经常会将信息点分布图和管槽走向图合二为一，而且因楼层布局的改变，平面图需要根据楼层的布局结构或用途变化而出图，所以在涉及高层项目时经常出现比较多的楼层平面图。同样，设计综合布线信息点分布图和管槽走向图也应该根据不同的楼层进行修改。本项目的建筑楼层共计 8 层，一般需要 8 幅平面图描述综合布线平面相关内容，下面选择比较典型的 1 层、3 层和 6 层进行解释。

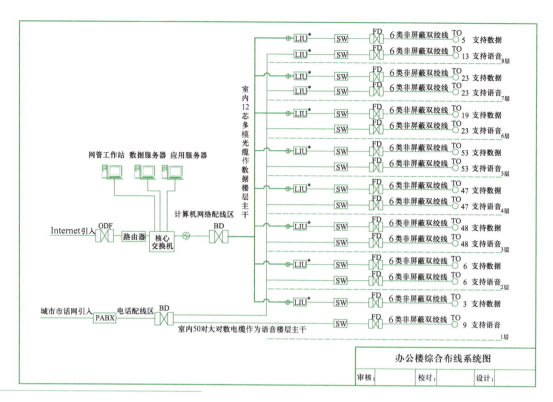

图 3-27
办公楼综合布线系统图

（1）1 层平面图纸设计解释

从图 3-28 所示 1 层平面图可以看出，在平面空间的中部有弱电机房（BD）1 个，弱电机房与管井用主干镀锌线槽连接，所有楼层的主干线缆均从该弱电井进入首层的弱电机房（BD）。办公楼的进线间在首层的右上方，进线间为运营商的外部网络与大楼交接的场所，从进线间引出来的主干线缆同样通过金属线槽进入弱电机房（BD）。弱电机房是容纳计算机设备、网络设备、存储设备的重要场所，本项目预留了约 50 m² 的弱电机房空间，对于支持一个中小型企业的信息需求而言已经是比较宽裕的了。工程初步设计时，对于弱电机房空间面积的需求推算经常以 10 m² 为基数，即 10 m² 的机房可以容纳 1000 个信息点的规模，每增加 1000 个信息点即增加一倍面积。不过作为企业的设备间，除了布线设备以外，可能会有更多的计算机和网络设备，所以在考虑面积时以上的方法只是最低的要求，实际上尽可能地留有充裕的扩展空间，当然，扩展性必须在与空调能耗最优比值之下进行权衡。

图纸未设计弱电机房内部布局，相关内容可参考项目 4。

（2）3 层图纸设计解释

从图 3-29 可以看出，3 层主要是企业销售、市场、推广等部门的工作空间，每个部门中采用开放办公区的形式设计，因此工作区的位置安排得比较多，造成信息点密集度较高。该办公室有一个有利于综合布线设计和施工的因素，即办公室有一条水平走廊，可以将配线子系统的线缆全部采用大线槽的汇聚送至每个房间，使线路弯曲减少，施工难度降低。从弱电井引出配线主水平线槽的总长度大约为 25 m，因此根据图纸计算布线线缆时长度更加容易计算。3 层总共设计信息点 96 个，数据、语音点各 48 个。

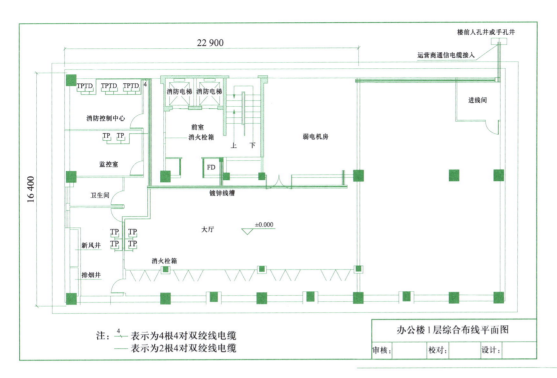

注：$\overset{4}{\nearrow}$ 表示为4根4对双绞线电缆
　　—— 表示为2根4对双绞线电缆

办公楼1层综合布线平面图		
审核：	校对：	设计：

图 3-28
综合布线平面图 1 层

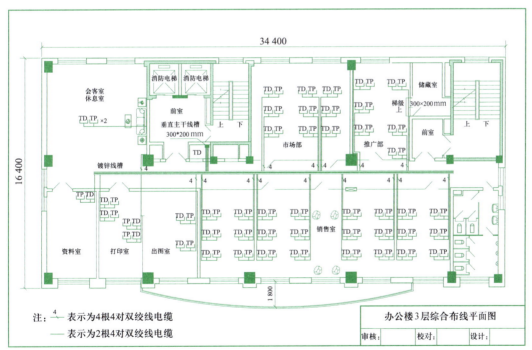

注：$\overset{4}{\nearrow}$ 表示为4根4对双绞线电缆
　　—— 表示为2根4对双绞线电缆

办公楼3层综合布线平面图		
审核：	校对：	设计：

图 3-29
综合布线平面图 3 层

3 层开放办公区的布线设计，涉及了屏风走线的典型布线环境，设计中一般考虑明装和暗装布线时多面向固定的墙壁或地板环境。开放办工区常见的布线对象是工作区屏风（图 3-30），其特点是走线空间极小，在屏风前后对接口的位置通常不大于 4×2.5 cm（新型薄墙屏风更小）。因此，工作区屏风的布线需要考虑线缆走线总量，超过了屏风线孔的承载将无法施工，强行拉拽则容易损坏线缆。解决办法是控制单组屏风的数量，或增加进入屏风的入口。

图 3-30
开放办公区屏风及走线图

（3）6 层图纸设计解释

从图 3-31 可以看出，6 层是公司领导办公楼层，分别集中了董事长室、总经理室、副总经理室、秘书（助理）室、财务室、会议室等企业管理高层办公区间。与普通职员工作区的设计不同，领导层的综合布线工作区设计采用双网络双语音设计，财务室开放办公区则为单路信息点设计。本层信息点总共为42 个，网络 19 个、语音点 23 个。在案例之外，常见的管理层办公室信息点安排为 1 个网络点、2 个语音点的配置，此时必须对工作区信息面板的配备进行调整。

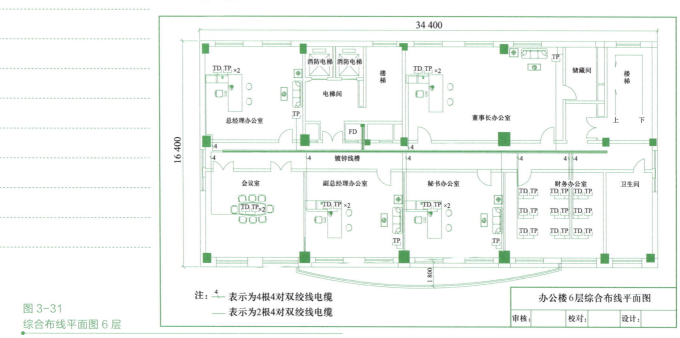

图 3-31
综合布线平面图 6 层

3.6 任务实施：编制综合布线系统设计方案

综合布线系统设计方案是综合布线系统的指导性技术文件，设计方案首先确定系统的拓扑结构，然后说明设计依据的标准和技术规范，确定信息类型和数量，选择布线产品，设计各子系统的内容，预算材料和工程费用。工程开工后，工程施工、工程监理和工程验收测试都以设计方案为依据，因此，设计方案在综合布线系统中占有举足轻重的地位。综合布线厂商和综合布线系统集成商都有自己的方案设计模板，虽然综合布线系统的规模和性质不同，但设计方案的主要内容大体相同。

设计综合布线系统方案的主要工作流程如下：

① 需求分析。

② 系统配置。

③ 图纸设计。

④ 材料选型。

⑤ 材料计算表编制。

⑥ 设计方案文字描述。

⑦ 方案汇总编制等工作。

设计方案基本格式

典型的综合布线系统设计方案应包括如下章节：

1. 前言

2. 定义与惯用语

3. 综合布线系统概念

4. 综合布线系统设计

4.1　概述

4.1.1　工程概况

4.1.2　布线系统总体结构

4.1.3　设计目标

4.1.4　设计原则

4.1.5　设计标准

4.1.6　布线系统产品选型

4.2　工作区子系统设计

4.3　配线子系统设计

4.4　管理子系统设计

4.5　干线子系统设计

4.6　设备间子系统设计

4.7　布线系统工具

5. 综合布线系统施工方案

6. 综合布线系统的维护管理

7. 验收测试

8. 培训、售后服务与保证期

9. 综合布线系统材料总清单

10. 图纸

▶ **项目实训**

学习素材：综合布线
设计方案基本内容

本节项目实训分为综合布线设计技能实训和系统方案编制实训。

实训 1　综合布线设计技能实训

综合布线设计技能实训主要训练系统配置、材料预算、绘图设计的能力。

参照 3.5 节，以建筑物或建筑群为对象，以小组（2～3 人）为单位组织教学，完成以下技能训练：

① 系统结构和系统配置设计；

② 材料预算；

③ 图纸绘制（用 AutoCAD、Visio）。

实训 2　编制综合布线系统设计方案书

在实训 1 的基础上（也可以重新选定设计对象），编制综合布线系统设计方案书。指导教师可以在学习本项目时布置本实训任务，学生边学习后续项目，边编制综合布线系统设计方案书，待本课程结束时学生再提交设计方案书，可以答辩的方式进行作业评价。

习题与思考

1. 安装工作区信息插座时，有何具体要求？

2. 水平布线可选择哪些线缆？双绞线布线距离有何要求？

3. 建筑物配线子系统有哪几种管槽路由方式？

4. 天花板吊顶内敷设线缆的主要方式有哪些？

5. 简述建筑物干线子系统布线路由方式。

6. 什么是交接管理？它有哪几种管理方式？管理子系统通常采用什么管理方式？

7. 简述综合布线是如何进行标识管理的。

8. 设备间有哪几种线缆敷设方式？

9. 设备间对环境有什么要求？

10. 简述建筑群干线子系统有几种管槽路由设计方法。

11. 综合布线常见图纸有哪些？

12. D25 型号的线管，壁厚为 1.5 mm，若布线截面利用率为 30%，此线管能布放多少条 6 类 UTP 电缆？

13. 对某建筑物第 1 层和第 2 层实施的综合布线工程中，第 1 层有 100 个信息点，楼层电信间位于楼层的中间位置，最远信息点距电信间 69 m，最近信息点距电信间 28 m；第 2 层有 96 个信息点，楼层电信间位于楼层的中间位置，最远信息点距电信间 75 m，最近信息点距电信间 31 m。若电缆长度估算公式中，每条电缆的备用部分按平均电缆长度的 6%，端接冗余按 4 m 计算，请估算第 1 层和第 2 层共需要多少箱双绞线？

项目 4　设计数据中心综合布线系统

PPT：设计数据中心
综合布线系统

▶ 学习目标

知识目标：

（1）理解数据中心的组成、结构和功能。

（2）掌握数据中心需求分析的方法和内容。

（3）了解数据中心综合布线和建筑群/建筑物综合布线的异同。

技能目标：

（1）能设计数据中心综合布线图纸。

（2）能进行数据中心综合布线标识管理。

（3）能编制数据中心综合布线设计方案。

（4）能进行数据中心基础平台规划。

素质目标

4.1　项目背景

4.1.1　数据中心行业背景

随着社会、经济的快速发展，信息数据的作用越来越得到重视。目前很多企业已经通过各种信息与通信系统的建设，拥有了大量的电子信息设施与大规模信息网络架构。如何对它们进行更好地运用，发挥其最大的作用，满足业务的不断增长，成为众多企业最为关心的问题。因此，建立一个稳定、安全、高效的数据中心，将成为针对这类问题最为有效的解决方案。

随着云计算产业的快速发展以及 Internet 产业的巨大需求，推动了数据中心基础设施产业的进一步快速发展，使其市场规模已经达到了千亿级。数据中心产业规模由基础设施和 IT 产品采购构成，其中基础设施主要涉及机房建设规划、施工和运行维护性支出。表 4-1 为 2012—2018 年中国数据中心产业规模的增长数据对比。

年　　份	2012	2013	2014	2015	2016	2017	2018
规模（亿元）	210.8	262.5	372.2	518.6	714.5	946.1	1277.2
增长率（%）	23.4	24.5	41.8	39.3	37.8	32.4	35.0

表 4-1　2012—2018 年中国数据中心产业规模

注：数据来自前瞻产业研究院。

4.1.2　项目实施背景

××科技（中国）有限公司是全球知名企业的第三个研发中心，2008 年成立于某省会城市，主要从事与半导体封装设备有关的核心技术的研究与开发。公司研发大楼于 2012 年正式落成，作为亚太地区的核心研发中心，除了本地研发中心数据存储和运算的需求外，还需要与××科技公司位于中国香港、深圳、上海等地的分公司进行资源共享和协同操作。因此，公司必须建设一个拥有智能、环保、高效和高可靠性的数据中心机房，实现全国各部的互连和运作。

根据以上需求，公司规划了面积为 $140m^2$ 的数据中心机房，作为一个先进的企业数据中心。项目设计了机房装修、配电系统、电源防雷及接地系统、空调系统、综合布线系统、机房集中环境监控系统、KVM 远程控制系统、机房消防 8 个子系统，以此确保计算机系统、网络系统能支撑公司未来的发展需要。同时，良好的操作环境和办公环境也是数据中心管理和运维的重要因素，项目设计时提出了严格的温度、湿度、洁净度、电性能、防火性、防静电能力、抗干扰能力、防雷、接地等各项指标的具体要求。

本章主要以该数据中心建设项目案例，进行综合布线系统设计的分析和解读。

4.2　认识数据中心

数据中心综合布线系统与传统的综合布线系统相比，在架构、标准、产品、技术等各方面均有其独特性。在学习数据中心综合布线系统设计之前，先从数据中心定义及组成、数据中心的等级划分等方面认识数据中心。

4.2.1　数据中心的定义及组成

（1）数据中心的定义

数据中心可以由一个建筑物或建筑物的一个部分组成，在通常的情况下它由计算机房和支持空间组成，是在一个物理空间内实现信息的集中处理、存储、传输、交换、管理的平台。数据中心放置的计算机设备、网络设备、存储设备等是网络核心机房的关键设备，由它们构成企事业单位的信息中枢。数据中心的建立是为了全面、集中、主动并有效地管理和优化 IT 基础架构，实现信息系统高水平的可管理性、可用性、可靠性和扩展性，保障业务的顺畅运行和服务的及时性。

建设一个完整的、符合现在及未来需求的高标准数据中心，应满足以下功能要求：

① 需要一个满足进行数据计算、数据存储和安全的联网设备安装的地方。

② 为所有设备运转提供所需的保障电力。

③ 在满足设备技术参数要求下，为设备运转提供一个温度受控的环境。

④ 为所有数据中心内部和外部的设备提供安全可靠的网络连接。

⑤ 不会对周边的环境产生各种各样的危害。

⑥ 具有足够坚固的安全防范设施和防灾设施。

（2）数据中心的组成

对于一个完整的大型数据中心而言，它包含各种类型的功能区域，如主机区、服务器区、存储区、网络区、控制室、操作员室、测试机房、设备间、电信间、进线间、资料室、备品备件室、办公室、会议室和休息室等。

从功能上，数据中心可以划分为计算机房和其他支持空间。

计算机房主要用于电子信息处理、存储、交换和传输的设备安装、运行和维护的建筑空间，包括服务器机房、网络机房、存储机房等功能区域，分别安装有服务器设备（也可以是主机或小型机）、存储区域网络（SAN）和网络附属存储（NAS）设备、磁带备份系统、网络交换机，以及机柜/机架、线缆、配线设备和走线通道等。

支持空间是计算机房外部专用于支持数据中心运行的设施和工作空间，包括进线间、电信间、行政管理区、辅助区和支持区。图 4-1 所示为数据中心各功能区域在建筑内的分布关系。

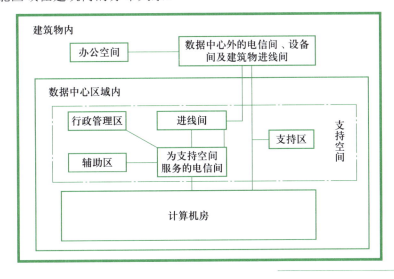

图 4-1
数据中心构成

（3）数据中心与综合布线的关系

数据中心的综合布线系统是数据中心网络的一个重要组成部分，支撑着整个网络的连接、互通和运行。综合布线系统通常由铜缆、光缆、连接器和配线设备等部分组成，并需要在满足未来一段时间内宽带需求的前提下兼顾性价比。因此，确保一个数据中心布线解决方案的设计能够适应未来更高传输速率的需要将是至关重要的。

4.2.2 数据中心的等级划分

按照国标 GB 50174—2017《数据中心设计规范》，根据数据中心使用性质、管理要求及由于场地设备故障导致电子信息系统运行中断在经济和社会造成的损失或影响程度，将数据中心分为 A、B、C 共 3 个等级。

A 级为容错型，在系统需要运行期间，其场地设备不应因操作失误、设备故障、外电源中断、维护和检修而导致电子信息系统运行中断。

B 级为冗余级型，在系统需要运行期间，其场地设备在冗余能力范围内，不应因设备故障而导致电子信息系统运行中断。

C 级为基本型，在场地设备正常运行情况下，应保证电子信息系统运行不中断。

北美 TIA 942-B—2017《数据中心基础设施标准》按照数据中心支持的运行时间，将数据中心分为 4 个等级，不同等级对数据中心内的设施要求不同，级别越高要求越严格。一级为最基本配置，没有冗余；四级则提供了最高等级的故障容错率。在 4 个不同等级的定义中，包含了对建筑结构、电气、接地、防火保护及电信基础设施安全性等的不同要求。表 4-2 列出了 TIA 942 数据中心等级的可用指标。

表 4-2　TIA 942 标准不同等级数据中心可用性指标

等级 要求	一级	二级	三级	四级
可用性（%）	99.671	99.749	99.982	99.995
年宕机时间（h）	28.8	22.0	1.6	0.4

通过对数据中心的可用性及冗余数量的比较，在国内外标准中所描述的不同等级的数据中心之间建立了一个可参考的对应关系，见表 4-3。

表 4-3　国内外数据中心分级对应关系

GB 50174	TIA 942	性 能 要 求
A 级	四级	场地设施按容错系统配置，在系统运行期间，场地设施不应因操作失误、设备故障、外电源中断、维护和检修而导致电子信息系统运行中断
A 级	三级	按同时可维修需求配置，系统能够进行有计划的运行，而不会导致电子信息系统运行中断
B 级	二级	按场地设施冗余要求配置，在系统运行期间，场地设施在冗余范围内，不应因设备故障而导致电子信息系统运行中断
C 级	一级	场地设施按基本要求配置，在场地设施正常运行的情况下，应保证电子信息系统运行不中断

4.3　数据中心综合布线系统设计基础

在进行项目设计前，先了解数据中心综合布线系统构成、规划与拓扑结构等数据中心综合布线系统设计相关的基础知识。

4.3.1　数据中心综合布线系统构成

微课：数据中心综合布线系统构成

目前通用的数据中心建设可以参考的标准有：国家标准 GB 50174—2017、国际标准 ISO/IEC 11801、欧洲标准 EN 50173.5—2018 和北美标准 TIA 942-B—2005。

上述标准对数据中心综合布线系统构成的命名和拓扑结构，在内容上略有差异，但在原则上是一致的，其中欧洲标准与国际标准的名词术语完全一致。由于 GB 50174 中并未对数据中心布线系统的构成做出明确的定义，因此目前机房布线工程行业普遍采用 TIA 942 标准中的布线系统结构，作为工程设计的参考标准。

在数据中心布线系统设计中，作为综合布线基础标准的 GB 50311、GB 50312 及一些必要的国际标准也应该遵循。

1. 数据中心术语解释

① 数据中心：一个建筑群、建筑物或建筑中的一个部分，主要用于容纳计算机机房及其支持空间。

② 主配线区：计算机机房内设置主交叉连接设施的空间。

③ 中间配线区：计算机机房内设置中间交叉连接设施的空间。

④ 水平配线区：计算机机房内设置水平交叉连接设施的空间。

⑤ 设备配线区：计算机机房内设置机架或机柜占用的空间。

⑥ 区域配线区：计算机机房内设置区域插座或集合点配线设施的空间。

⑦ 进线间：外部线缆引入和电信业务经营者安装通信设施的空间。

⑧ 次进线间：作为主进线间的扩充与备份，要求电信业务经营者的外部线路从不同路由和入口进入次进线间。当主进线间的空间不够用或计算机机房需要设置独立的进线空间时，增加次进线间。

⑨ 机柜：装有配线与网络、服务器等设备，引入线路进线线缆端接的封闭式装置。由框架和可拆卸门板组成，数据中心机柜还具有拼接功能。

⑩ 机架：装有配线与网络设备，引入线路进行线缆端接的开放式框架装置。

⑪ 预连接系统：由工厂预先定制的固定长度的光缆或铜缆连接系统，包含多芯/根线缆、多个模块化插座或单个多芯数接头。

⑫ 英文缩写，见表 4-4。

表 4-4　英文缩写

英文缩写	中文含义	英文缩写	中文含义	英文缩写	中文含义
MDA	主配线区	IDA	中间配线区	HAD	水平配线区
EDA	设备配线区	ZDA	区域配线区	MC	主交叉连接
IC	中间交叉连接	HC	水平交叉连接	KVM	键盘、鼠标、显示器切换器
KGB	扣压式镀锌薄壁电线管	JDG	紧锁式镀锌薄壁电线管	PDU	电源分配器
TBB	接地主干导线	TGB	局部等电位连接端子板	TMGB	总等电位连接端子板
MCBN	共用等电位接地网络				

2. 机房布线系统构成

（1）GB 50174 标准布线构成

图 4-2 所示的布线结构比较简单，只表示了计算机机房内的布线系统构成。机房主配线设备可以通过主干布线连至水平配线区的交叉配线设备，也可以直接经过水平布线连至设备配线区的信息插座或区域配线区的集合点配线设备。

（2）TIA 942 标准机房布线构成

国外标准对于数据中心布线构成有明确描述，如 ISO/IEC 24764—2010 标准和 TIA 942—2005 标准。考虑到 TIA 942 是目前机房布线工程中广泛采用的方案架构，下面只选图 4-3 所示 TIA 标准的数据中心布线构成图进行介绍。

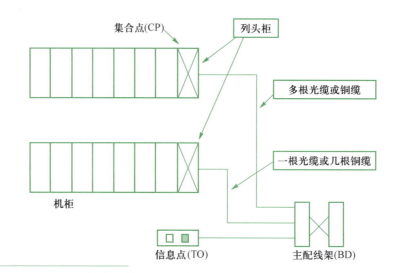

图 4-2
GB 50174 标准中数据
中心布线构成

图 4-3 以一个建筑物展开，建筑物中数据中心机房内部则形成主配线、中间配线、水平配线、区域配线、设备配线的布线结构。主配线区的配线架通过可选的中间配线区设施连接水平配线区或直接与设备配线区的配线架相连接，并与建筑物通用布线系统及电信业务经营者的通信设施进行互通，从而完成数据中心布线系统与建筑物布线系统及外部运营商的互连互通。

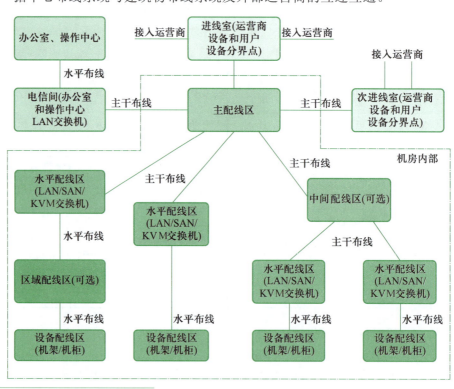

图 4-3
TIA 标准中数据中心布线构成图

3. 系统构成说明

（1）数据中心机房内布线

数据中心计算机机房内布线空间包含主配线区、中间配线区（可选）、水平配线区、区域配线区和设备配线区。

1）主配线区（MDA）。

主配线区包括主交叉连接（MC）配线设备。它是数据中心布线系统的中心配线点，当设备直接连接到主配线区时，主配线区可以包括水平交叉连接（HC）的配线设备。主配线区可以在数据中心中网络的核心路由器、核心交换机、核心存储区域网络交换设备和 PBX 设备的支持下，服务于一个或多个及不同地点的数据中心内部的中间配线区、水平配线区或设备配线区，以及各个数据中心外部的电信间，并为办公区域、操作中心和其他一些外部支持区域提供服务和支持。运营商的设备（如 MUX 多路复用器）也被放置在该区域，以避免因线缆超出额定传输距离或考虑数据中心布线系统及通信设备可直接与进线间电信业务经营者的通信业务接入设施实现互通。

2）中间配线区（IDA）。

可选的中间配线区用于支持中间交叉连接（IC），常见于占据多个建筑物、多个楼层或多个房间的大型数据中心。每间房间、每个楼层甚至每个建筑物可以有一个或多个中间配线区，并服务一个或多个水平配线区和配线设备配线区，以及计算机房以外的一个或多个电信间。

作为二级主干，交叉的配线设备位于主配线区和水平配线区之间。中间配线区可以包含有源设备。

3）水平配线区（HDA）。

水平配线区用来服务于不直接连接到主配线区的 HC 设备。水平配线区主要包括水平配线设备、为终端设备服务的局域网交换机、存储区域网络交换机和 KVM 交换机。小型的数据中心可以不设水平配线区，而由主配线区来支持。一个数据中心可以设置各个楼层的计算机机房，每一层至少含有一个水平配线区，如果设备配线区的设备水平配线距离超过水平线缆长度限制的要求，可以设置多个水平配线区。

在数据中心中，水平配线区为位于设备配线区的中断设备提供网络连接，连接数量取决于连接设备端口数量和线槽的空间容量。配置水平配线区时，应该为日后的发展预留空间。

4）区域配线区（ZDA）。

在大型计算机机房中，为了获得在水平配线区与终端设备之间更高的配置灵活性，水平布线系统中可以包含一个可选择的对接点，称为区域配线区。区域配线区位于设备经常移动或变化的区域，可以通过集合点（CP）的配线设施完成线缆的连接，也可以设置区域插座连接多个相邻区域的设备。区域配线区不可存在交叉连接，在同一个水平线缆布放路由中，不得超过一个区域配线区。区域配线区中不可使用有源设备。

5）设备配线区（EDA）。

设备配线区是分配给终端设备安装的空间，终端设备包含各类服务器、存储设备及相关外围设备等。设备配线区的水平线缆端接在固定于机柜或机架的连接硬件上。每个设备配线区的机柜或机架须设置充足数量的电源插座和连接硬件，使设备线缆和电源线的长度减少至最短距离。

（2）支持空间布线

数据中心支持空间的布线空间包含进线间、电信间、行政管理区、辅助区和支持区。

1）进线间。

进线间是数据中心布线系统和外部配线及公用网络之间接口与互通交接的场地，主要用于电信线缆的接入、电信业务经营者通信设备以及其企事业数据中心自身所需的数据通信接入设备的放置。这些用于分界的连接硬件设施在进线间内经过通信线缆交叉转接，接入数据中心内。进线间可以设置在计算机房内，也可以与主配线区（MDA）合并。

进线间应该满足多家接入运营商的需要。基于安全的目的，进线间宜设置在机房之外。根据冗余级别或层次要求的不同，进线间可能需要有多个，在数据中心面积非常大的情况下，次进线间就显得非常必要，这是为了让进线间尽量与机房设备靠近，以使设备之间的连接线缆不超过线路的最大传输距离限制。

例如，如果数据中心只占建筑物之中的某一区域，则建筑物进线间、数据中心主进线间和可选的次进线间的互通关系如图 4-4 所示。

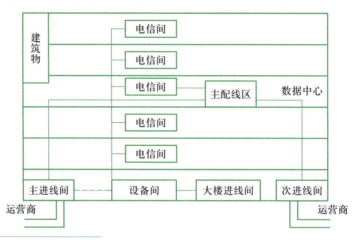

图 4-4
建筑物进线间、数据中心主进线间
及次进线间的互通关系

2）电信间。

电信间是数据中心内支持计算机房以外的布线空间，包括行政管理区、辅助区和支持区。电信间用于安置为数据中心的正常办公及操作维护支持提供本地数据、视频和语音通信服务的各种设备。电信间一般位于计算机房外部，但是如果有需要，也可以和主配线区或水平配线区合并。

数据中心电信间与建筑物电信间属于功能相同，但服务对象不同的空间。建筑物电信间主要服务于楼层的配线设施。

基于数据中心运维的角度，计算机房内部的键盘、鼠标、显示器切换器（KVM）和电源分配器（PDU）的远程控制连接可以选择通过电信间的网络接入，而独立于数据中心的网络系统。

3）行政管理区。

行政管理区是用于办公、卫生等目的的场所，包括工作人员办公室、前台和值班室等。行政管理区可以根据服务人员数量设置数据和语音信息点。

4）辅助区。

辅助区是用于电子信息设备和软件的安装、调试、维护、运行监控和管理的场所，包括测试机房、监控中心、备件库、打印室、维修室、装卸室和用户工作室等区域。辅助区可以根据工位数量、设备的应用与连接需要设置数据和语音点。

5）支持区。

支持区是支持并保障完成信息处理过程和必要的技术作业的场所，包括变配电室、柴油发电机房、不间断电源（UPS）室（可与配电室合并）、电池室（可与 UPS 室合并）、空调机房、消费设施用房和消防控制室等。

支持区可以整个空间和设备安装场地为单位，设置相应的数据和语音信息点。对于稍微先进的数据中心支持设备，如 UPS、电池组监控、精密空调、消防系统、配电监控、发电机等各系统皆已设置了网络监控和管理接口，布线设计时须根据设备需要进行信息点设置。

4. 数据中心布线系统构成范例

不同规模的数据中心取决于开放的业务、网络的架构与设备的容量，以及计算机房的布局和面积大小，可以包含若干或全部数据中心布线组成部分。数据中心规模与构成模式不一定形成固定搭配，也可以在其内部出现混合模式。

（1）小型数据中心构成

小型数据中心构成往往省略了主干子系统，将水平交叉连接集中在一个或几个主配线区域的机架或机柜中。所有的网络设备均位于主配线区域，连接机房外部支持空间和电信接入网络的交叉连接也可以集中至主配线区域，大大简化了布线拓扑结构，如图 4-5 所示。

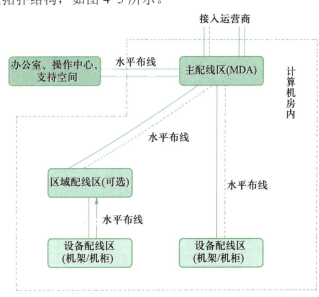

图 4-5
小型数据中心构成

（2）中型数据中心构成

中型数据中心一般由一个进线间、一个电信间、一个主配线区域和多个水平配线区域组成，占据一个房间或一层楼，如图 4-6 所示。

（3）大型数据中心构成

大型数据中心占据多个楼层或多个房间，需要在每个楼层或每个房间设立中间配线区域，作为网络的汇聚中心，并有多个电信间用于连接独立的办公室和支持空间。对于超大型的数据中心需要增设次进线间，线缆可直接连接至水平配线区以解决线路的超长问题，如图 4-7 所示。

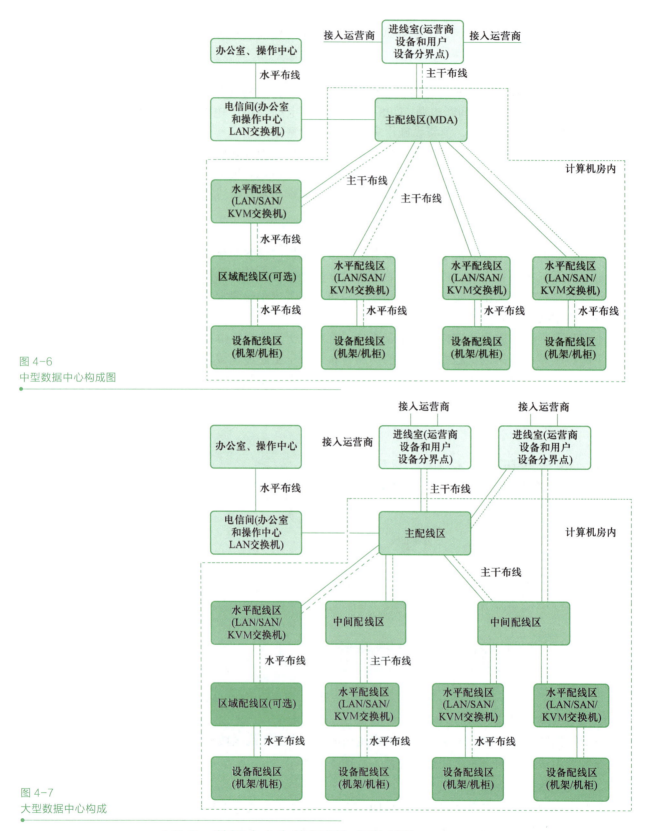

图 4-6
中型数据中心构成图

图 4-7
大型数据中心构成

4.3.2 数据中心布线规划与拓扑结构

数据中心系统的效率依赖于优化的设计，因为数据中心涉及建筑、机械、电气和通信等各个方面，并直接影响初期的空间、设备、人员、供电和能耗的合理使用，但更重要的是运营阶段的节能与增效。

1. 布线规划要点

数据中心的综合布线设计目的是实现系统的简单性、灵活性、可伸缩性、模块化和实用性。所有这些准则使数据中心运营商能够随着时间延续，仍然使设施适应于业务发展的需求。经验表明，具有足够的扩展空间对后期附加设备和服务设施的安装至关重要。当前技术应提供可通过简单的"即插即用"连接来添加或替代的模块化配线设备，使其对运营商更实用，并减少宕机时间和人工成本。

2. 数据中心布线拓扑结构与链路长度

数据中心布线系统基本元素包括：

- 水平布线；
- 主干布线；
- 设备布线；
- 主配线区的交叉连接
- 水平配线区的交叉连接；
- 区域配线区内的区域插座或集合点；
- 设备配线区内的信息插座。

布线系统具体拓扑结构如图 4-8 所示。

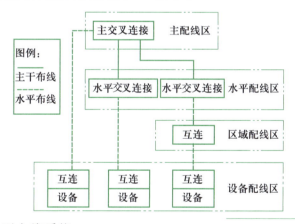

图 4-8
布线系统拓扑结构

（1）水平布线系统

水平布线采用星形拓扑结构，每个设备配线区的连接端口应通过水平线缆连接到水平配线区或主配线区的交叉连接配线模块。水平布线包含水平线缆、交叉配线设备、设备连接配线模块、设备线缆、跳线及区域配线区的区域插座或集合点。在设备配线区的设备连接端口至水平配线区的水平交叉连接配线模块之间的水平布线系统中，不能含有多于一个的区域配线区集合点，信道最多只能存在 4 个连接器件，组成方式如图 4-9 所示。

图 4-9
水平布线系统信道构成（4 个连接点）

1）传输距离要求。

不管采用何种传输介质，水平布线链路的传输距离不能超过 90 m，信道最大距离则不能超过 100 m。

若数据中心不含水平配线区，采用光缆由主配线区直接连至设备，则 MDA 至 ZDA 包含光缆、跳线在内的信道长度不超过 300 m（采用 OM4 多模光缆，最大传输距离可延伸到 550 m）；若采用 4 对双绞线进行布线，则链路长度不超过 90 m，信道长度不超过 100 m。主配线区直连设备配线区的长度限制如图 4-10 所示。

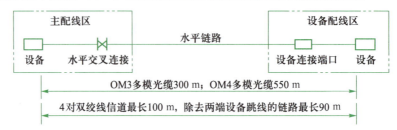

图 4-10
主配线区直连设备配线区线缆长度限制

如果在配线区两端使用过长的跳线和设备线缆，则水平线缆的总长度应适当减小，其计算方法可参考开放办公区布线的计算方式，并考虑当采用 26AWG 线规 F/UTP 的设备跳线的情况。

2）水平子系统连接方式。

图 4-11（a）所示的水平子系统的连接，一般采用水平配线区（HDA）直接连接设备配线区的方式，水平线缆可以采用光缆或 4 对双绞线。因为数据中心布线常用桥架架空水平方式布线，所以配线架可安装于机柜上方，有源设备安装于下方。而对于图 4-11（b）所示的水平配线区经过区域配线区再连接设备配线区的方式，则设备配线区不设置配线架，由区域配线区采用设备跳线直接连接至设备机柜的网络端口。

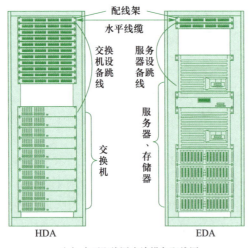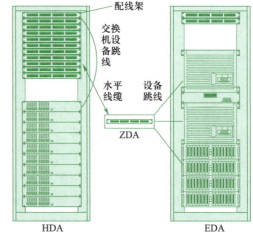

图 4-11
水平子系统连接方式

（a）水平配线区直连设备配线区　　　　（b）增加区域配线区的连线方式

方案设计中，对于相邻的设备配线区机柜，当机柜的设备端口需求数较少时，可以采用合并配线架设计，即两个或几个设备配线区机柜共用一个水平配线区，以简化布线系统的复杂程度和节省成本，如图 4-12 所示。此种方案的设备跳线长度要与水平线缆的总长度合并计算信道长度，跳线一般不要超过 15 m。设备配线架的位置应设置在该组机柜的中间位置。

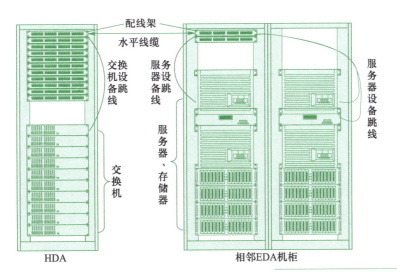

图 4-12
相邻 EDA 机柜合用配线架布线方式

（2）主干布线系统

主干布线采用星形拓扑结构，为主配线区、中间配线区、水平配线区、进线间和电信间之间的连接。主干布线包含主干线缆、主干交叉连接、中间交叉连接及水平交叉连接配线模块、设备线缆及跳线。主干布线信道组成方式如图 4-13 所示。

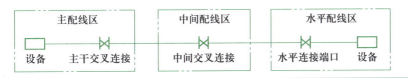

图 4-13
主干布线系统信道构成

允许水平配线区与主配线区通过主干线缆采用互连方式直连，即不采用交叉连接进行跳接。这种方式是非星形拓扑结构的，主要作为主配线区和水平配线区之间的主干连接路由的冗余备份，或用于支持某些旧有应用时避免超长距离的问题。

因传输距离的问题，一般将主配线区设置在数据中心的中间位置，如主配线区到水平配线区的距离过长，可增设中间配线区。如果数据中心面积过大，可设置多个计算机房分区，每个分区内的主干线缆长度都应能满足标准的要求。机房分区间的连接属于广域网的范畴，硬件连接上可采用建筑群子系统的思路进行布线链路设计。主干布线系统的线缆连接参考图 4-14。

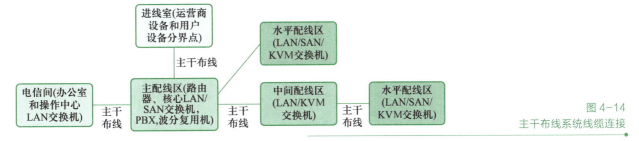

图 4-14
主干布线系统线缆连接

主干布线传输距离要求如下：

数据中心的主干布线一般根据线缆传输性能的不同而不同，决定线缆传输性能的因素主要是传输介质和传输协议两方面。在不同的传输介质和传输协议基础上，根据市场常见硬件设备和主流的应用类型，整理成表 4-5，以供在数据中心设置性能等级及长度规划。

表 4-5 数据中心布线常用线缆传输距离（信道）

介质	应用	速率	用途	传输介质	频率或波长	传输距离
铜缆	低带宽应用	低带宽	办公室/机房电话、传真、ADSL、VDSL 等低带宽应用	Cat 3/5e/6/6A/7 类双绞线	16 MHz	1500 m以上
	100Base-T	100 Mbit/s	可用于数据中心环境监控、设备联网、安防门禁等	Cat 5e/6/6A/7 类双绞线	100 MHz	100 m
	1000Base-T	1 Gbit/s	主要为数据中心水平铜缆传输，现行成本最低的数据中心链路组建方案，安装要求低。可用于普通服务器接入，也可以涵盖百兆的所有应用	Cat 5e/6/6A/7 类双绞线	100 MHz	100 m
	10GBase-T	10 Gbit/s	主要应用于高端数据中心水平布线，兼容性好、可扩展性强，也可用于主干布线路由备份	Cat 6A/7 类双绞线	100 MHz	100 m
光缆	1000Base-SX	1 Gbit/s	传统数据中心光纤布线链路的主要应用，采用多模光缆，兼容性好、成本低，缺点是带宽偏低	OM1/OM2/OM3 多模光缆	850 nm	275 m/550 m/800 m
	1000Base-LX	10 Gbit/s	传统数据中心光纤布线的主要应用，可用于多模和单模光缆，传输距离长、成本低，缺点是带宽偏低	多模/单模光缆	1300 nm	550 m/3000 m以上
	10GBase-SR	10 Gbit/s	主流 10 Gbit/s 多模光纤布线，具有成本低、功耗低、光模块小等优点。在数据中心布线中主要用于主配线区至水平配线区的主干连接，有部分数据中心也采用光纤到设备的全光设计。现今数据中心布线主要采用 OM3 以上等级多模光缆设计，300 m 以上的最长距离基本满足大多数数据中心布线的要求	OM1/OM2/OM3/OM4 光缆	850 nm	33 m/82 m/300 m/550 m
	10GBase-LRM	10 Gbit/s	优化的低成本多模 10 Gbit/s 级传输方案，对光纤线缆的要求低，成本低、功耗相对低，对旧数据中心光纤链路升级时，只更换设备或接口模块，即可完成 10 Gbit/s 以太网升级，其 2006 年诞生后基本代替了成本高昂的 10GBase-LX4，而距离方面只比前者短 80 m	OM1/OM2/OM3/OM4 光缆	1300 nm	220 m

续表

介质	应　用	速　率	用　　途	传输介质	频率或波长	传输距离
光缆	10GBase-LX	10 Gbit/s	主流 10 Gbit/s 单模光纤传输应用，具有成本低、功耗低等优点。在数据中心布线中主要用于主配线区至水平配线区的主干连接，以及连接至进线间的布线	单模光缆	1310 nm	10 000 m
	Fibre Channel	1 Gbit/s 及以上	光纤通道主要用于大容量的存储设备、大型计算机等专用数据流传输接口。发展至今有多种带宽的传输协议，可以支持铜缆和光纤的传输，但 1 Gbit/s 以上高带宽的传输仅支持光纤传输，布线设计中以向上取舍的原则只推荐采用足够等级的光缆传输	OM2 以上多模或单模光缆	850 nm	500 m/1 000 m

　　根据表 4-5，数据中心的传输介质分为铜缆和光缆两种，其中铜缆分为低带宽、百兆、千兆、万兆共 4 个等级，分别对应要求不同的场合和用途，一般数据中心的铜缆布线常用于水平链路、办公区、支持区、设备监控等方面；光缆方面的应用包含千兆、万兆以及光纤通道的应用，常用于数据中心主干布线、专用 SAN 区域存储网络和光纤通道链路等方面。对于绝大多数的大、中型数据中心，主流的 OM3 多模光缆能支持万兆传输达 300 m，而最新推出的 OM4 光缆已经可以支持 550 m 的万兆以太网传输，完全可以满足主配线区到水平配线区的距离要求。近年来，光纤传输因其无可比拟的优越性，正逐渐被用于终端设备的布线，即构建成全光纤或以光纤为主的数据中心布线系统。相比于 Cat 6A 或 Cat 7 类别的铜缆，光缆在高密度、传输距离和性能方面的优势非常突出，同时光纤布线的成本不断降低，加入设备的链路整体造价基本已经接近于铜缆链路。

3. 支持空间信息点数量确定

　　GB 50174 标准要求 A、B 级数据中心的支持区中每个工作区有 4 个以上信息点，C 级数据中心的支持区中每个工作区有两个以上信息点。支持空间各个区域信息插座数量可根据各自空间的功能和应用特点，参照图 4-15 所示进行计算。

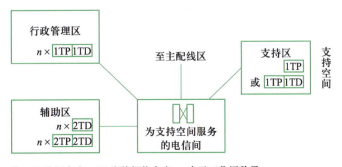

图 4-15　支持空间各个区域信息点分布

注：TP 为语音点，TD 为数据信息点；n 表示工作区数量

支持空间的信息点，可参考 GB 50311—2016 标准进行设置：

① 行政管理区可根据服务人员数量，按一般办公区配置进行设置。

② 辅助区的监控中心可按重要办公区配置进行设置，并考虑安装支持大量的墙挂或悬吊式显示屏设备的数据网络接口。辅助区的测试机房、监控控制台和打印室需要比标准办公环境更多的信息插座配置，可根据房屋功能、用户工位的分布情况、终端设备的种类来确定具体的信息点数量。

③ 设备机房内至少需要一个电话信息点，但现代化的设备包括配电机柜、UPS 室、空调机以及发电机组等，其机器运行及控制基本都采用 IP 网络进行管理，因此需要根据不同的设备所在位置、接口要求进行信息点设置。

④ 其他区域空间可按照一般办公区配置进行设置。

4. 设计原则

数据中心综合布线系统的设计同样需要遵循国标 GB 50311—2016 综合布线系统设计规范的要求，但它与一般商业和办公布线相比主要有以下几个特点。

① 高密度：每台机柜内需要几十个数据点甚至更多。

② 高可靠性：数据中心是系统运行的核心部位，任何设备及线路的故障都会造成巨大的损失和影响。

③ 高灵活性：数据中心对于布线数量的需求的不确定性也很突出，要求数据中心布线系统要有高灵活性，以满足不同的实际使用需求。

④ 模块化结构：数据中心对故障修复时间的要求非常高，采用模块化的结构可大大缩短布线系统故障修复时间。

⑤ 具体可以通过以下注意事项来满足要求：

- 符合标准的开发系统，并满足工程的实际情况；
- 系统综合考虑升级与扩容需求，预留充分的扩展备用空间；
- 支持 10 Gbit/s 或更高速率（40/100 Gbit/s）的网络应用；
- 支持新型存储设备；
- 系统的可用性和可测量性；
- 提高安装空间的利用率，采用高容量和高密度连接器件；
- 满足设备移动或增减的变化；
- 配线设备采用交叉连接的模式，通过跳线完成管理维护。

4.3.3　产品与技术要点

数据中心布线的产品与普通综合布线产品的设计标准、电气性能、机械规格一脉相承，两者没有本质上的区别。客观上，数据中心因其对综合布线系统性能的要求更高，构造和用途也较为特别，所以造就了区别于普通综合布线的三大不同点：第一是数据中心布线系统在设计时考虑的性能等级普遍高于普通综合布线工程设计；第二是数据中心产品在结构上做了针对性设计，与普通的综合布线工程产品外观和装配上有一定的区别；第三是更加着重布线系统的管理。本节在介绍数据中心布线产品时将着重阐述其不同点，在不同中梳理数据中心产品与应用技术的特点。

1. 线缆

布线标准认可的线缆理论上都可以应用于数据中心布线，但考虑到系统寿命周期的问题，建议新设计的数据中心采用传输带宽更高、更具可扩展性的产品。在设计数据中心机房时，应根据机房等级、网络传输速率、传输距离、布线密度、场地与线缆敷设方式、防火要求等因素选择相应的线缆，使其：

- 支持所对应的通信业务服务；
- 具有较长的使用寿命；
- 减少占用空间；
- 传输性能具有较大的冗余；
- 链路具有冗余；
- 满足用户需求与厂商产品之间的协调。

（1）机房等级

TIA 标准对机房做出了等级划分，不同的机房等级体现出不同的可用性要求。对于设备来说，可用性包含可靠性和稳定性的因素，数据中心布线的线缆选择，不管是哪个等级的设计，都应该严格进行挑选。在项目的产品招标时，产品的选择第一要素是对品牌或厂商的选择。产品可靠性的源头在于生产过程，厂商的生产质量体系认证是作为厂商选择或入围标准的一个有效的设定条件，ISO 9001 系列国际质量体系认证就是常见的厂商生产质量体系认证标准。

（2）线缆传输速率与距离

为了满足数据中心的设计要求，线缆的传输速率要能达到标准的设定，为了保证设计满足要求，标准对数据中心线缆做了表 4-6 中的规定。

表 4-6 布线系统线缆选择等级要求

标准		ANSI/TIA 942	ISO/IEC 24764	GB 50174—2008
铜缆	双绞线	6 类（CLASS E）	6A 类（CLASS EA）	6 类
	同轴电缆	75 Ω 同轴电缆	—	—
多模光缆		OM3	OM3	OM2/OM3
单模光缆		OS1	OS1	OS1
备注		近年来，多模光纤已发展至 OM5 等级，参考表 4-5		

对于传输距离的要求，需要在标准设定的主干、水平链路等模型情况下，根据用途和设备性能考察线缆物理性能指标，从而做出合适的产品选型，具体参考表 4-5。

（3）布线密度

根据标准要求，数据中心主干和水平线缆所使用的铜缆布线需要 6 类以上，甚至直接全部采用 6A 类。对于数量庞大的水平布线来说，其桥架上常见堆叠达到上百根的线缆。一般项目工程师设计时通常不会考虑高性能布线等级中的测试问题，而一般工程验收也不会去测试 6 类以上等级需要的外部串扰（ANEXT）项目。但是，大量的线缆高密度平行传输所导致的外部串扰将在严格测试面前暴露严重的不足，且会严重削弱高性能线缆的实际传输性能，其原因是正常不能超过 "6 包 1" 的捆扎线缆数量已变成 "几十包 1"，大量线缆工作时的综合信号干扰作用将是巨大的和可见的，如图 4-16 所示。

针对该问题，在设计数据中心布线时，要具体分析，在桥架上进行分扎间隔，或选择抗干扰性更强的屏蔽线缆或光缆。

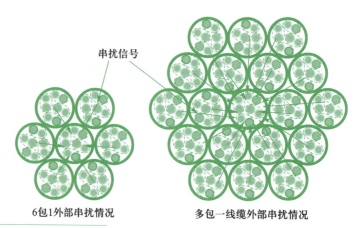

串扰信号

6包1外部串扰情况　　　　多包一线缆外部串扰情况

图 4-16
线缆外部串扰示意图

（4）其他要求

根据数据中心的场地情况和敷设方式，线缆结构和材质的选择需要有所不同，如线缆敷设时所走的路由是密封且空间小的暗装管道（支持区常见），其线径则不能选择非常粗大的普通线缆；而对于开放式桥架，线缆的外径就不是最敏感的参数。

另外数据中心大量存在着开放式的水平线缆布线，其开放性的敷设环境对于防火的要求等级则需要更高。在常见的 CM、CMR、CMP 这 3 种常见防火等级中，应该选择 CMR 等级以上，甚至对于人体保护更好的低烟无卤（LSZH）外皮的线缆。

（5）6A 还是 7 类的问题

业内对于数据中心线缆的选择，各厂商基于自身的利益常希望用户采用 7 类屏蔽电缆等高规格双绞线进行布线，但是 7 类布线系统因其所支持的超高频率电气带宽，普遍需要对线对进行独立屏蔽（即采用 S-STP 结构）或采用其他特殊架构，因此会造成线缆外径增大、成本上升、施工难度等问题，在现阶段并不是一个好主意。6A 类（超六类）布线系统的支持带宽为 500 MHz，对应的铜缆以太网传输的极限速度为 10 Gbit/s 的传输速率，6A 类所能支持的带宽实际上也是接近非屏蔽双绞线的极限了（也有 6A 屏蔽电缆），所以 IEEE 和各设备厂商在设计 40 Gbit/s 铜缆以太网传输时采用的是 4 通道复用形式，即 40 Gbit/s 的传输是由 4 条 10 Gbit/s 铜缆链路合并而成，即能满足 10 Gbit/s 传输的线缆可以通过设备升级为 40 Gbit/s 的通道，因此对于未来很长一个阶段，7 类并不是必须的选择。在设计的时候要综合考虑到多种因素进行配置，以免造成浪费或增加施工上的难度。

2. 配线架及线缆管理器

为降低企业的投资成本和提高运营效率，数据中心采用高密度的配线设备以提高可用的柜空间，同时在结构上又要方便理线与端口模块在使用中的更换，并且模块还具备符合环境要求的清晰显示内容的标签。

（1）铜缆配线架

数据中心常用的是模块化配线架，因其可以灵活配置端口数量，端接或维护时可以单个端口进行以减少相互影响，因此已经成为数据中心铜缆布线的必然选择。图 4-17 所示为普通的固定端口配线架与模块化配线架的区别。

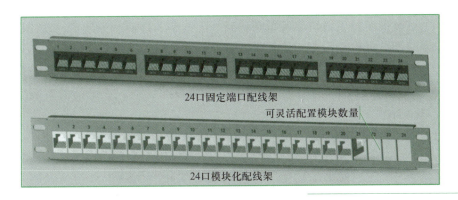

图 4-17
固定端口配线架与
模块化配线架

　　模块化的配线架可以灵活配置机柜/机架单元空间内的端接数量,提高端口的适用性与灵活性。常见的配线架通常能在 1U 或 2U 的空间提供 24 个或 48 个标准的 RJ-45 接口,而使用高密度配线架可以在同样的机架空间内获得 48 个或 96 个标准的 RJ-45 接口,从而节省了配线架占用机柜的空间。高密度配线架的模块采用上下对向排列,接口固定弹片位于上下的外侧,使其保持端口的可操作性,中间设计有标签条,使其具有标识功能。图 4-18 所示为高密度配线架效果图。

图 4-18
高密度配线架

　　数据中心的配线架常用的还有角型和凹型结构,角型配线架的结构是中间突出,端口向两侧倾斜的设计(图 4-19),使跳线可以直接跟两侧的垂直理线槽进行理线,省去安装理线架的空间,提高机柜的安装密度。

图 4-19
角型配线架

　　凹型配线架则采用凹陷的设计(图 4-20),在角型配线架的基础上能减少配线架前面的占用空间,有利于跳线的理线,并且不会使机柜门压迫到跳线,更方便维护人员的跳线管理操作。

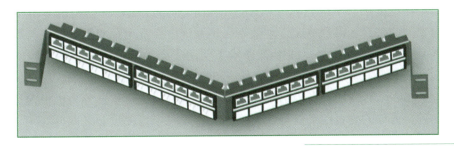

图 4-20
凹型高密度配线架

目前市场提供角型和凹型两种新型配线架的厂商越来越多，设计数据中心布线时其选择也变得更主流。因其省去了理线架占据的 U 数空间，机柜的安装信息点密度得到巨大的提升，对于注重数据中心投入的成本、机房空间以及节能环保方面有要求的项目，推荐使用这两种配线架。该产品的安装实物如图 4-21 所示。

图 4-21
角型配线架安装实物图

（2）光纤配线架

数据中心的光纤配线架一般也采用高密度设计，配合小型化光纤接口，其密度水平可以达到 1U 高度安装 24 芯光纤；更有甚者，采用模块化结构，1U 高度的配线架可以安装 3 个 24 芯，即共计 72 芯光纤的 LC 接口模块。该种配线架采用人性化抽屉式或翻盖式设计，配合成品预端接线缆线可做到即插即用，节省现场施工安装时间。模块化高密度光纤配线架如图 4-22 所示。

图 4-22
高密度光纤配线架

（3）线缆管理器

在数据中心中通过水平线缆管理器和垂直线缆管理器实现对机柜或机架内空间的整合，提升线缆管理效率，使系统中杂乱无章的设备线缆与跳线管理得到很大的改善。水平线缆管理器主要用于容纳机柜内部设备之间的线缆连接，有 1U 和 2U、单面和双面、有盖和无盖等不同结构组合，线缆可以从左右、上下出入，有些还具备前后出入的能力。垂直线缆管理器分为机柜内和机柜外两种，内部的垂直线缆管理器主要用于管理机柜内部设备之间的线缆连接，一般配备滑槽式盖板；机柜外的垂直线缆管理器主要用于管理相邻机柜设备之间

的线缆连接，一般配备可左右开启的铰链门。线缆管理器的构成及配件如图
4-23 所示。

图 4-23
线缆管理器及配件

（4）预端接系统与 MPO 系统

1）预端接链路。

预端接是一套高密度的，由工厂端接、测试，并符合标准的模块式连
接解决方案。预端接系统包括配线架、模块插盒和经过预端接的铜缆和光
缆组件。预端接线缆两端可以是插座连接，也可以是插头连接，两端允许
采用不同的接口。预端接系统的特点使得铜缆和光缆组成的链路或信道可
以具备良好的传输性能；基于模块化设计的系统安装时可以快捷地连接系
统部件，实现铜缆和光缆的即插即用，降低系统安装的成本，减少项目的
周期。当移动大量线缆时，预端接系统可以减少变更所带来的风险；预端
接系统在接口、外径尺寸等方面具有高密度优点又节省大量的路由空间，
在网络连接上具有更大的灵活性，使系统的管理和操作都非常方便。光纤
预端接连接器件能够保障光纤相连时的极性准确性。图 4-24 所示为预端接
的链路组成。

跳线　　　连接盒　　　主干线缆　　　连接盒　　　跳线

图 4-24
预端接链路组成

2）MPO 系统。

预端接的关键部件为主干线缆、连接盒内预端接线缆和高密度连接头，
其中高密度连接头现今基本采用标准通用 MPO（Multi-fiber Push On）型光
纤连接器。MPO 型光纤连接器是一种多芯多通道插拔式连接器，其特征是
有一个标称直径为 6.4 mm×2.5 mm 的矩形插芯，利用插芯端面上左右两个直
径为 0.7 mm 的导引孔与导引针进行定位耦合。MPO 因为其高密度的特性，
在工程现场是无法实施连接的，所以所有的 MPO 系统都采用预端接线缆进
行连接，其 MPO—MPO 的预端接线缆即为主干或水平线缆。常用的 MPO
接口可以容纳两排 12 芯的光纤，共计 24 芯，主干 MPO 光纤接头可以达到
72 芯。

MPO 配线架光纤接口常用 LC 设计，所以其连接盒须采用 MPO—LC 高密
度线缆，而系统组成的光纤可以采用 OM3、OM4 多模光纤和单模光纤。MPO
系统接头的主要部件如图 4-25 所示。

带状纤芯

插芯

导引针(孔)

24芯MPO接头　　　　MPO光纤模块盒　　　　MPO—LC尾纤

图 4-25
MPO 主要连接部件

3）铜缆预端接。

与光纤预端接的设计思路一样，铜缆预端接线缆同样是在厂家进行生产的定制线缆。一般铜缆预端接的线端有单端模块线缆和两端模块线缆：单端模块的预端接线缆的安装比较灵活，可以进行灵活穿线，不因带有信息模块而受阻；两端模块的预端接线缆用于有安装条件的短距离布线，如安装与排列的水平配线区到设备配线区的水平布线，由于机柜的规格是固定的，因此预端接铜缆能节省巨大的信息模块打线时间，并且更能保障铜缆链路的安装工艺和性能。铜缆预端接的线缆如图 4-26 所示。

图 4-26
铜缆预端接线缆

铜缆预端接线缆的性能等级一般取 6 类以上，包含屏蔽和非屏蔽；根据 6 类及以上等级标准对于外部串扰因素的考虑，铜缆预端接线缆的双绞线数量不应超过 6 根。

（5）机柜/机架

数据中心的机柜和机架与弱电工程通行的标准宽度都是 19 in，此规格是指设备安装的净宽度，约为 48.26 mm 宽。机柜或机架的实际宽度是要算上框架和外壳的，可以做成 600 mm、800 mm、1000 mm 等规格，而数据中心的机柜高度一般在 1.8 m 以上，最高可以达到 2.4 m，因而常见的机柜宽、高规格为 600×1800、600×2000、600×2200；800×1800、800×2000、800×2200（单位皆为 mm）。对于机柜宽度的选择，普通的 800 mm 宽的机柜正面两侧设计有垂直理线槽，适合跳线较多以及使用角型配线架的环境。对于机架来而言，放置于中间位置的机架可以是无侧板的，使得每一列机架形成一个整体。机柜、机架构成如图 4-27 所示。

普通机架式服务器的深度在 700 mm 左右，因而安装计算机设备的机柜其深度必须达到 800 mm，对于数据中心兼容性的考虑，并预留电源、网络线缆等插接的空间，则机柜的选型需要选择 960 mm 深度以上。

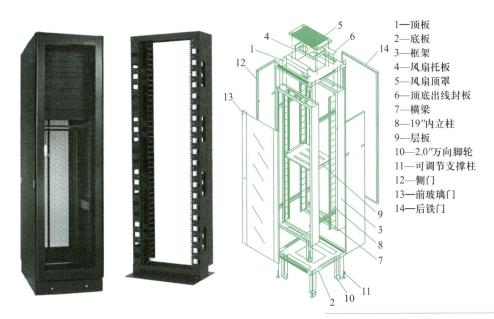

1—顶板
2—底板
3—框架
4—风扇托板
5—风扇顶罩
6—顶底出线封板
7—横梁
8—19″内立柱
9—层板
10—2.0″万向脚轮
11—可调节支撑柱
12—侧门
13—前玻璃门
14—后铁门

图 4-27
机柜、机架构成

在数据中心环境中，机柜和机架的作用不止于安装布线、网络及计算机等设备，设计数据中心时空调及散热的问题是要考虑的重要因素，空调风道的输送方式和强弱电走线方式决定了数据中心机柜、机架的选型策略，因此数据中心的机柜常布局成一个密封式走廊，形成良好的散热通道，如图 4-28 所示。

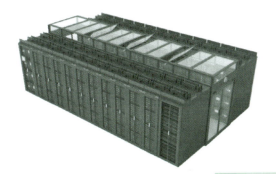

图 4-28
数据中心机柜冷却通道排列图

（6）走线通道

数据中心包含了高度集中的网络和计算机设备，在主配线区、水平配线区和设备配线区之间需要敷设大量的通信线缆，合理地选用走线方式显得尤为重要。数据中心内常见的布线通道产品主要分为开放式和封闭式两种。在早期的布线设计中，多采用封闭式的走线通道方式，随着数据中心布线对方便、快捷、升级、易于维护以及能耗等多方面要求提高的原因，工程中采用开放式布线通道产品已经越来越普遍了。

1）网格式桥架。

开放式桥架分为网格式桥架、梯形桥架和穿孔式桥架等几大类，国家标准《数据中心设计规范》（GB 50174—2017）推荐在数据中心使用网格式桥架。金属网格式桥架采用金属钢条按不同的宽度规格进行焊接，形成 U 字型的网格槽道，而后采用电镀工艺进行处理，防止其生锈和腐蚀。网格式桥架因其结构合理、镂空面积很大，具有轻便灵活、牢固、散热好、利于节能、安装快捷等特点。现在数据中心升级和变更频繁，线缆的增减变动都是常事，使用网格式桥架，维护升级很方便，安装 T 型边沿可以保护布线时线缆或光缆不会被刮伤。

另外，它开放的结构无论上走线还是下走线时都不会阻碍空调的气流，可优化空调的使用效率，利于节能，更提高了安装线缆的可视性，辨别容易。开放式桥架的选用需要注意开放空间布线的线缆阻燃等级问题；根据规范，开放式水平通道布线的线缆阻燃等级需要采用 CMP 阻燃等级，而 CMP 阻燃等级的线缆价格比一般阻燃等级的高很多，某种程度上会造成工程项目成本的上涨。网格式桥架及安装如图 4-29 所示。

图 4-29
网格式桥架及安装图

2）梯形桥架。

梯形桥架在国内数据中心建设项目中同样应用比较广泛，因为梯形桥架的制造非常容易，甚至可以使用工业铝型材到现场组装，因此受到行业许多工程商的欢迎。相对于网格式桥架，梯形桥架在安装灵活性和效率上有所降低，对于有时需要安装在桥架上的区域配线架（ZDA）的安装也不够方便。但是梯形桥架的价格较网格式桥架有所降低，在竞争激烈的市场中能够控制项目的造价成本。梯形桥架布线现场如图 4-30 所示。

图 4-30
梯形桥架布线图

3）封闭式线槽。

封闭式桥架主要有槽式电缆桥架、托盘式电缆桥架、阻燃玻璃钢电缆桥架、抗腐蚀铝合金桥架等。选用封闭式桥架时要注意材料的厚度，因为材质及其厚度不同会影响到桥架的承载性能。对于防鼠要求高或环境腐蚀性气体较多的项目（如水泥厂），选用封闭式桥架能提高项目的防护性能，延长使用寿命。图 4-31 所示是玻璃钢材质的槽式桥架安装图。

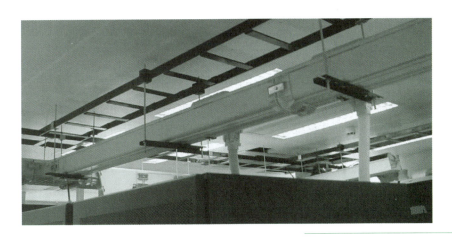

图 4-31
槽式桥架安装图

（7）智能布线管理系统

随着网络技术的成熟和大规模应用，综合布线技术得到很大的发展，但由于智能建筑或数据中心端口功能使用的不确定性，综合布线经常需要变更，导致传统的信息点分布图、端口编号表、系统图等无以应对不断变化的管理需求，智能布线管理系统就是在这种现状和背景之下诞生的。智能布线管理系统是一套完整的软、硬件整合系统，通过对配线区域的设备端口或工作区信息插座连接属性的实时监测，实现对布线系统的智能化管理，跟踪、记录和报告布线系统和网络连接的变化情况。图 4-32 所示为智能布线管理系统硬件和原理图。

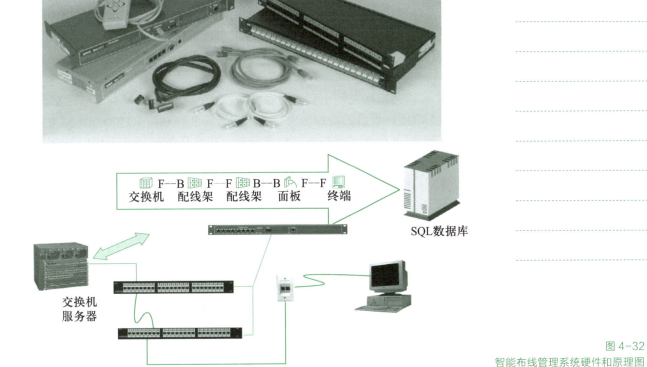

图 4-32
智能布线管理系统硬件和原理图

从组成上来讲，智能布线管理系统硬件一般为电子配线架、信号接收或采集设备，其中电子配线架可以包含铜缆和光纤配线架；信号采集设备一般由管理主机、扫描仪、电子配线架和连接跳线等组成；软件系统则为基于后台数据库的 C/S、B/S 管理平台。

数据中心布线系统实施智能管理，应对安装在主配线区、中间配线区和水平配线区交叉连接的配线模块和跳线通过控制线连接至信号接收和采集设备，接收和采集设备负责将收集到的配线连接变更信息通过 IP 网络传至软件服务器，操作人员可通过远程登录获取相关配线管理的实时信息。智能管理软件系统均应支持 SNMP，与硬件系统结合，可实现下列功能：

- 实时监控布线连接；
- 发现与记录布线连接和有源设备；
- 提高解决布线/网络中所出现问题的效率；
- 通过监控、阻止未授权的 MAC 进入网络以提高网络安全性；
- 通过识别未使用的端口来提高网络端口资源利用率；
- 发挥自动识别性能形成助于管理的报告。

使用智能布线管理系统应考虑系统采用的应用技术（基于端口监测技术或链路检测技术）、配线模块的交连与互连、系统的升级与扩容、配线与网络的管理信息基础等实施方案。

4.3.4　数据中心布线规划与设计步骤

在数据中心建设规划和设计时，要求对数据中心建设有一个整体了解，因此需要较早、全面地考虑与建筑物之间的关联与作用，以综合考虑和解决场地规划布局中有关建筑、电气、机电、通信、安全等多方面协调的问题。

在新建和扩建一个数据中心时，建筑规划、电气规划、电信布线结构、设备平面布置、暖通空调、环境安全、消防措施和照明等方面需要协调设计。

数据中心规划与设计，建议按以下步骤进行：

① 确定机房级别，明确不同级别的信息机房功能需求、设备配置原则及客户特殊需求。

② 评估机房空间中典型设备及数据中心设备在满负荷工作时的机房环境温度、湿度计设备的冷却要求，并考虑目前和预估将来的冷却实施方案。

③ 提供场地房屋净高、楼板荷载。提出环境温度、湿度以及有关建筑、设备、电气的要求，如电源、空调、安全、接地、照明、环境电磁干扰等方面的要求，同时也针对操作中心、装卸区、储藏区、中转区和其他区域提出相关设备安装工艺的基本要求。

④ 结合建筑土建工程建设，给出数据中心空间上的功能区域初步规划。

⑤ 提供建筑平面布置图，包括进线间、主配线区、水平配线区、设备配线区的所在位置与面积。

⑥ 为相关专业的设计人员提供近、远期的供电方式、种类及功耗。

⑦ 将配线与网络设备机柜、供电设备和线缆通道的安装位置及要求体现于数据中心的平面图中，并考虑冷热通道的设置。

⑧ 在数据中心内各配线区域布置的基础上，结合网络交换、服务器、存储、KVM 之间的拓扑关系，传输带宽和端口容量，以及机柜等设备的布置，确定布线系统等级和线缆长度、冗余备份及防火阻燃等级，从而定制机房布线系统的整体方案。

微课：数据中心布线
系统配置

4.4 任务实施：数据中心综合布线系统设计

4.4.1 项目需求分析

1. 需求调研

××科技（中国）有限公司××数据中心建设项目的综合布线系统的项目设计开始于 2011 年×月，由粤港两地的专业工程师进行设计。在进行布线系统的规划与设计之前，先开始了项目需求调研工作，即用户需求分析表（见表 4-7）和 IT 设备数据收集表（见表 4-8），这是项目规划与设计工作之前向用户提交和进行沟通的重要文件，也是后续设计的依据。通过表格，可了解业务需求、网络架构、设备数量、用户环境等方面详细的内容。

表 4-7 用户需求分析表

项目名称	××科技××据中心项目		
建设单位	** COMMUNICATION LTD.		
数据中心等级与规划			
项　　目	内　　容	用户回复	备注
机房等级	A 级、B 级、C 级（国标）、1 级、2 级、3 级、4 级（TIA/EIA 942）	A 级/3 级	
机房等级	1．水平布线：6 类/6A 类/7 类/多模光纤	6 类	
	2．主干布线：6 类/6A 类/7 类/多模光纤	单模光纤	
	3．办公区：5e 类/6 类	5e 类	
安全要求	屏蔽/非屏蔽	非屏蔽	
网络分类	内网/专用网/外网/生产网	内网	
机房设置状况	1．机房所处建筑物及楼层位置及周边环境状况	6 楼	
	2．机房层高及楼板荷载		
	3．房屋净高及设置的架空地板下净高和吊顶内净空	5 m	
	4．平面布置图（包括支持空间）	140 m²	
	5．建筑物弱电间、电信间、设备间、进线间、电力室、线缆竖井位置与平面图	参考图形	
	6．等电位连接端子板位置	参考图形	
	7．外部线缆引入口位置及管孔分配状况（分别调查电力线、通信线缆、接地线、其他弱电线缆）	参考图形	
大楼布线系统	1．建筑物进线间、电信间、设备间位置与平面布置	参考 IDF 设计图	
	2．布线系统图确定	系统图	
	3．FD、BD 与 CD 机柜设置排列图	无	
	4．产品的选用情况	5e 类布线	
计算机网络系统	1．网络结构图（大楼与机房两部分）		
	2．网络设备安装场地平面布置图	参考机房平面布局图	
机房内信息通道等措施	1．规模和数量（近期与远期）	552 点/2000 点	
	2．设备种类与清单	略	
	3．机柜（机架）选用类型、尺寸、数量	参考配置表	
	4．机柜（机架）安装及加固方式及位置	参考布局图	

续表

数据中心等级与规划			
项　目	内　容	用户回复	备注
机房内信息通道等措施	5. 机房空调设备的安装位置	参考布局图	
	6. 冷通道位置	防静电地板下	
	7. 机房活动地板板块尺寸	600 mm×600 mm	
	8. 机房接地系统构成情况	强电、弱电独立地网	
	9. 局部等电位连接端子板位置	参考布局图	
机房内线缆布放方式	1. 架空地板下	强电	
	2. 梁下及吊顶下	弱电桥架吊顶	
	3. 密闭线槽或敞开布放	开放式布线	
	4. 管、槽敷设路由	参考设计图	

表 4-8 IT 设备数据收集表

项目名称			
建设单位			
网络类型	（内网、专用网、外网、生产网）		
IT 设备数据收集表			
项　目	内　容	结果记录	备注
接入网	1. 接入类型：ADSL、EPON、MSTP、以太网、专线、其他方式	专线	
	2. 接入带宽	4 Gbit/s	
	3. 端口数量：电端口、光端口（单/多模）、其他	2 通道 LC	
	4. 端口类型：RJ-45、ST/SC/LC、其他	FC	
	5. 工程界面：MDF 用户总配线架、DDF 数字配线架、ODF 光纤配线架	ODF	
	6. 接入提供商：电信、联通、移动、其他	电信	
以太网交换机	1. 品牌、型号（区分核心、主干、接入交换机）	思科、HP	
	2. 数量（区分核心、主干、接入交换机）	核心 1 台，主干 0、接入 26 个	
	3. 速率：100 Mbit/s、1 Gbit/s、10 Gbit/s	主干 10 Gbit/s、水平 1 Gbit/s	
	4. 功耗	平均 150 W/台	
	5. 端口数量（电口、光口）	接入层 24 电口、2 光口	
	6. 尺寸（U 数）	核心 8U、接入 1U	
服务器	1. 品牌、型号、数量	IBM、HP, 50 台	
	2. 类型（塔式、机架、刀片）	塔式、机架	
	3. 功耗	20 000 W	
	4. 端口数量（电口、光口）	2 电、1 光口	
	5. 尺寸	2U	
存储	1. 品牌、型号、数量	IBM、5 台	
	2. 类型（塔式、机架）	机架	

续表

IT 设备数据收集表			
项 目	内 容	结果记录	备注
存储	3. 功耗	5000 W	
	4. 端口数量（电口、光口、光纤通道）	2 电口、1 光口	
	5. 尺寸	每台 3U	
路由器	品牌、型号、数量（端口数量、接口类型与带宽）	思科、2 台	
防火墙	品牌、型号、数量（端口数量、接口类型与带宽）	思科、2 台	
通信系统	1. 网络接入网类型、带宽、接口	接入外线	
	2. 语音接入类型、数量、配线架种类	100 对市话、大对数电缆	
KVM/PDU	1. 品牌、型号、数量	KVM/PDU 力登	
	2. 串联拓扑结构	参考图纸	
	3. 功耗	400 W	
	4. 端口数量（电口、光口）	32 电口、2 外网	
	5. 尺寸	2U	

2．现场勘察

在需求调研后，组织人员对现场进行勘察，着重确认电信空间位置、土建环境、走线路由、防火消防以及电力供应等相关问题，为进一步的方案设计提供一手的信息来源。

弱电工程设计阶段的现场勘察一般处于土建或装修的阶段，甚至很多房间隔断尚未完工，需要在现场勘察时结合图纸进行，对于与建筑图纸不符的情况需要与用户进行沟通确认变更问题。现场勘察需要在实施项目的原始现场留下照片作为证据保存。图 4-33 所示为本数据中心前期现场勘察的部分照片。

建设中的大楼外观

装修中的数据中心机房

至各电信间走线通道

精密空调及支持空间

图 4-33
部分现场勘察照

3. 编制设计规划表

在获得用户需求和进行现场勘察后，工程师通过编制和填写表 4-9 来进一步完善用户需求分析。通过该表，完成对项目设计一些关键问题的初步规划，并用它跟用户进行了第二轮的沟通与确认。如项目的设计与实施是分包发标的，则此表格的最终版本可作为编写实施招标书的依据。

表 4-9　数据中心布线系统规划与设计确认数据表

序号	项目	内容	设计与规划
1	分级选择	GB 50174 A、B、C 级（或 TIA 942 1~4 级）	3 级（TIA/EIA 942）
2	接入运营商及进线间	1. 是否多电信业务经营者线路接入	电信、联通专线
		2. 接入线路是否有冗余	有
		3. 是否有多个进线间，进线间设置的位置确定	直接光纤到机房
		4. 进线间是否设在计算机机房内	是
		5. 进线是否经由建筑物布线的进线间	独立线槽进线
		6. 线缆引入建筑物入孔或引入管位置	负一层
		7. 线缆引入部位等电位连接端子板位置	运营商均为光纤进线
3	电信空间	1. 数据中心功能区分区划分（楼、层、房屋）	8 层 8 个 IDF 房
		2. 分区之间的连接线路种类和数量	多模光缆 2 条/层
		3. 确定和标注主配线区、中间配线区、水平配线区、设备配线区、电信间、各支持空间位置	参考图纸
		4. 确定以上各功能区配线设备连接方式与数量	6 类线连接
4	土建条件	1. 防静电地板网格尺寸、离地净高度、至楼板高度	600 mm×600 mm，400 mm，3200 mm
		2. 天花板吊顶内高度	1400 mm
		3. 机柜顶部空间	1100 mm
		4. 等电位连接端子板位置与接地导线选择	市电配电柜
5	机架和机柜	1. 设计进线间、主配线区、中间配线区、水平配线区、设备配线区使用机柜/机架的数量及排列方式	24 个机柜，布局详见图纸
		2. 设计进线间、主配线区、中间配线区、水平配线区、设备配线区使用机柜/机架内安装设备类型及数量	核心/接入层交换机
		3. 编制机柜/机架规格表	见图纸
		4. 机柜/机架前后通道宽度（对面摆放的列则考虑两边及中间走道的宽度）	两排机柜中间间隔 1200 mm
		5. 机柜、机架散热评估与风道设计	冷通道控制，Raritan Power IQ 评估软件
		6. 机柜、机架接地方式	弱电接地
		7. 机柜、机架固定或拼柜方式（考虑抗震因素）	分两排互连，UPS、电池柜等较重位置必须使用承重架
		8. 机柜、机架 PDU 容量及安装位置确定	两条 PDU/柜
		9. 列头柜位置设置、安装设备类型及数量	参考图纸
6	走线通道	1. 上/下走线方式选择	强电下走线、弱电吊顶
		2. 走线通道位置设置、选型、尺寸	见图纸
		3. 走线通道路由、通道间隔、层数	见图纸

续表

序号	项目	内容	设计与规划
7	布线系统	1. 主干与水平线缆采用的线缆类型（光缆、铜缆）	铜缆，6 类
		2. 主干与水平线缆是否有线路冗余	是
		3. 主干与水平链路采用互连还是交叉连接	主干交叉、水平互连
		4. 相邻的列投柜之间是否互连	没有
		5. 是否有 CP，以及 CP 采用配线设备类型、数量	没有
8	布线管理	布线管理系统	见后续设计

4.4.2 数据中心布线系统结构设计

1. 项目概况

本项目所在的研发大楼共计 8 层，其中数据中心位于 6 层，另外针对办公、管理的网络服务在每层设置 FD 配线间 1 个，与数据中心主配线区采用光缆连接。数据中心机房需要配置 24 台机柜，其中包括 5 个布线机柜、3 个公共安全设备柜和 16 台服务器机柜，共计安装 552 个数据点。

2. 数据中心的布线结构设计

如图 4-34 所示，数据中心主配线区 1 个、水平配线区 4 个，每个水平配线区负责管理 4 个设备机柜连接，中间不设置中间配线区和区域配线区；数据中心主配线区兼顾大楼的设备间 BD 功能，连接和管理 1～8 层的 8 个 FD 楼层配线间。项目中的进线间及引入至主配线架的进线由电信运营商提供，故不体现在设计方案当中。

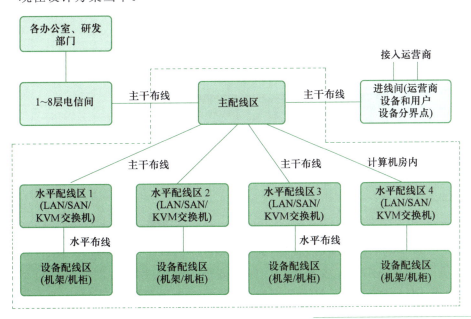

图 4-34
数据中心布线区域结构图

3. 综合布线系统拓扑图

如图 4-35 所示，数据中心内部设置 4 个水平配线区，管理各自 4 组设备机柜；同时，由于公用安全与存储设备的需要，设置一个直属于主配线区连接的设备配线区。

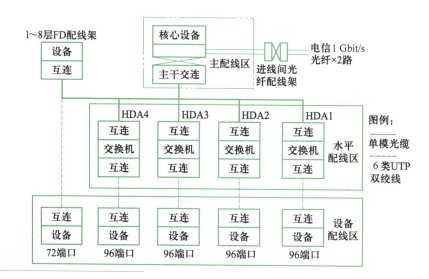

图 4-35
数据中心综合布线系统拓扑图

4. 平面布置图

如图 4-36 所示，根据现场环境和数据中心综合布线系统拓扑设计，数据中心的 24 个机柜采用 12 个一排对向式组成密封的设备安装环境，机柜中间走廊的两端采用活动门密封，顶部采用亚克力板与钢板组件密封，强电与空调风道由防静电地板下引出，弱电布线采用梯形桥架架空布线。

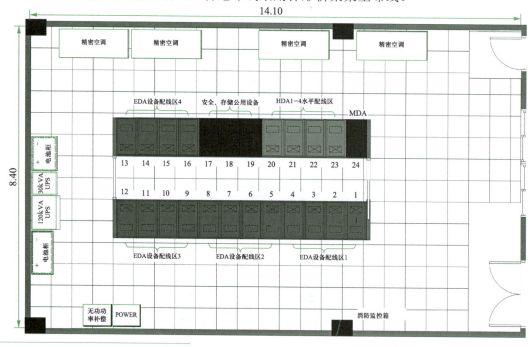

图 4-36
数据中心平面布置图

对于机柜综合布线功能的划分，MDA 机柜通过主干连接 HAD1～HDA4 机柜，同时 MDA 直接管理 17～19 号安全、存储公用设备机柜；HDA1 管理 1～4 号 EDA 设备机柜，HDA2 管理 5～8 号 EDA 设备机柜，HDA3 管理 9～12 号 EDA 设备机柜，HDA4 管理 13～16 号 EDA 设备机柜。

5. 水平布线

如图 4-37 所示，为了简化水平布线链路的连接、降低实施成本、提高机柜空间利用率和减少插入损耗，水平布线配线架采用互连设计，整个水平信道只有两个连接点，网络交换机和计算机设备采用软跳线接至水平信道两端的网络配线架上。从主配线区连接和水平配线区连接的水平布线信道总长度均在铜缆布线 90 m 的限制范围之内。

图 4-37
水平布线信道构成

N—交换机，P—配线架，D—计算机设备

6. 主干布线

主干布线采用星形拓扑结构，为主配线区、水平配线区、进线间和电信间之间的连接。本项目进线间及其至主配线区的主干由运营商负责，本方案不涉及。主干布线包含主干线缆、主干交叉连接及水平互连配线架、设备线缆及工作区跳线，其中交连设计基于市场产品兼容性的选择，采用 3 个配线架组成单点管理单交连模式，结构模式如图 4-38 所示。

图 4-38
主干布线信道构成

N—交换机，P—配线架，D—计算机设备

4.4.3 系统配置

系统配置设计以 GB 50174—2017 中对不同等级数据中心系统配置的要求为基础，结合工程实际情况和行业惯例进行调整。

1. 配置要求

根据国标 GB 50174 中布线系统的配置要求，对项目的总体要求进行配置。参考表 4-10 中数据中心系统配置要求，对项目中的各关键设计进行配置。

表 4-10 数据中心系统配置要求

项目	技术要求			备注	项目设计
	A 级	B 级	C 级		
防静电活动地板高度	不宜小于 400 mm			作为空调通风管道时	本项目的空调冷通道设置地板下，地板高度设计为 400 mm
	不宜小于 250 mm			作为电缆布线使用时	
数据业务	采用光缆（50 μm 多模或单模光缆）或 6 类及以上对绞电缆，光缆或电缆根数采用 1+1 冗余	采用光缆（50 μm 多模或单模光缆）或 6 类及以上对绞电缆，光缆或电缆根数采用 3+1 冗余			数据主干光缆皆采用单模光缆，光纤芯数的冗余为 1+2，超过 A 级机房要求
计算机房信息点配置	不少于 12 个信息点，其中冗余信息点为总数的 1/2	不少于 8 个信息点，其中冗余信息点为总数的 1/4	不少于 6 个信息点	机房布线以每一个机柜的占用场地为工作区的范围	近期计算机设备不超过 10 个，远期按 20 个设计，并安装 24 点，超过 A 级机房要求

续表

项目	技术要求			备注	项目设计
	A 级	B 级	C 级		
支持区信息点配置	不少于 4 个信息点		不少于 2 个信息点	表中所列为一个工作区信息点数量	支持区信息点根据设备的数量×2 配置
实施智能管理系统	宜	可			
采用实时智能管理系统	宜	可			消防、环境、电源实时自动化管理
线缆标识管理	应在线缆两端打上标签			配线电缆宜采用线缆标识系统	采用热转印标识管理
通道线缆防火等级	应采用 CMP 级电缆、OFNP 或 OFCP 级光缆			推荐 CMP	OFNP 等级的主干光缆
公用电信配线网络接口	2 个以上	2 个	1 个		两路光纤输入

表 4-10 说明：对比数据中心布线系统配置等级标准，本项目的机房设计定位于 GB 50174 中的 A 级，对应于 TIA 942 标准的 3 级机房可用等级，即"场地设施按同时可维修需求配置，系统能够有计划地运行，而不会导致电子信息系统运行中断"。

配置其他要求如下。

① UPS：数据中心沿用企业自备的 UPS 一台，可以满足前期的设备基本需要；同时方案考虑长远实施要求，另购置 120 kWh 的 UPS 一套，可满足将来最多 2 000 个信息点的负荷要求。

② 机柜摆放设置：总共设备及布线机柜有 24 台，采用两排 12 台机柜对向，组成封闭式冷通道方式。

③ 机柜内的设备类型：设备配线区机柜安装服务器 20 台、配线架 1 个，理线架 1 个；安全与公用设备机柜安装的设备根据设备数量而定，网络端口数量与其他设备机柜一样为 24 个。

④ 列头柜（HDA）配置：设置列头柜 4 个，每个列头柜管理 4 个设备机柜，其中服务于安全和公用设备的 3 个柜直接连接至主配线区；每个列头柜位置采用最短布线距离摆放，安装以太网交换机 4 个、铜缆配线架 4 个、光纤配线架 1 个、KVM/PDU 智能管理设备各 1 套。

⑤ 桥架规格：桥架位于机柜的上方，顶部与天花的距离为 700 mm，采用圆形螺杆吊装。

⑥ 消防设计：由于数据中心设备的精密性及数据的重要性，消防灭火方面不能采用传统化学或喷淋灭火，选用了新型气体灭火装置。

2. 主干系统配置

数据中心的主干系统，是指主配线区（MDA）到水平配线区（HDA）以及多个主配线区之间的骨干布线系统。如果数据中心包含中间配线区（IDA），则主配线区到中间配线区以及中间配线区到水平配线区之间的布线系统也被定义为主干系统。主干系统是数据中心的大动脉，对整个数据中心来说至关重要，从某种程度上决定了数据中心的规模和扩容的能力。因此，主干系统一般在设计之初就需要留有一定的余量，不论是系统的容量还是系统占用的空间都要给将来升级留足够空间，以确保日后数据中心升级的时候达到最大限度的平滑提升。主干布线传输介质常采用单/多模光缆和铜缆双绞线的组合配置，可选择的传输介质参考表 4-5。

（1）交换机、配线架的设置

核心交换机采用的是思科光纤 10 Gbit/s 交换机，经配置后带有 26 个光纤交换端口，其中 2 口用于连接防火墙的外网，24 口连接 HAD 交换机，网络级联层数为 2 层，形成最高效精简的网络拓扑结构。此结构一般称为"集中设置方式"，如图 4-39 所示。这种设置方式可将所有的设备机柜保持锁定状态，在硬件没有变化的情况下，任何时候都没有必要去打开一个设备机柜。集中配线设置方式还有利于实施智能配线管理，在交换机端口比较吃紧的时候，通过跳线可轻易地利用周边交换机的空闲端口。

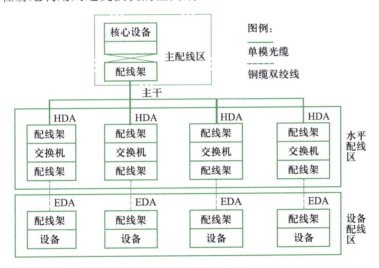

注：水平配线区与主配线区机柜放置于一起或合并机柜。

图 4-39
集中设置方式

除了集中配线设置的方式，通常还有将水平配线区分布于各设备配线区之间，水平主干交换机通过主干光缆连接至 MDA 的核心交换机，其铜缆端口连接至于水平配线架，这种布局称为分布式设置方式。分布式因为将 HAD 机柜分布于各设备配线区，所以其水平链路的长度大大缩小，对于大型数据中心来说，这样有利于确保水平链路的长度不超过 90 m。这种方式在设备未到位时，可能有些机柜会浪费交换机的网络端口，但随着时间的推移，在 MDA 设备的变化之下，其可以始终保持水平和设备配线区的独立性，提高设备分布配置的灵活性。分布设置方式如图 4-40 所示。

在设置配线架的机柜安装位置时，如果线缆采用地面出线方式，一般线缆从机柜底部穿入机柜内部，配线架宜安装在机柜下部；采取桥架出线方式时，一般线缆从机柜顶部穿入机柜内部，配线架宜安装在机柜上部。线缆采取从机柜侧面穿入机柜内部方式时，配线架宜安装在机柜中部。本项目的主干和水平布线皆由桥架架空引入机柜之中，所以配线架的安装位置位于机柜的上方，设备安装于配线架下方，安装设备的顺序自上而下进行扩展，最顶部的设备与最下面的配线架之间间隔 1U～4U 空间。间隔的空缺需要用孔板 U 板填充，以确保空调冷风更多从计算机设备上下方将热量带走。

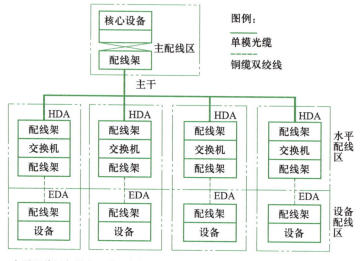

图 4-40
分布设置方式

注：水平配线区与设备配线区机柜放置于一起或合并机柜。

（2）主配线区连接关系

为了提高数据中心网络设备的稳定性，尽可能地减少网络设备跳线的插拔，在主配线区与水平配线区的主干前端设置了交叉连接，即采用 3 个配线架的方式，把所有的核心交换机端口，通过跳线连接至光纤配线架上，光纤配线架的另一侧直接引出至另一配线架，形成交叉连接的形式。

（3）主干线缆数量配置

主干线缆包括主配线区到水平配线区、主配线区到楼层配线间的连接线缆（有中间配线区的其两端线缆也属主干线缆）。本项目的主干线缆采用 1 根 8 芯单模光缆连接至每个水平配线区，采用 2 根 8 芯单模光缆连接至每个楼层配线间。

3. 水平系统配置

水平配线区是数据中心的水平管理区域，一般位于每列机柜的一段或两端，所以也常被称为列头柜。为了合理分配预端接连接线缆长度，也可将列头柜置于每列机柜的中部。水平配线区包含局域网交换机、配线架、KVM 等设备。水平配线区管理的机柜不应超过 15 个，如果水平配线区管理的设备配线机柜中规划的多为 1U 机架式服务器，则管理的设备配线区数量更应该根据实际的空间安装能力并留有一定的设备冗余空间来设置。

（1）水平布线传输介质

水平布线可以选用光缆和铜缆两种传输介质。新设计的数据中心，选用水平光缆时应该采用 OM3、OM4 多模光缆或单模光缆，这两种多模光缆能达到 300 m 和 550 m 的 10 Gbit/s 以太网传输距离，而且对于越来越多的服务器具备 SFF 光纤接口，采用光缆进行水平布线，可以利用 MPO/MTP 配线架设计的优点，采用预端接光缆，每个机柜只连接一条预端接的光缆即可满足所有设备需要的端口连接。

如水平布线采用铜缆连接，应采用 6A 类以上的双绞线。在条件允许情况下，最好采用 S-FTP 线对屏蔽双绞线，以提供更好的高密度布线 ANEXT 性能。

（2）水平配线区与设备配线区机柜设置方案

本项目的水平布线连接选择的方案是基于传统的 EoR 集中布线连接方案，在两排并列的机柜中，因数据中心整体规模不大，机柜间最远的距离也属于铜缆布线永久链路的限制之内，所以将 HAD 机柜和 MDA 机柜并列排放，采用铜缆进行水平布线。

根据网络交换机与配线设备的位置不同，列头柜可以设置于列头（EoR）或列中（MoR）。在这基础上，网络设备可以设置在 HAD 机柜或分散于 EDA 机柜的顶部，形成 ToR 链路设置。

EoR（End-of-Row）链路设置是传统的数据中心布线设置方法，接入交换机集中安装在一列机柜端部的机柜内，通过水平线缆以永久链路方式连接设备柜内的主机/服务器/小型机设备。EoR 需要敷设大量的水平线缆连接到交换机，布线的成本较高，且布线通道中大量的数据线缆会降低冷通道的通风量。EoR 连接关系如图 4-41 所示。

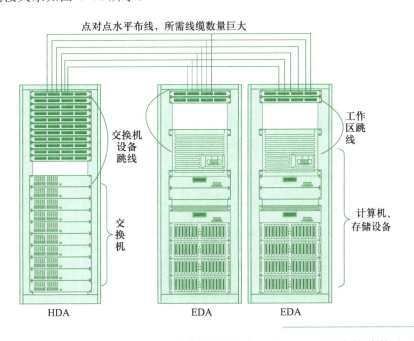

图 4-41
EoR 连接设置方案

MoR（Middle-of-Row）列中设置方式，与 EoR 列端的连接方式是一样的，同样是通过 HDA 机柜来汇集设备配线区的端口，将交换机设置在 HAD 端进行有源连接。这种方式一般设置于一列机柜的中间，水平线缆从两边散开，可以减低线缆单向敷设时 HAD 机柜出线口外面线缆拥堵现象，并减少线缆的长度，也适合定制长度规格固定的预端接系统。MoR 连接关系如图 4-42 所示。

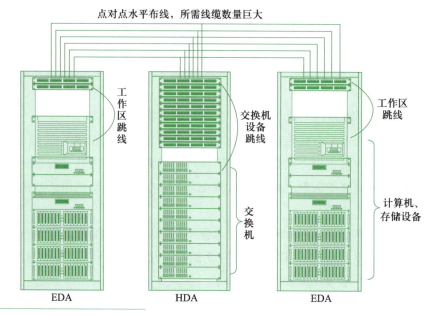

图 4-42
MoR 连接设置方式

ToR（ToP-of-Rack）机柜顶部连接设置方式，是将 1U 高度的接入层交换机放在每一个设备配线区机柜顶部，通过光缆或铜缆以永久链路方式连接至水平配线区配线设备上，而机柜内的所有服务器通过设备线缆直接连接到 ToR 交换机。这样做的好处是，每一个机柜的所有设备通过跳线连接至交换机，交换机只是通过高带宽（如 10 Gbit/s）上连端口跟水平配线区的交换机连接，原来每个机柜可能达到 20 根以上的线缆只通过一根即可达到同样效果，大大减少了布线的难度和成本，在安装上面节省的工作量非常巨大。ToR 连接关系如图 4-43 所示。

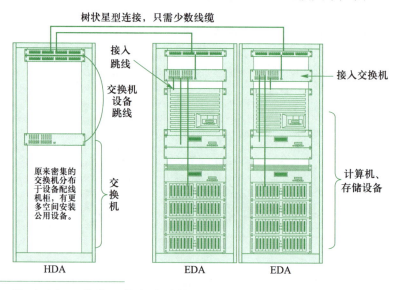

图 4-43
ToR 连接设置方式

除了以上几种常见的布线连接方案，还有基于 ToR 原理的刀片式服务器方案、模块化整合方案等方式。从业界的发展来讲，这些基于 ToR 的布线连接方案应用正越来越广泛，而传统的集中式布线方案则由于智能配线系统的发展而得到巩固，形成多种类型灵活选择的局面。

（3）水平及设备配线区机柜内配线模块端口计算

水平配线区根据所服务的设备配线区内主机/服务器、存储、交换机、KVM

总出入端口的需求，并考虑预留适当的备用端口，以计算光、铜配线模块端口的数量。

设备配线区机柜主要安装以下设备。

① PC 服务器：安装 PC 服务器的机柜，在采用 EoR/MoR 连接方式时，推荐使用一个机柜配置 24 个铜缆端口和 12 芯多模光纤端口；如制冷条件较好，则可以对以上线缆提高一倍以上确保极端的端口需求（如 24 个服务器网络加 24 个 KVM 监控模块，共计 48 口）。而在采用 ToR 布线连接方式时，推荐使用一个 PC 服务器机柜配置 4 根对角电缆和 12 芯多模光缆。

② 小型机/存储：推荐使用一个标准小型机机柜配置 36 芯光缆，12 根铜缆；一个存储设备机柜配置 72 芯光缆，12 根铜缆。其他非标准的机柜根据需要增减。

（4）HAD 与 EDA 线缆数量及端口设定的其他可能

在介绍了水平配线区与设备配线区不同的连接方式，以及不同的设备需求而导致的端口数量设置区别后，还有一种思考，能否用一种布线应用于不同的连接方式呢？实际上很简单，EoR 布线连接方式在设计时考虑到光、铜互补的链路设置，即可满足设备配线区机柜基于 ToR 分布式接入方式的连接要求，而日后对于需要增加智能布线管理系统时，只需要对交换机进行位移，跳线重新编排，完全不需要对布线系统进行永久链路级别的变更。

（5）设备机柜的配置

设备机柜的配置对于项目材料的统计有重要作用。根据常见机柜的安装项目所编制的表 4-11，其格式可以适用于主配线区、水平配线区、中间配线区以及设备配线区的各机柜的材料统计。

表 4-11　设备机柜配置统计表

设备 容量	标准服务器	机架式服务器	刀片式服务器机箱	KVM 设备	存储器	交换机
每个机柜安装设备		5～10 台		1 套		1 套
每台设备电、光端口		1 电口		2 电口		24 电口 1 光口
每个机柜安装配线架	1 个					
每个机柜安装理线架	2 个					
每台设备占用 U 数	不确定					
19 in 机柜数量	24 台					
每个机柜线缆总量	HDA2 光缆进 108 铜缆出，EDA24 根					
每一列机柜数量	12 个					
每一列线缆总数量	略					

4. 机房设备布置

机房设备的平面布置，是数据中心设计中的一个重要环节。对数据中心散热和维护起到关键因素的空调散热通道设计、行人通道设计、配电系统的布置设计等，都应在机房设备布置时进行通盘考虑。

（1）机柜/机架摆放

机柜、机架与线缆的走线槽道摆放位置，对于机房的气流组织设计至关重要。以机柜对面排列而形成冷通道的形式是目前主流的摆放方式，其关键是机柜对面摆放形成的冷通道需要进行密封，密封的走廊作为冷通道，机柜的后侧作为热通道。机房中的精密空调的冷风通过防静电地板的出风口排出，并从机柜前部穿过机柜的设备流向背后，充分使设备机身得到散热；带走热量之后的热空气在机柜外的热通道或开放空间通过天花板的回风口排出热气，进行再次循环。图 4-44 所示是机柜排列散热通道的原理。

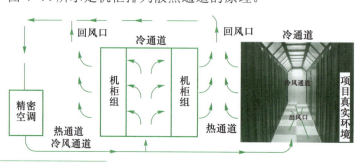

图 4-44
机柜排列散热通道原理

另外，对于有些新型的机柜，其内部设计时已经考虑到散热问题，将机柜前门采用玻璃密封，在机柜前端底部留出入风口，采用导风组件将冷风引入机柜设备前端，并在机柜的后方顶部设计了排风扇，引导冷风通过向后上方流动，满足自下而上的设备散热需要。不过以上方式的设计，对于数据中心机柜尚未安装设备的空间，需要用不同规格的 U 型板密封，以减少冷风的无效流动。

（2）人行通道大小

机房中的人行通道与设备间的距离应符合下列规定：

① 用于运输设备的通道净宽不应小于 1.5 m。

② 面对面布置的机柜或机架正面之间的距离不宜小于 1.2 m。

③ 背对背布置的机柜或机架之间的距离不宜小于 1 m。

④ 当需要在机柜侧面维修测试时，机柜与机柜、机柜与墙之间的距离不宜小于 1.2 m。

⑤ 排行成列的机柜，其长度超过 6 m（或数量超过 10 个）时，两端应设有走道，当机柜超过 25 个时，中间应加设走道，走道的宽度不宜小于 1 m，局部可为 0.8 m；在设计时，机柜列中走道、列侧走道的位置，应该考虑到防静电地板的排列，尽可能留出整块的地板，以利于安装、维护时对地板的开启。

（3）机柜安装的抗震设计

单个机柜、机架应固定在抗震底座上，不得直接固定在架空地板的板块上或随意摆放。对每一列机柜、机架应该连接成为一个整体（即安装所称的并柜），机柜列与列之间也应当在两端或适当的部位采用加固件进行连接。机房设备应防止地震时产生过大的位移、扭转或倾倒。

5. 走线通道设计

走线通道分为下走线和上走线两种方式，下走线位于防静电地板下方，上走线采用桥架吊装于天花板下方。两者各有优劣，都可作为机房布线通道的选择方案。

（1）架空地板走线方式

架空地板一般采用金属面板内铸水泥方式制作，具有防静电作用，在架空的底部空间中，可作为冷、热通道，同时又可以设置线缆的辐射槽道。作为下走线的设计，通道可以按线缆的种类分开设置，进行多层安装，线槽高度不能超过 150 mm。防静电地板结构如图 4-45 所示。

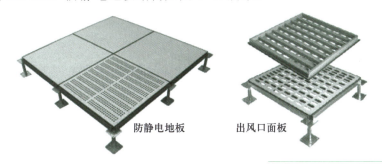

防静电地板　　　　出风口面板

图 4-45
防静电地板

架空地板下应该设置等电位连接网格，并使用下方所走的各种金属管、槽与等电位网格进行连接。数据中心的等电位连接网格的接地电阻应该为 1 Ω。

根据 GB 50173 的规定，如果架空地板下方空间只作为通信布线使用，则地板净高不宜小于 250 mm；当架空地板下方空间既作为布线，又作为空调静压箱时，地板高度不宜小于 400 mm。国外的设计规范中推荐地板下净高为 900 mm，并且下方通道顶部距离地板块的距离应为 50 mm 以上。地板下通道布线示意图如图 4-46 所示。

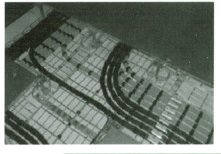

图 4-46
地板下通道布线示意图

（2）天花板下走线方式

在数据中心建设中，有安装防静电天花板和不适用吊顶等构造。在天花板下面设计走线通道，需要注意净高、通道形式、位置与尺寸等问题。

① 净高要求：一般使用的机柜高 2 m，气流组织所需机柜顶面至天花板的距离一般为 500～700 mm，尽量与架空地板下净高相近，故机房的净高不小于 2.6 m。根据机房可用性分级指标，1～4 级数据中心的机房梁下或天花板下的净高要求见表 4-12。

表 4-12　机房净高要求

	1 级	2 级	3 级	4 级
天花板离地板高度	至少 2.6 m	至少 2.7 m	至少 3 m（天花板离最高的设备顶部不低于 460 mm）	至少 3 m（天花板离最高的设备顶部不低于 600 mm）

本项目中，由于是工业楼宇设计，大楼层高达到充裕的 5 m，这给数据中

心的走线通道带来了选择上的方便。综合各种因素，项目采用了天花板走线通道的方式，并在方案中对高度的设置做了要求，具体参考图 4-47。

如图 4-47 所示，项目中的机房楼层高度为 5 m，架空地板设计 400 mm，架空地板离天花吊顶的距离为 3 m，桥架低点离吊顶高度为 700 mm。

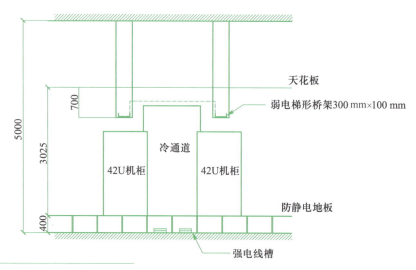

图 4-47
层高及天花板高度设计

② 通道形式及要求：天花板走线通道由开放式桥架（网格式桥架、梯形桥架）、封闭式桥架（线槽）和其安装附件组成。开放式桥架因其方便线缆维护的特点，在新建的数据中心应用较广。在安装时，一般桥架的位置与尺寸有如下要求：

● 通道顶部距离楼板或其他障碍物应不小于 300 mm。

● 通道宽度不宜小于 100 mm，高度不宜超过 150 mm。

● 通道内横断面的线缆填充率不应超过 50%。

● 如存在多层的走线通道时，可以分层安装，光缆最好敷设在铜缆的上方。为了施工和检修方便，光缆和铜缆宜分开通道敷设。

● 照明装置和灭火装置的喷头应当设置于走线通道之间，不能直接放在通道的上面。机房采用气体灭火装置时，桥架应在灭火气体管道的上方，不遮挡喷头、不阻碍气体。

● 天花板走线通道一般为悬挂安装，如果所有的机柜或机架的高度一致且用户同意，可以考虑在机柜或机架顶部支撑安装。

吊顶桥架安装的现场如图 4-48 所示。

图 4-48
吊顶桥架布线示意图

③ 走线通道间距要求：数据中心内存在大量的通信线缆和电力电缆，一般情况下，在设计走线通道的时候，会采用分开上下走线通道的方式避开；当无法分开走线时，需要给强、弱电线缆保持足够的距离以降低电力线缆的电磁辐射对弱电线缆的影响。除了保持距离的方法，当强、弱电电缆需要走在同一走线通道时，可采用隔离或屏蔽的方式进行弥补。

- 电力线缆进行屏蔽：将电力线缆穿在密闭的金属管中进行走线，或采用槽式桥架将强、弱电线缆用实心金属挡板分隔走线。此外，需要确保金属管、槽等段落之间连接导通是良好的，并且进行接地。

- 可采用屏蔽布线系统，并对屏蔽层进行良好的接地。

- 电力线缆和铜缆双绞线之间的间距要求参考《综合布线系统工程设计规范》（GB 50311）中的电气防护及接地章节的要求。

④ 走线通道敷设要求如下：

- 走线通道安装应牢固、横平竖直，沿走线通道水平向吊架左右偏差不应大于 10 mm，高低偏差不大于 5 mm。

- 走线通道与其他管道共架安装时，走线通道应布置在管架的一侧。

- 走线通道内线缆垂直敷设时，在线缆的上端和每间隔 1.5 m 处应固定在通道的支架上，水平敷设时，在线缆的首、尾、转弯处及每间隔 3～5 m 处进行固定。

6. 机架线缆管理器安装设计

在选择数据中心综合布线设备的时候，机架常作为 HAD 集中布线的安装平台。机架之间或每列机架需要安装垂直线缆管理器，其管理器宽度至少为 83 mm；在摆放单个机架时，垂直线缆管理器的宽度需要达到 150 mm。垂直线缆管理器要求从地面延伸到机柜顶部。

水平线缆管理器又称理线架，一般安装在每个配线架的上、下方，理线架数量和配线架数量应为 1:1。线缆管理器的空间使用率应该按照线缆 50%填充率设计。对于 6 类以上等级，因线缆较粗，线缆管理器的选择需要注意其高度和深度能满足线缆的弯曲半径需求。垂直线缆管理器与水平线缆管理器安装效果如图 4-49 所示。

垂直线缆管理器　　　　　　水平线缆管理器

图 4-49
线缆管理器安装效果图

7. 接地系统安装设计

数据中心计算机机房内应设置等电位连接网格，电气和电子设备的金属外壳、机柜、机架、金属管槽、屏蔽线缆外层、防静电接地、安全保护接地、浪涌保护器（SPD）等接地端均应以最短的距离与等电位连接网格或等电位连接带连接。接地系统是数据中心运行和安全的重要保障，是必不可缺的组成部分，也是综合布线系统安装施工要考虑的因素。项目设计时应纳入方案说明之中。

（1）接地要求

数据中心内设置等电位连接网格为机房环境提供了良好的接地条件，可以使得浪涌电流、感应电流以及静电电流等及时释放，从而最大限度地保护人员和设备的安全，确保网络系统的高性能以及设备的正常运行。有关接地的要求，《数据中心设计规范》（GB 50174—2017）、《建筑物防雷设计规范》（GB 50057—2010）和《建筑物电子信息系统防雷技术规范》（GB 50343—2012）有比较详尽的描述，这里重点对涉及计算机机房内的接地系统设计提出要求。机房接地系统组成如图 4-50 所示。

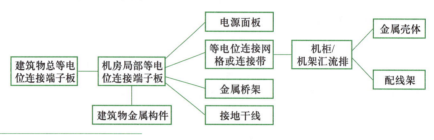

图 4-50
机房接地系统组成

- 机房内应设置等电位连接网格。
- 机房内的功能性接地与保护性接地应该共用一组接地装置，接地电阻值按照设置的各电子信息设备中所要求的最小值。
- 设备的接地端应以最短的距离采用接地线与接地装置连接。
- 机房内的交流工作接地线和计算机直流接地线不容许端接或混接。
- 机房内交流配线贿赂不能够与计算机直流底线紧贴或近距离平行敷设。
- 机架和机柜应当保持电气连续性，由于机柜和机架带有绝缘喷涂，因此用于连接机架的固定件不可作为连接接地导体使用，必须使用接地端子。
- 机房内所有金属元器件都必须与相关的接地装置相连接，包括设备、机架、机柜、金属固定爬梯、箱体、线缆托架、地板支架、电池组支架等。

接地系统的设计在满足高可靠性的同时，必须符合以下要求：

- 符合前面所列的国家接地与防雷规范的相关规定。
- 机房内的接地装置建议采用铜质材料。
- 在进行接地导线的端接之前，使用抗氧化剂涂抹于连接处。
- 接地端子采用双孔结构，以加强其紧固性，避免其因震动或受力而脱落。
- 接地线缆外护套表面可附有绿色或黄绿相间等颜色，以便于识别。
- 接地线外护套应为防火材料。
- 总等电位连接端子板（TMGB）应当位于进线间或进线区域，机房内或其他区域设置局部等电位连接端子（TGB），TMGB 与 TGB 之间通过接地母干线（TBB）进线连通。
- 在敷设 TGB 时，应尽可能平直；当建筑物内使用不止 1 条 TBB 时，除了在顶层将所有 TBB 相连外，必须每隔 3 层做等电位连接。

- 等电位连接网格导体应采用截面积不小于 25 mm² 的铜带或裸铜线，并应在防静电活动地板下构成边长为 0.6～3 m 的矩形网格。
- 等电位连接带、接地线和等电位连接导体的材料和最小截面积应符合表 4-13 要求。

名 称	材料	截面积（mm²）
等电位连接带	铜	50
利用建筑内的钢筋做接地线	铁	50
单独设置的接地线	铜	25
等电位连接导体（从等电位连接带至接地汇集排或至其他等电位连接带；各接地汇集排之间）	铜	16
等电位连接导体（从机房内各金属装置至等电位连接带或接地汇集排；从机柜至等电位连接网格）	铜	6

表 4-13 等电位连接导体的材料和最小截面积

（2）屏蔽接地

在机柜和机架接地的前提下，当数据中心屏蔽系统布线的时候，就需要对屏蔽配线架进线接地。屏蔽配线架的种类繁多，有一体化结构和模块化结构两种设计。目前，因为厂家节省产品开发和制造的成本，屏蔽配线架逐渐更多采用了模块化配线架。模块化配线架在布线时的接地第一环节是将线缆的屏蔽层导线与模块的金属外壳进行导通，而传统的屏蔽配线架则只将配线架 IDC 端子后面的压线板压住屏蔽线缆的屏蔽层即可。一体化屏蔽配线架和屏蔽模块如图 4-51 所示。

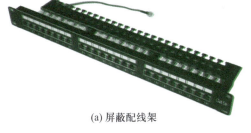
(a) 屏蔽配线架

(b) 屏蔽模块

图 4-51 一体化屏蔽配线架和屏蔽模块

1）机柜立柱接地。

屏蔽配线架的外壳一般都采用金属钢板构成，当配线架通过两侧螺钉固定在机柜的立柱上时，自然就将配线架的金属表面与前立柱的金属面结合，形成了屏蔽配线架借助于机柜立柱连接到机柜接地汇流排的连接方式。

这种方式理论上是很理想的，因为前立柱与配线架的接触面很大，阻抗很小，可以作为机柜的接地汇流排使用，只要在立柱下方或上方与接地系统连接，就可以很简单地完成屏蔽配线架的接地。但是，这种方式往往受到如下一些客观因素的限制：

- 立柱上不能喷涂油漆等绝缘材料；
- 立柱必须保证接地性能良好；
- 配线架的背面必须具备良好导通的金属接触表面。

因为以上几个因素很难同时具备，不同厂家产品亦难以协调，因此这种接地方法并不普及。

2）屏蔽配线架串联接地。

在机柜内将一组屏蔽配线架采用短导线进行菊花链式连接，一般屏蔽配线架上都有用于固定接地线的螺栓，即上下配线架之间都用导线连通，然后在顶部或底部的配线架采用导线一并接入接地系统或机柜汇流排。

3）屏蔽配线架星形接地。

每个屏蔽配线架配置 1 到 2 个接地端子，使用接地导线直接连接至机柜接地汇流排上，构成星形接地方式，如图 4-52 所示。该种接地方式每个配线架都是独立接入汇流排的，如果中间有一个地线接触不良，不会影响其他的配线架接地，所以广泛应用于工程安装之中。

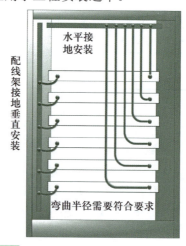

图 4-52
屏蔽配线架星形接地示意图

（3）接地装置

接地装置由接地极、接地极引线和总等电位连接端子板 3 部分组成，用于实现电气系统与大地相连接。数据中心内的接地导线应避免敷设在金属管槽内，如果必须采用金属线槽敷设，则接地导线两端必须与金属管槽连接。对于小型数据中心，只包括少量的机柜或机架，可以采用接地导线直接将机柜或机架与 TBG 连接；而对于大型数据中心，则必须设置等电位连接网格（MCBN）。架空地板下的等电位连接网格需要使用 2AWG（35 mm²）或更大线规的连接导线，将架空地板的支架每间隔一次做连接，以成为网格。等电位连接网格与 TGB 使用 1/0AWG（50 mm²）或更大线规的连接导线相连接。表 4-14 为接地导线尺寸。

表 4-14 接地导线尺寸

用　　途	规　　格
共用等电位连接网格（上方或下方）	2AWG（35 mm²）
PDU 或电气面板的连接导线	电气标准或按制造商提供的要求
HVAC 设备	6AWG（16 mm²）
建筑物金属构件	4AWG（25 mm²）
线缆桥架	6AWG（16 mm²）
金属线槽、水管和其他管路	6AWG（16 mm²）

（4）项目接地说明

根据项目要求，接地系统要区别于标准的一般要求，因为大楼的建筑接地与数据中心接地系统在协调上的问题，数据中心需要重新铺设地网，但数据中心内部的设备接地、电源接地、屏蔽接地共同接入数据中心专用的总等电位连接板（TMGB）。地网的安装经过降阻措施，接地总电阻基本达到接近于 0 的理想状态。地网施工过程如图 4-53 所示。

引出线位置(蓝色为降阻粉)

地网引出线施工　　接地电阻测试

图 4-53
地网施工现场图

8. 布线系统管理

布线系统管理包括标识管理与文档管理，现在的智能配线系统管理是这两者的补充和整合。对数据中心布线系统实现系统化的管理，是实施、验收、管理方面的重要工作。在这些工作中，定位和标识是布线系统管理的基础，因为布线系统管理贯穿实施、验收，因此必须在数据中心处于设计阶段就进行统筹考虑，并在接下去的施工、测试和完成管理文档环节按规划统一实施，精确记录和标注每段线缆、每个设备和机柜/机架，让标识信息有效地向下一个环节传递。

（1）机柜/机架标识方法

数据中心机柜和机架的标识，可采用定位的方法来编号。因机柜/机架的摆放和分布可根据数据中心架空的地板块位置进行编排，按照 TIA/EIA 606 标准规定，在数据中心机房中必须使用两个字母或阿拉伯数字来标识每一块架空地板（600 mm×600 mm 规格）。可先制作一个平面图或表格，平面图的水平采用英文字母标识，垂直采用数字标识。机柜/机架的位置在设计时根据需要确定原点，根据数量进行排列。画图时，需要注意机柜的尺寸规格，如 600 mm×900 mm 的机柜，即需要占用 1 格半的地板分格，尺寸比例尽量做到统一。图 4-54 所示为机柜/机架坐标标注图。

所有的机柜/机架应当在正面和背面粘贴标签，每一个机柜/机架应当有一个基于地板网格的坐标编号标识符。如果机柜的尺寸大于一个网格地板的尺寸，应通过机柜的一个立角对应所在的网格地板坐标来确定，立角可以为机柜的左前角或右前角。在多层的数据中心里，楼层的标识应当作为一个前缀增加到机柜或机架的编号中，如数据中心位于 3 层则图 4-54 中的 AF05 应标识为 3AF05。

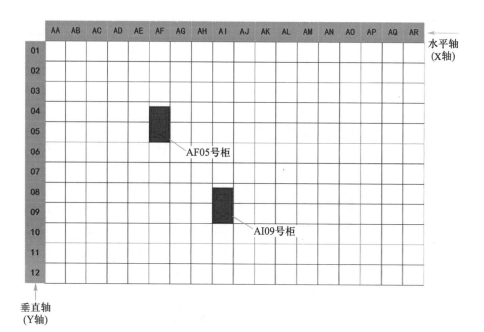

图 4-54
机柜/机架坐标标注图

一般情况下，机柜和机架的标识符可以采用 nnXXYY 的格式，其中 nn 为楼层号，XX 为地板网格行号，YY 为地板网格列号。

在没有架空地板的机房里面，也可以采用行、列字母和数字的方法来进行编号。

（2）配线架标识方法

配线架的编号分为配线架标识和端口标识，其中配线架的标识应由机柜/机架的编号和该配线架在其中的位置来表示，位置的标识常采用 26 个英文字母（理线架不在编号范围中）自下而上编号，超过 26 个配线架的机柜可用两个特别码来标识。

配线架端口的编号常采用两个或三个特征码来标识，如机柜 3AF05 中的第二个配线架 B 中的第四个端口可以被命名为 3AF05-B04，第 20 个端口则为 3AF05-B20，以此类推。因此，配线架端口标识的格式为 nnXXYY-A-mmm，其中 nn 为楼层号，XX 为地板网格行号，YY 为地板网格列号，A 为配线架位置编号，mmm 为配线架端口/线对/光纤芯号。

在布线施工和管理中，还需要对配线架的端口连通性进行标识，即 P1 to P2，P1 为近端机柜/机架、配线架次序和端口编号，P2 为远端的机柜/机架、配线架次序和端口编号。一般情况下，连通性编号的近、远端配线架所在的位置从主往次分配，即近端为主配线区，则远端为水平配线区；近端为水平配线区，则远端为设备配线区。在配线架端口编号时，为了简化标签的设置，可以用配线架所在的机柜、占用的 U 数位置（A、B、C、D 等）及端口的顺序号范围标识。

根据项目中数据中心的防静电地板进行编号，项目中的 HDA1、EDA2 机柜共安装 48 条双绞线，由两个配线架进行端接，因为 EDA1 同时占用了 HDA1 中的 A、B 配线架，则 EDA2 占用的 HDA1 配线架号顺序为 C、D，此时配线架编号是 AK06-C 对应 AN10-A、AK06-D 对应 AN10-B，端口的顺序号都为 01～24。机柜/配线架端口编号图如图 4-55 和图 4-56 所示。

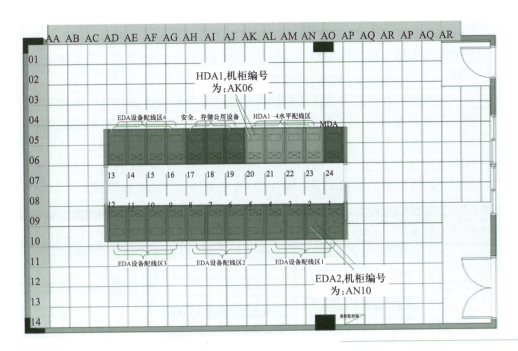

图 4-55
数据中心机柜编号图

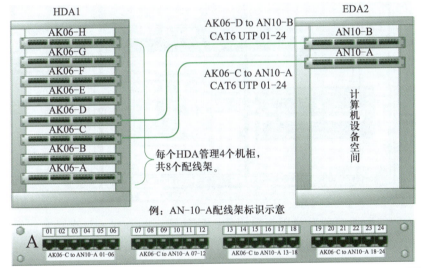

图 4-56
配线架标识标签示意图

（3）线缆和跳线标识方法

连接的线缆上需要在两端都贴上标签标注其远端和近端的地址。线缆和跳线的管理标识方式为 P1n/P2n。其中 P1n 为近端机柜/机架、配线架次序和端编号，P2n 为远端的机柜/机架、配线架次序和端口编号。线缆标签标识的设计和张贴顺序如图 4-57 所示。

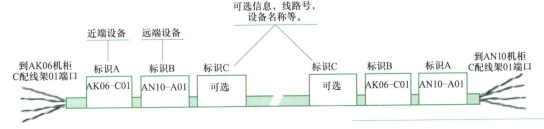

图 4-57
线缆标识

（4）布线管理系统

在《综合布线系统工程验收规范》（GB 50312—2016）中规定，要对所有的管理设施建立文档，文档应采用计算机进行文档记录与保存，简单且规模较小的布线工程可按图纸资料等纸质文档进行管理，资料要做到记录准确、及时更新、便于查阅，文档资料应实现汉化。

现在越来越多的有一定规模的项目选择采用纯软件布线系统管理和软、硬结合的智能配线管理系统来实施对布线系统的管理。纯软件布线管理系统方面，最出名的是 VisualNet，它提供了一个图形化的设计管理框架，通过易于理解的图形方式创建一个"虚拟现实"的环境，便于用户管理各种对象、数据以及相互之间复杂的连接关系。图 4-58 所示为该软件的管理界面。

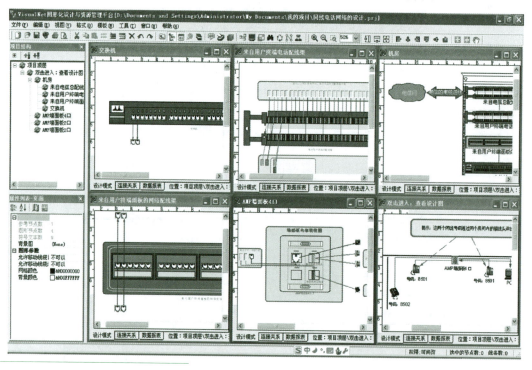

图 4-58
VisualNet 管理界面

智能配线管理系统因为采用软、硬件结合的方式，具有对布线系统端口和连接关系的自动侦测、报警、建立日志等功能，相比纯软件的管理方式带来很多特性和便利。但是，智能配线管理系统的造价成本一次性投入比较大，这也是阻碍其普及的重要因素。布线管理系统功能的对比见表 4-15。

表 4-15 布线管理系统功能对比表

系统属性　　　　系统名称	纯软件管理	智能布线管理系统
系统组成	软件	软件+硬件（电子配线架）
系统数据建立	手工录入	手工录入+系统自动识别
配线连接变更记录	实施手工记录	实施自动识别
故障识别	无	有
系统故障恢复后数据同步生成	无	自动
生成包含设备在内的链路状况	无	有
设备查询功能	有	有
查询和报表功能	有	有
网络及终端设备管理	无	有
工作单流程	手工生成和记录	手工生成，自动确认
图形化界面	是	是
关联楼层平面图	是	是

9. 数据中心项目实施过程及其他设计内容

（1）空调漏水防护设计

在进行综合布线之前，需要将数据中心地面进行平整、空调摆放到位，设计的关键问题是空调的下方要进行防漏水设计，采用水泥砖砌成水池状，并在水池内刷防水漆。完成此工作后，需要将空调安装在支架上，支架的设计根据空调的尺寸进行，同时支架的高度要严格按照防静电地板的设计高度，做到空调与机柜的高度在同一水平线上，并保持空调的牢固。本项目的漏水防护池与空调摆放如图 4-59 所示。

图 4-59
空调及防漏设计

（2）冷通道内消防设计

因为数据中心的设备价格昂贵，同时在出现火灾等险情时，数据的重要性是第一位的，而传统的消防水喷淋、化学喷剂等消防手段会造成设备电路板、接口的损坏，因此在数据中心的消防设计中只能选择气体灭火装置。为提高气体灭火时的效率，平时封闭的冷通道就需要在关键时刻尽可能地开启，使灭火气体迅速流通，以使氧气迅速耗尽，起到灭火的效果。采用气体灭火装置的另外一个好处是对于开放式桥架布线的设计，线缆的阻燃等级可以适当降低，因为在通过气体灭火的手段，使线缆的燃烧没有足够的氧气供应，而不必单靠线缆材料方面控制燃烧的速度，继而使项目线缆的成本大大降低。机柜冷通道的消防烟感、温度传感器安装如图 4-60 所示。

顶部通风盖板

冷通道顶部烟
感、温度传感器

图 4-60
冷通道内消防设计

（3）项目完工

经过半年的设计和施工，项目在 2011 年年底完成实施，各项设计经历了多次的修改，但最终在多方协调之下得到了合理的结果，数据中心的进度符合大楼交付使用的时间要求，各项指标和功能经过了三方验收。项目完成效果如图 4-61 所示。

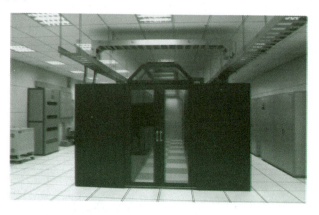

图 4-61
数据中心完成后效果

▶ 探索实践

（1）数据中心相关知识拓展学习：10 Gbit/s 以太网、存储技术、网络设备等知识，IP KVM、IP PDU、环境监控、机房电力负载计算等。

（2）进行一次数据中心产品和建设方案的市场调研活动。

（3）构想数据中心建设蓝图。召开班级研讨会，构想数据中心的发展前景。

扩展实训：数据中心
综合布线任务单

习题与思考

1. 简述数据中心的作用及其组成。
2. 简述数据中心综合布线系统与一般综合布线的异同。
3. 数据中心有哪些主要布线产品？
4. 数据中心综合布线有几种连接设置形式？
5. 根据数据中心综合布线系统设计要求绘制数据中心综合布线图纸。
6. 根据教程的设计内容，尝试进行材料清单编制。

项目5　安装综合布线管槽、机柜和信息插座

PPT: 安装综合布线管槽、机柜和信息插座

素质目标

▶ 学习目标

知识目标：

（1）熟悉综合布线系统环境安装的各类材料和设备。

（2）熟悉综合布线系统环境安装的各种工具。

（3）熟悉管槽系统、设备间、机柜和信息插座安装规范。

技能目标：

（1）会安装管槽系统。

（2）会安装设备间机柜。

（3）会安装信息插座。

5.1　项目背景

综合布线系统完成设计阶段的工作后，接下来就进入安装施工阶段。施工质量的好坏将直接影响整个网络的性能，必须按设计方案和《综合布线工程设计规范》（GB 50311—2016）组织施工，施工质量必须符合《综合布线工程验收规范》（GB/T 50312—2016）。

根据综合布线系统与建筑物本体的关系，综合布线系统工程可有下列3种类型：

① 与新建建筑物同步安装综合布线系统。

② 建筑物已预留了设备间、配线间和管槽系统。

③ 对没有考虑智能化系统的旧建筑物实施综合布线系统工程。

第 1 种类型的综合布线系统的工程量只考虑线缆系统及设备的安装与测试验收；第 2 种类型的综合布线系统的工程量，除包含第 1 种类型的工程量外，还要安装管槽系统和信息插座底座；第 3 种类型的综合布线工程量，除包含第 2 种类型的工程量外，还要定位安装设备间、配线间，打通管槽系统的路由。

5.2　施工准备

在综合布线系统安装施工前，必须做好各项准备工作，保障工程开工后有步骤地按计划组织施工，从而确保综合布线工程的施工进度和工程质量。安装施工前的准备工作很多，主要要做好以下几项工作。

1．熟悉工程设计和施工图纸

施工单位应详细阅读工程设计文件和施工图纸，了解设计内容及设计意图，明确工程所采用的设备和材料，明确图纸所提出的施工要求，熟悉和工程有关的其他

技术资料，如施工及验收规范、技术规程、质量检验评定标准以及制造厂提供的资料（包括安装使用说明书、产品合格证和测试记录数据等）。

2. 编制施工方案

在全面熟悉施工图纸的基础上，依据图纸并根据施工现场情况、技术力量及技术装备情况、设备材料供应情况，做出合理的施工方案。施工方案的内容主要包括施工组织和施工进度，施工方案要做到人员组织合理、施工安排有序、工程管理有方，同时要明确综合布线工程和主体工程以及其他安装工程的交叉配合，确保在施工过程中不破坏建筑物的强度，不破坏建筑物的外观，不与其他工程发生位置冲突，以保证工程的整体质量。

3. 施工场地的准备

为了加强管理，要在施工现场布置一些临时场地和设施，如管槽加工制作场、仓库、现场办公室和现场供电供水等。

① 管槽加工制作场：在管槽施工阶段，根据布线路由实际情况，对管槽材料进行现场切割和加工。

② 仓库：对于规模稍大的综合布线工程，设备材料都有一个采购周期，同时，每天使用的施工材料和施工工具不可能存放到公司仓库，因此必须在现场设置一个临时仓库存放施工工具、管槽、线缆及其他材料。

③ 现场办公室：现场施工的指挥场所，配备照明、电话和计算机等办公设备。

4. 施工工具的准备

根据综合布线工程施工范围和施工环境的不同，要准备不同类型和品种的施工工具。

① 室外沟槽施工工具：铁锹、十字镐、电镐和电动蛤蟆夯等。

② 线槽、线管和桥架施工工具：电钻、充电手钻、电锤、台钻、钳工台、型材切割机、手提电焊机、曲线锯、钢锯、角磨机、钢钎、铝合金人字梯、安全带、安全帽、电工工具箱（老虎钳、尖嘴钳、斜口钳、一字螺钉旋具、十字螺钉旋具、测电笔、电工刀、裁纸刀、剪刀、活络扳手、呆扳手、卷尺、铁锤、钢锉、电工皮带和手套）等。

③ 线缆敷设工具：包括线缆牵引工具和线缆标识工具。线缆牵引工具有牵引绳索、牵引缆套、拉线转环、滑车轮、防磨装置和电动牵引绞车等；线缆标识工具有手持线缆标识机和热转移式标签打印机等。

④ 线缆端接工具：包括双绞线端接工具和光纤端接工具。双绞线端接工具有剥线钳、压线钳和打线工具；光纤端接工具有光纤磨接工具和光纤熔接机等。

⑤ 线缆测试工具：简单铜缆线序测试仪、FLUKE DTX xxxx 系列线缆认证测试仪、光功率计和光时域反射仪等。

5. 环境检查

在智能化建筑施工前，要现场调查了解设备间、配线间、工作区、布线路由（如吊顶、地板、电缆竖井、暗敷管路、线槽以及洞孔等），特别是对预先设置的管槽要进行检查，看是否符合安装施工的基本条件。在智能化小区中，除对上述各项条件进行调查外，还应对小区内敷设管线的道路和各幢建筑引入部分进行了解，看有无妨碍施工的问题。总之，工程现场必须具备使安装施工能顺利开展、不会影响施工进度的基本条件。

6. 器材检验

（1）型材、管材与铁件的检验

各种金属材料的材质、规格应符合设计文件的规定，表面所做防锈处理应光洁良好，无脱落和气泡的现象，不得有歪斜、扭曲、飞刺、断裂或破损等缺陷。

各种管材的管身和管口不得变形，接续配件要齐全有效。各种管材（如钢管、硬质 PVC 管等）内壁应光滑、无节疤、无裂缝，材质、规格、型号及孔径壁厚应符合设计文件的规定和质量标准。在工程中经常存在供应商偷工减料的情况，例如，订购 100 mm×50 mm×1.0 mm 规格的镀锌金属线槽，可能给的是 0.8 mm 或 0.9 mm 厚的材料，因此要用千分尺等工具对材料厚度进行抽检。

（2）电缆、光缆的检验

目前市场上的布线产品良莠不齐，甚至还有许多假冒伪劣产品，因此把好线缆的进货质量关，是保障综合布线系统质量的关键。可从以下几个方面进行检查：

1）外观检查。

① 查看标识文字。电缆的塑料包皮上都印有生产厂商、产品型号、产品规格、认证、长度、生产日期等文字，正品印刷的字符非常清晰、圆滑，基本上没有锯齿；假货的字迹印刷质量较差，有的字体不清晰，有的呈严重锯齿状。

② 查看线对色标。线对中白色线不应是纯白的，而是带有与之成对的那条芯线颜色的花白，这主要是为了方便用户使用时区别线对；假货通常是纯白色或者花色不明显。

③ 查看线对绕线密度。双绞线的每对线都绞合在一起，正品电缆绕线密度适中均匀，方向是逆时针，且各线对绕线密度不一；次品和假货通常绕线密度很小且 4 对线的绕线密度可能一样，方向也可能会是顺时针，这样，制作工艺容易且节省材料，减少了生产成本，所以次品和假货价格非常便宜。

④ 用手感觉。双绞线电缆使用铜线作为导线芯，电缆质地比较软，在施工中小角度弯曲方便。而一些不法厂商在生产时为了降低成本，在铜中添加了其他金属元素，做出来的导线比较硬，不易弯曲，使用时容易产生断线。

⑤ 用火烧。将双绞线放在高温环境中测试一下，看看在 35～40 ℃时，双绞线塑料包皮会不会变软，正品双绞线是不会变软的，假的就不一定了。如果订购的是 LSOH 材料（低烟无卤型）和 LSHF-FR（低烟无卤阻燃型）双绞线，在燃烧过程中，正品双绞线释放的烟雾低，并且有毒卤素也低，LSHF-FR 型还会阻燃，而次品和假货可能烟雾大，不具有阻燃性，不符合安全标准。

2）与样品对比。

为了保障电缆、光缆的质量，在工程的招标投标阶段可以对厂家所提供的产品样品进行分类封存备案，待厂家大批量供货时，用所封存的样品进行对照，检查样品与批量产品品质是否一致。

3）抽测线缆的性能指标。

双绞线一般以 305 m（1000 ft）为单位包装成箱，也有按 1500 m 长来包装成箱的，光缆则采用 2 000 m 或更长的包装方式。最好的性能抽测方法是使用 FLUKE 4xxx 系列认证测试仪配上整轴线缆测试适配器。整轴线缆测试适配器是 FLUKE 公司推出的线轴电缆测试解决方案，可以让用户在线轴中的电缆被截断和端接之前对它的质量进行评估测试。找到露在线轴外边的电缆头，剥去电缆的外皮 3～5 cm，剥去每条导线的绝缘层约 3 mm，然后将导线一个个地插入特殊测试适配器的插孔中。启动测试，只需要数秒钟，测试仪就可以给出线轴电缆关键参数的详细评估结果，或搭建仿真链路进行测试。

学习素材：安装管槽
系统案例图片

5.3　任务实施：安装管槽系统

无论是室内还是室外，综合布线的通信线缆必须有管槽系统来支撑和保护，室外建筑群子系统有管道、架空等形式；室内有管道、线槽等方式。管槽系统除支撑和保护功能外，同时要考虑屏蔽、接地和美观的要求。

5.3.1　材料准备

1. 线管

综合布线工程中首先要设计布线路由，安装好管槽系统。管槽系统中使用的材料包括线管材料、槽道（桥架）材料和防火材料。线管材料有钢管、塑料管和室外用的混凝土管，以及高密度乙烯材料（HDPE）制成的双壁波纹管等。

（1）钢管

综合布线系统中采用的钢管主要是焊接钢管，钢管按壁厚不同分为普通钢管（水压实验压力为 2.5 MPa）、加厚钢管（水压实验压力为 3 MPa）和薄壁钢管（水压实验压力为 2 MPa）。普通钢管和加厚钢管统称水管，有时简称为厚管，它有管壁较厚、机械强度高和承压能力较大等特点，在综合布线系统中主要用在垂直干线上升管路和房屋底层。薄壁钢管简称薄管或电管，因为管壁较薄，所以承受压力不能太大，常用于建筑物天花板内外部受力较小的暗敷管路。

钢管的规格有多种，以外径 mm 为单位，工程施工中常用的钢管有 D16、D20、D25、D32、D40、D50 和 D63 等规格。在钢管内穿线比线槽布线难度更大一些，因此在选择钢管时要注意选择稍大管径的钢管。在钢管中还有一种是软管（俗称蛇皮管），在弯曲的地方使用。钢管具有屏蔽电磁干扰能力强，机械强度高，密封性能好，抗弯、抗压和抗拉性能好等特点，管材可任意切割、弯曲以符合不同的管线路由结构。在机房的综合布线系统中，常常在同一金属线槽中安装双绞线和电源线，这时将电源线安装在钢管中，再与双绞线一起敷设在线槽中，从而起到良好的电磁屏蔽作用。和市场上许多金属产品被塑料产品代替一样，由于钢管存在管材重、价格高和易锈蚀等缺点，随着塑料管的机械强度、密封性、抗弯、抗压和抗拉等性能的提高，且具有阻燃防火等特性，目前在综合布线工程中电磁干扰较小的场合常常用塑料管来代替钢管。

（2）塑料管

塑料管是由树脂、稳定剂、润滑剂及添加剂配制挤塑成形的。目前用于电信线缆护套管的主要有以下产品：聚氯乙烯管材（PVC-U 管）、高密度聚乙烯管材（HDPE 管）、双壁波纹管、子管、铝塑复合管、硅芯管和混凝土管等。

① 聚氯乙烯管材（PVC-U 管）。它是综合布线工程中使用最多的一种塑料管，管长通常为 4 m、5.5 m 或 6 m。PVC 管具有优异的耐酸性、耐碱性和耐腐蚀性，耐外压强度和耐冲击强度等都非常高，具有优异的电气绝缘性能，适用于各种条件下的电线、电缆的保护套管配管工程。图 5-1 所示是 PVC-U 管及管件，图 5-2 所示

是方便检修的连接管件。

②　双壁波纹管。塑料双壁波纹管结构先进，除具有普通塑料管的优点外，还具有刚性大、耐压强度高于同等规格的普通光身塑料管，重量轻、方便施工，密封好，波纹结构能加强管道对土壤负荷的抵抗力、便于连续敷设在凹凸不平的地面上，工程造价比使用普通塑料管的工程造价低等优势。

图 5-3 所示为双壁波纹电缆套管，图 5-4 所示为双壁波纹电缆套管在工程中的应用。

带检曲尺	带检双叉
带检三叉	带检四叉

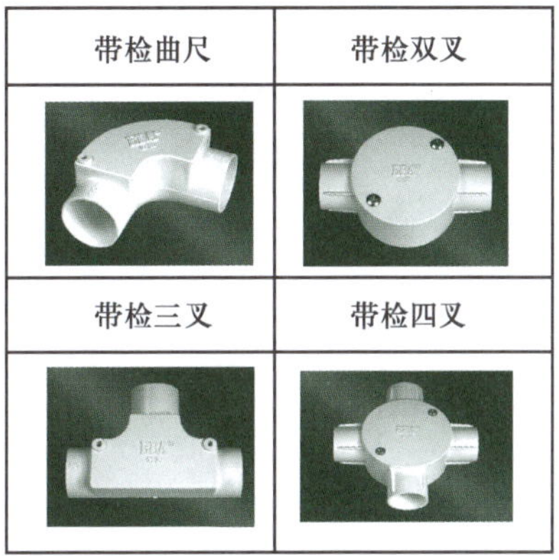

图 5-1
PVC-U 管及管件
图 5-2
方便检修的连接管件

图 5-3
双壁波纹电缆套管
图 5-4
双壁波纹电缆套管在工程
中的应用

③　铝塑复合管。铝塑复合管是近年来广泛使用的一种新型的塑料材料，如图 5-5 所示。它的内外层均为聚乙烯，中间层为薄铝管，用高分子热熔胶将聚乙烯与薄铝管黏合，经高温、高压、拉拔形成 5 层结构。铝塑复合管具有较好的耐压、耐冲击、抗破裂能力；具有较强的塑性变形能力，不用加热，不反弹；重量轻，相同口径的铝塑复合管重量是钢管的 1/3；具有良好的耐燃性能；可用金属探测器测出管的埋藏位置；铝合金管的线膨胀系数远小于塑料，保证了管道的稳定性；铝合金具有良好的导电性，因此解决了塑料的静电积聚问题；铝合金是非磁材料，具有良好的隔磁能力，抗电磁场音频干扰能力强，是良好的屏蔽材料。因此，铝塑复合管常用作综合布线、通信线路的屏蔽管道。

④　硅芯管。硅芯管可作为直埋光缆套管，内壁预置永久润滑内衬，具有较小的摩擦系数，一般采用气吹法布放光缆，敷管快速，一次性穿缆长度可达 500～2 000 m，沿线接头、人孔、手孔可相应减少。图 5-6 所示为内壁固体润滑 HDPE 管材，即硅芯管。

2. 线槽

线槽分为金属线槽和 PVC 塑料线槽，其中金属线槽又称槽式桥架（在下一节讨论）。PVC 塑料线槽是综合布线工程明敷管槽时广泛使用的一种材料，是一种带盖板封闭式的管槽材料，盖板和槽体通过卡槽合紧。它的品种规格更多，从型号上分有 PVC-20 系列、PVC-25 系列、PVC-30 系列、PVC-40 系列和 PVC-60 系列等，从规格上分有 20 mm× 12 mm、24 mm×14 mm、25 mm×12.5 mm、39 mm×19 mm、59 mm× 22 mm 和 100 mm×30 mm 等，与 PVC 槽配套的连接件有阳角、阴角、直转角、平三通、左三通、右三通、连接头和终端头等。PVC 线槽和配件如图 5-7 和图 5-8 所示。

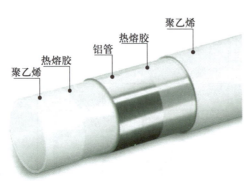

图 5-5
铝塑复合管
图 5-6
内壁固体润滑 HDPE 管材
（硅芯管）

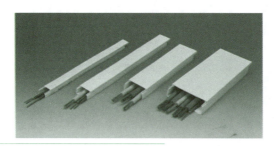

图 5-7
PVC 线槽
图 5-8
PVC 线槽配件

阴角	平三通

阳角	直转角

大小转换头	终端头

随着应用的发展，PVC 线槽又出现许多新的品种，如适合于地面布线的弧形线槽，如图 5-9 所示；以及从意大利引进的拨开式线槽，如图 5-10 所示，该种线槽又称柔性线槽，其材质为高品质的聚丙烯，具有无毒、阻燃、自熄灭特性，同时具有非常好的柔韧性和弹性，安装容易方便。

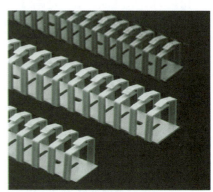

图 5-9
弧形线槽
图 5-10
拨开式线槽

3．桥架

在综合布线工程中，线缆桥架因其具有结构简单、造价低、施工方便、配线灵活、安全可靠、安装标准、整齐美观、防尘防火、延长线缆使用寿命、方便扩充电缆和维护检修等特点，且同时能克服埋地静电爆炸和介质腐蚀等问题，而广泛应用于建筑群主干管线和建筑物内主干管线的安装施工。

（1）桥架的分类

1）按结构分类。

桥架按结构分为梯级式、托盘式和槽式 3 种类型。

2）按材质分类。

桥架按材质分为不锈钢、铝合金和铁质桥架 3 种类型。不锈钢桥架美观、结实、档次高；铝合金桥架质轻、美观、档次高；铁质桥架经济实惠。

铁质桥架按表面工艺处理可分为以下几种：

① 电镀彩（白）锌，适合在一般的常规环境下使用。

② 电镀后再粉末静电喷涂，适合在有酸、碱及其他强腐蚀气体的环境中使用。

③ 热浸镀锌，适合在潮湿、日晒、尘多的环境中使用。

（2）桥架产品

1）槽式桥架。

槽式桥架是全封闭电缆桥架，适用于敷设计算机线缆、通信线缆、热电偶电缆及其他高灵敏系统的控制电缆等。它对屏蔽干扰和在重腐蚀环境中电缆的防护都有较好的效果，适用于室外和需要屏蔽的场所。图 5-11 所示为槽式桥架空间布置示意图。

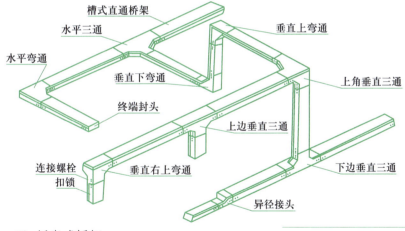

图 5-11
槽式桥架空间布置示意图

2）托盘式桥架。

托盘式桥架具有重量轻、载荷大、造型美观、结构简单、安装方便、散热透气性好等优点，适用于地下层、吊顶内等场所。图 5-12 所示为托盘式桥架空间布置示意图。

3）梯级式桥架。

梯级式桥架具有重量轻、成本低、造型别致、通风散热好等特点。它适用于一般直径较大的电缆的敷设，适用于地下层、垂井、活动地板下和设备间的线缆敷设。图 5-13 所示为梯级式桥架空间布置示意图。

4）支架。

支架是支撑电缆桥架的主要部件，由立柱、立柱底座和托臂等组成。可根据不同环境条件（如工艺管道架、楼板下、墙壁上和电缆沟内等）安装不同形式（如悬吊式、直立式、单边、双边和多层等）的桥架，安装时还要连接螺栓和安装螺栓（指膨胀螺栓）。图 5-14 所示为两种配线桥架吊装示意图，图 5-15 所示为电缆桥架支架在电缆沟内的安装示意图，图 5-16 所示为托臂水平安装示意图，图 5-17 所示为托臂垂直安装示意图。

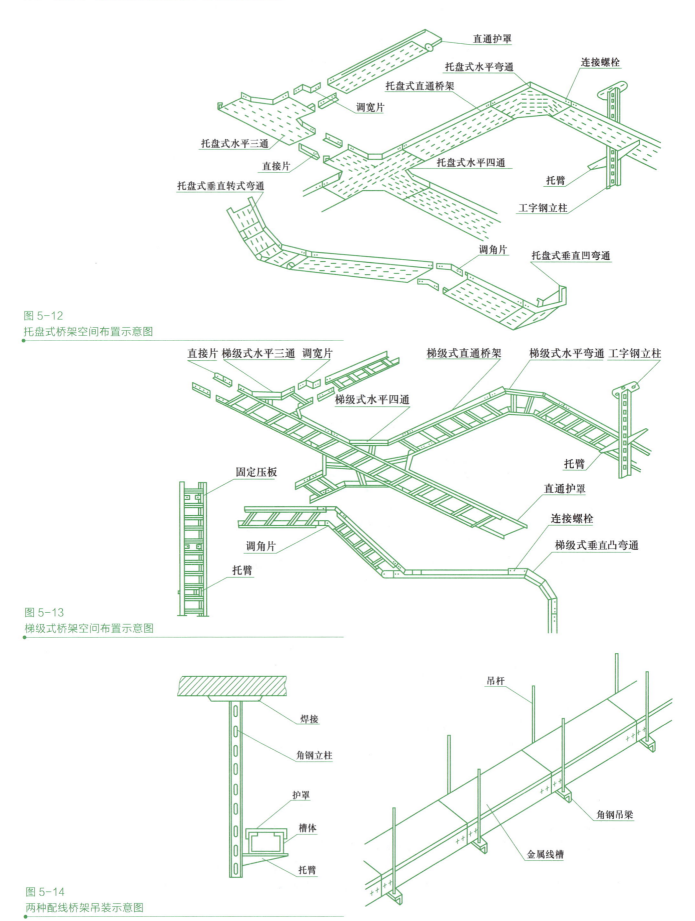

图 5-12
托盘式桥架空间布置示意图

图 5-13
梯级式桥架空间布置示意图

图 5-14
两种配线桥架吊装示意图

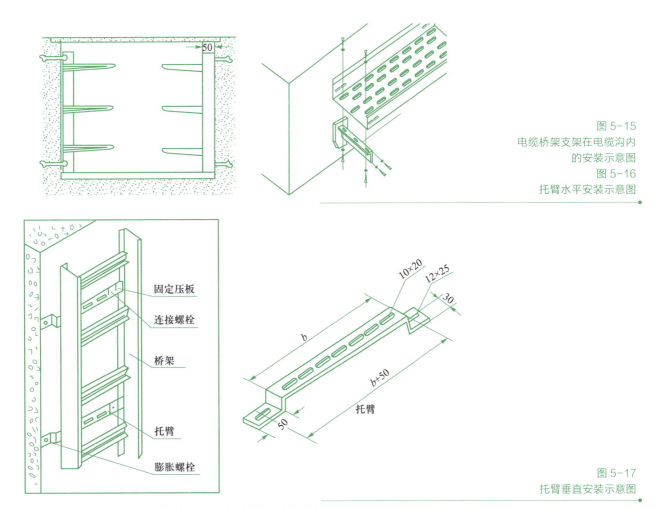

图 5-15
电缆桥架支架在电缆沟内
的安装示意图
图 5-16
托臂水平安装示意图

图 5-17
托臂垂直安装示意图

表 5-1 列出了常见的管、槽、桥架的安装配件。

表 5-1 管、槽、桥架的
安装配件

名　称	图　形	名　称	图　形	名　称	图　形
角铁吊板	$9×20$　40　50	吊夹		吊框	h　b
直板吊板	$2×7×14$　50　30	槽板	23　48　20	异型槽板	L　23　48　30
花盘角铁	$7×15$　L　30　30	单边电缆卡	$2R$	双边单根电缆卡	$2R$

续表

名　称	图　形	名　称	图　形	名　称	图　形
双根电缆卡		电缆管卡	紧固螺栓 ϕ	电缆卡子	
电缆卡	$2R$　　$2R$ L b	方颈连接螺栓	4　14　(M6) (M18)	半圆连接螺栓	M L
六角连接螺栓	M　L	T 形螺栓（1）		T 形螺栓（2）	

（3）桥架安装范围与特点

桥架的安装可因地制宜：可以水平或垂直敷设，可以采用转角、T 形或十字形分支，可以调宽、调高或变径，可以安装成悬吊式、直立式、侧壁式、单边、双边和多层等形式。大型多层桥架吊装或立装时，应尽量采用工字钢立柱两侧对称敷设，避免因偏载过大造成安全隐患。其安装的范围如下：

① 工艺管道上架空敷设。

② 楼板和梁下吊装。

③ 室内外墙壁、柱壁、露天立柱和支墩、隧道、电缆沟壁上侧装。

（4）桥架尺寸选择与计算

电缆桥架的宽和高之比一般为 2∶1，常见型号有 50×25、80×40、100×50、150×75、200×100、400×200 等（单位为 mm）。各型桥架标准长度为 2 m/根。桥架板厚度标准在 1.5～2.5 mm，实际还有 0.8 mm、1.0 mm、1.2 mm 的产品，从电缆桥架载荷情况考虑，桥架越大装载的电缆就越多，因此要求桥架截面积越大，桥架板越厚。有特殊需求时，还可向厂家定购特型桥架。

（5）线缆在多层桥架上敷设

在智能建筑和智能小区综合布线工程中受空间场地和投资等条件限制，经常存在强电和弱电布线需要敷设在同一管线路由的情况。为减少强电系统对弱电系统的干扰、方便电力电缆的冷却，可采用多层桥架的方式来敷设，即从上到下按计算机线缆、屏蔽控制电缆、一般性控制电缆、低压动力电缆和高压动力电缆分层排列。表 5-2 为多层桥架各型线缆敷设要求。

表 5-2　多层桥架各型线缆敷设要求表

层　次	电缆用途	采用桥架型式及型号	距上层桥架距离
上 ↓ 下	计算机线缆	带屏蔽罩槽式	
	屏蔽控制电缆	带屏蔽罩槽式	
	一般控制电缆	托盘式、槽式	≥250 mm
	低压动力电缆	梯级式、托盘式、槽式	≥350 mm
	高压动力电缆	带护罩梯级式	≥400 mm

4. 布线小材料

安装过程中一些小材料虽然微不足道，但必不可少，要配合施工材料主件和安装方法采购。

（1）线缆保护产品

当硬质套管在线缆转弯、穿墙、裸露的特殊位置不能提供保护时，就需要软质的线缆保护产品，主要有螺旋套管、蛇皮套管、防蜡管和金属边护套。

（2）线管固定和连接部件

包括管卡、管箍、弯管接头、软管接头、接线盒、地气轧头、线缆固定部件、钢钉线卡、螺钉和膨胀螺栓等。

5.3.2 施工工具准备

在安装综合布线系统环境中，需要使用很多施工工具，下面介绍一些常用的电动工具和设备，对简单的电工和五金工具只列出名称。

1. 五金工具

1）线槽剪。

线槽剪是 PVC 线槽专用剪，剪出的端口整齐美观，如图 5-18 所示。

图 5-18
线槽剪

2）梯子。

安装管槽和进行布线拉线工序时，常常需要登高作业。常用的梯子有直梯和人字梯两种，直梯多用于户外登高作业，如搭在电杆上和墙上安装室外光缆；人字梯通常用于户内登高作业，如安装管槽、布线拉线等。直梯和人字梯在使用之前，宜将梯脚绑缚橡皮之类的防滑材料，人字梯还应在两页梯之间绑扎一道防自动滑开的安全绳。

3）台虎钳。

台虎钳是锯割、凿削或锉削中小工件的常用夹持工具之一，如图 5-19 所示。顺时针摇动手柄，钳口就会将工件（如钢管）夹紧；逆时针摇动手柄，就会松开工件。

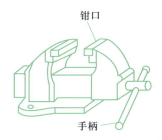

钳口

手柄

图 5-19
台虎钳

其他还有用于钢管施工的管子台虎钳、管子切割器、管子钳、螺纹铰板、简易弯管器和扳曲器等工具。

直径稍大的（大于 25 mm）电线管或小于 25 mm 的厚壁钢管，可采用扳曲器来弯管，也可以自制。

2. 电工和电动工具

1）电工工具箱。

电工工具箱是布线施工中必备的工具，一般应包括以下工具：钢丝钳、尖嘴钳、斜口钳、剥线钳、一字螺钉旋具、十字螺钉旋具、测电笔、电工刀、电工胶带、活络扳手、呆扳手、卷尺、铁锤、凿子、斜口凿、钢锉、钢锯、直角曲尺、电工皮带和工作手套等。工具箱中还应常备诸如水泥钉、木螺钉、自攻螺钉、塑料膨胀管和金属膨胀栓等小材料，如图 5-20 所示。

2）电源线盘。

在施工现场特别是室外施工现场，由于施工范围广，不可能随地都有电源，因此要用长距离的电源线盘接电，线盘长度有 20 m、30 m 和 50 m 等型号。

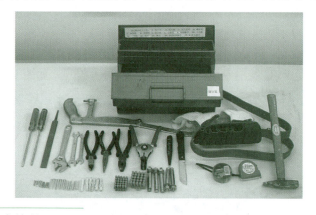

图 5-20
电工工具箱及工具

3）充电旋具。

充电旋具是工程安装中经常使用的一种电动工具，如图 5-21 所示。它既可以充当旋具又可以用作电钻，特别是可以使用充电电池，不用电线，在任何场合都能工作；单手操作，有正反转快速变换按钮，使用灵活方便；强大的扭力再配合各式通用的六角工具头可以拆卸锁入螺钉和钻洞等；取代传统的旋具，拆卸锁入螺钉完全不费力，大大提高了工作效率。

图 5-21
充电旋具
图 5-22
手电钻

4）手电钻。

手电钻既能在金属型材上钻孔，也适合在木材和塑料上钻孔，在布线系统安装中是经常用到的工具，如图 5-22 所示。手电钻由电动机、电源开关、电缆和钻孔头等组成。用钻头钥匙开启钻头锁，可使钻夹头扩开或拧紧，使钻头松出或固牢。

5）冲击电钻。

冲击电钻简称冲击钻，是一种旋转带冲击的特殊用途的手提式电动工具。它由电动机、减速箱、冲击头、辅助手柄、开关、电源线、插头和钻头夹等组成，适合在混凝土、预制板、瓷面砖和砖墙等建筑材料上钻孔、打洞，如图 5-23 所示。

6）电锤。

电锤是以单相串激电动机为动力，适于在混凝土、岩石、砖石砌体等脆性材料上钻孔、开槽、凿毛等。电锤钻孔速度快而且成孔精度高，与冲击电钻从功能看有相似的地方，但从外形与结构上看有很多区别。

7）角磨机。

角磨机如图 5-24 所示。当金属槽、管切割后会留下锯齿形的毛边，会刺穿线缆的外套，用角磨机可以将切割口磨平以保护线缆，同时角磨机也能作为切割机使用。

8）拉钉枪。

使用拉钉枪和铆钉可以连接金属线槽，如图 5-25 所示。

图 5-23
冲击电钻
图 5-24
角磨机

9）型材切割机。

在布线管槽的安装中，常常需要加工角铁横担、割断管材。使用型材切割机，其切割速度之快、用力之省，是钢锯望尘莫及的。型材切割机的外形如图 5-26 所示，它由砂轮锯片、护罩、操纵手把、电动机、工件夹、工件夹调节手轮、底座和胶轮等组装而成，其中电动机一般是三相交流电动机。

图 5-25
拉钉枪
图 5-26
型材切割机

10）台钻。

在桥架等材料切割后，会使用台钻钻上新的孔，再与其他桥架连接安装。

3. 其他工具

1）数字万用表。

数字万用表主要用于综合布线系统中设备间、楼层配线间和工作区电源系统的测量，有时也用于测量双绞线的连通性。

2）接地电阻测量仪。

接地系统用于保障通信设备的正常运行，其作用包括提供电源回路、保护人体免受电击、屏蔽设备内部电路免受外界电磁干扰或防止干扰其他设备。设备接地的方式通常是埋设金属接地桩、金属网等导体，导体再通过电缆与设备内的地线排或机壳相连。当多个设备连接于同一接地导体时，通常要安装接地排，其位置应尽可能靠近接地桩，不同设备的地线分开接在地线排上，以减小相互影响。

新安装的接地装置在使用前必须先进行接地电阻的测量，测量合格后才可以使用，单独设置接地体时，不应大于 4 Ω；采用接地排时，不应大于 1 Ω。接地系统的接地电阻每年应定期测量，始终保持接地电阻符合指标要求，如果不合格应及时进行检修。

常用的接地电阻测量仪主要有手摇式接地电阻测量仪和钳形接地电阻测量仪。图 5-27 所示为一款钳形接地电阻测量仪。

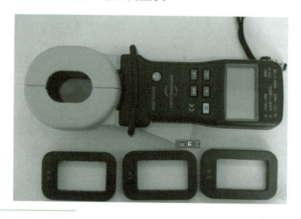

图 5-27
钳形接地电阻测量仪

5.3.3　安装管槽系统

管槽系统包括室外管井和室内管槽系统，本任务主要实施室内管槽系统的安装。

1. 管槽系统安装基本要求

管槽系统是综合布线系统工程中必不可少的辅助设施，它为敷设线缆服务。管槽系统安装方式已在系统设计中做过讨论，由于主干路由的线缆较多，一般使用大口径的金属线槽或桥架。线缆进入各房间时，线缆较少，采用暗埋的线管，或采用明敷设管槽。明敷时，先用线管引入房间，再用 PVC 线槽明敷设至信息插座。不管管槽系统采用什么敷设方式，都必须按技术规范施工。管槽安装基本要求如下：

① 走最短距离的路由。管槽是敷设线缆的通道，它决定了线缆的布线路由。走距离最短的路由，不仅节约了管槽和线缆的成本，更重要的是链路越短，衰减等电气性能指标越好。

② 管槽路由与建筑物基线保持一致。设计布线路由时同时也要考虑便于施工和便于操作。但综合布线中很可能无法使用直线管路，在直线路由中可能会有许多障碍物，比较合适的走线方式是与建筑物基线保持一致，以保持建筑物的整体美观度。

③ "横平竖直"，弹线定位。为使安装的管槽系统 "横平竖直"，施工中可考

虑弹线定位。根据施工图确定的安装位置，从始端到终端（先垂直干线定位再水平干线定位）找好水平或垂直线，用墨线袋沿线路中心位置弹线。

2．金属管的安装

金属管敷设要求如下：

① 预埋在墙体中间暗管的最大管外径不宜超过 50 mm，楼板中暗管的最大管外径不宜超过 25 mm，室外管道进入建筑物的最大管外径不宜超过 100 mm。

② 直线布管每 30 m 处应设置过线盒装置。

③ 暗管的转弯角度应大于 90°，在路径上每根暗管的转弯角不得多于 2 个，并不应有 S 弯出现，有转弯的管段长度超过 20 m 时，应设置管线过线盒装置；有 2 个弯时，不超过 15 m 应设置过线盒。

④ 暗管管口应光滑，并加有护口保护，管口伸出部位宜为 25～50 mm。

⑤ 至楼层电信间暗管的管口应排列有序，便于识别与布放线缆。

⑥ 暗管内应安置牵引线或拉线。

⑦ 金属管明敷时，在距接线盒 300 mm 处，弯头处的两端，每隔 3 m 处应采用管卡固定。

⑧ 管路转弯的曲半径不应小于所穿入线缆的最小允许弯曲半径，并且不应小于该管外径的 6 倍，如暗管外径大于 50 mm 时，不应小于 10 倍。

⑨ 光缆与电缆同管敷设时，应在暗管内预置塑料子管。将光缆敷设在子管内，使光缆和电缆分开布放。子管的内径应为光缆外径的 2.5 倍。

PVC 管安装时的连接、弯曲要求与金属管大体相同。

3．金属槽/槽式桥架的安装

（1）金属线槽安装要求

① 线槽的规格尺寸、组装方式和安装位置均应按设计规定和施工图的要求。线缆桥架底部应高于地面 2.2 m 及以上，顶部距建筑物楼板不宜小于 300 mm，与梁及其他障碍物交叉处之间的距离不宜小于 50 mm。

② 线缆桥架水平敷设时，支撑间距宜为 1.5～3 m（塑料线槽槽底固定点间距宜为 1 m）。垂直敷设时固定在建筑物结构体上的间距宜小于 2 m，距地 1.8 m 以下部分应加金属盖板保护，或采用金属走线柜包封，门应可开启。

③ 直线段线缆桥架每超过 15～30 m 或跨越建筑物变形缝时，应设置伸缩补偿装置。

④ 金属线槽敷设时，在下列情况下应设置支架或吊架：线槽接头处，每间距 3 m 处，离开线槽两端出口 0.5 m 处，转弯处。吊架和支架安装应保持垂直，整齐牢固，无歪斜现象。

⑤ 线缆桥架和线缆线槽转弯半径不应小于槽内线缆的最小允许弯曲半径，线槽直角弯处最小弯曲半径不应小于槽内最粗线缆外径的 10 倍。

⑥ 桥架和线槽穿过防火墙体或楼板时，线缆布放完成后应采取防火封堵措施。

⑦ 线槽安装位置应符合施工图规定，左右偏差不应超过 50 mm，线槽水平度每米偏差不应超过 2 mm，垂直线槽应与地面保持垂直，应无倾斜现象，垂直度偏差不应超过 3 mm。

⑧ 线槽之间用接头连接板拼接，螺钉应拧紧。两线槽拼接处水平偏差不应超过 2 mm。

⑨ 盖板应紧固，并且要错位盖槽板。

⑩ 线槽截断处及两线槽拼接处应平滑、无毛刺。

⑪ 金属桥架、线槽及金属管各段之间应保持连接良好，安装牢固。

⑫ 采用吊顶支撑柱布放线缆时，支撑点宜避开地面沟槽和线槽位置，支撑应牢固。

⑬ 为了防止电磁干扰，宜用辫式铜带把线槽连接到其经过的设备间或楼层配线间的接地装置上，并保持良好的电气连接，电缆桥架装置应可靠接地。如利用桥架作为接地干线，应将每层桥架的端部用 16 mm^2 软铜线或与之相当的铜片连接（并联）起来，与接地干线相通，长距离的电缆桥架每隔 30～50 m 接地一次。

⑭ 吊顶支撑柱中电力线和综合布线线缆合一布放时，中间应有金属板隔开，间距应符合设计要求。

⑮ 当综合布线线缆与大楼弱电系统线缆采用同一线槽或桥架敷设时，子系统之间应采用金属板隔开，间距应符合设计要求。

⑯ 电缆桥架在室外安装时应在其顶层加装保护罩，防止日晒雨淋。当需要焊接安装时，焊件四周的焊缝厚度不得小于桥架的厚度，焊口必须做防腐处理。

槽式桥架安装效果图如图 5-28 所示。

图 5-28
槽式桥架安装效果图

（2）预埋金属线槽安装要求

① 在建筑物中预埋线槽，宜按单层设置，每一路由进出同一过路盒的预埋线槽均不应超过 3 根，线槽截面高度不宜超过 25 mm，总宽度不宜超过 300 mm。线槽路由中若包括过线盒和出线盒，截面高度宜在 70～100 mm 范围内。

② 线槽直埋长度超过 30 m 或在线槽路由交叉、转弯时，宜设置过线盒，以便于布放线缆和维修。

③ 过线盒盖能开启，并与地面齐平，盒盖处应具有防火与防水功能。

④ 过线盒和接线盒盒盖应能抗压。

⑤ 从金属线槽至信息插座模块接线盒间或金属线槽与金属钢管之间相连接时的线缆宜采用金属软管敷设。

（3）网络地板下线槽安装要求

① 线槽之间应沟通。

② 线槽盖板应可开启。

③ 主线槽的宽度宜在 200～400 mm，支线槽宽度不宜小于 70 mm。

④ 可开启的线槽盖板与明装插座底盒间应采用金属软管连接。

⑤ 地板块与线槽盖板应抗压、抗冲击和阻燃。

⑥ 当网络地板具有防静电功能时，地板整体应接地。

⑦ 网络地板板块间的金属线槽段与段之间应保持良好导通并接地。

⑧ 敷设线缆时，地板内净空应为 150～300 mm。若空调采用下送风方式则地板内净高应为 300～500 mm。

5.4　任务实施：安装机柜

学习素材：安装机柜
案例图片

综合布线系统中，主干线缆、水平线缆必须在设备间和电信间交连、互连，机柜就是线缆连接的物理场所，它在综合布线系统中处于极为重要的位置。

5.4.1　机柜准备

机柜具有电磁屏蔽性能好、削弱设备工作噪声、占地面积少、便于管理维护以及整齐美观等优点，广泛用于安放综合布线配线设备、计算机网络设备、通信设备及系统控制设备等。由于上述设备的面板大都采用 19 in 的宽度，所以一般将 19 in 宽的机柜称为标准机柜。

标准机柜结构简单，主要包括基本框架、内部支撑系统、布线系统和通风系统。19 in 标准机柜外形有宽度、高度、深度 3 个常规指标。虽然对于 19 in 面板设备安装宽度为 465.1 mm，但机柜的物理宽度通常为 600 mm 和 800 mm 两种；高度一般为 0.7～2.4 m，常见的成品 19 in 机柜高度为 1.0 m、1.2 m、1.6 m、1.8 m、2.0 m 和 2.2 m；深度一般在 400～960 mm 之间，根据柜内设备的尺寸而定，常见的 19 in 机柜深度为 600 mm、800 mm 和 960 mm。通常厂商也可以根据用户的需求定制特殊宽度、深度和高度的产品。

从不同的角度可以对机柜进行不同的划分。根据外形可将机柜分为立式机柜、开放式机架和挂墙式机柜 3 种，前两种如图 5-29 所示。

立式机柜主要用于设备间，而挂墙式机柜主要用于没有独立房间的楼层配线间。与机柜相比，开放式机架具有价格便宜、管理操作方便、搬动简单的优点。机架一般为敞开式结构，不像机柜采用全封闭或半封闭结构，所以自然不具备增强电磁屏蔽和削弱设备工作噪声等特性，同时在空气洁净程度较差的环境中，设备表面更容易积灰。开放式机架主要适合空气洁净程度高、经常对设备进行操作管理的场所，用它来叠放设备以减少占地面积。

从应用对象来看，主要有布线型机柜（又称网络型机柜）和服务器型机柜两种类型。

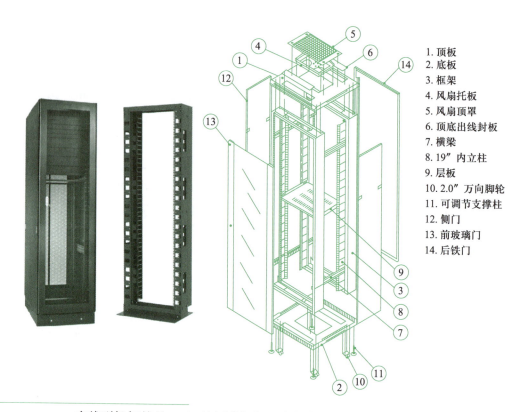

1. 顶板
2. 底板
3. 框架
4. 风扇托板
5. 风扇顶罩
6. 顶底出线封板
7. 横梁
8. 19″ 内立柱
9. 层板
10. 2.0″ 万向脚轮
11. 可调节支撑柱
12. 侧门
13. 前玻璃门
14. 后铁门

图 5-29
立式机柜、开放式机架和
立式机柜结构图

布线型机柜就是 19 in 的标准机柜，它的宽度为 600 mm，深度为 600 mm。服务器型机柜由于要摆放服务器主机、显示器和存储设备等，与布线型机柜相比要求空间更大，要求通风散热性能更好，所以它的前门门条和后门一般都有透气孔，风扇也较多。根据设备大小和数量多少，宽度和深度一般要选择 600 mm×800 mm、600 mm×960 mm、800 mm×800 mm 或 800 mm×960 mm 的机柜，甚至要选购更大尺寸的产品。

机柜的性能与机柜的制造材料密切相关，主要有铝型材料和冷轧钢板两种。由铝型材料制造的机柜比较轻便，价格相对便宜，适合安放重量较轻的设备；而冷轧钢板制造的机柜具有机械强度高、承重量大的特点。通常优质的机柜不但稳重，符合主流的安全规范，而且设备装入平稳、固定稳固，机柜前后门和两边侧板密闭性好，柜内设备受力均匀，配件丰富，能适合各种应用的需要。劣质产品往往采用较薄的板材，拼装困难，接口部位粗糙，密封性差，移位明显。

机柜的性能除与机柜的材料密切相关外，还与机柜的制作工艺以及内部隔板、导轨、滑轨、走线槽、插座等附件的质量有关。

在 19 in 标准机柜内，设备安装所占高度用一个特殊单位 "U" 表示，1 U=44.45 mm。使用 19 in 标准机柜的设备面板一般都是按 n U 的规格制造的。n 个 U 的机柜表示能容纳 n 个 U 的配线设备和网络设备，24 口配线架高度为 1U，普通型 24 口交换机的高度一般也为 1 U，例如思科的 Cisco Catalyst 2950C-24 交换机和锐捷的 RG-S2126S 千兆智能交换机高度就为 1 U。对于一些非标准设备，大多可以通过附加适配挡板装入 19 in 机柜并固定。表 5-3 为 19 in 标准机柜部分产品一览表，从中可看出高度与容量的对照关系以及机柜配件的配置情况。

容量（U）	高度（m）	宽度（mm）×深度（mm）	风扇数	配件配置参考
47	2.2	600×600	2	电源排插 1 套 固定板 3 块
		600×800	4	
		800×800	4	
42	2.0	600×600	2	重载脚轮 4 只 支撑地脚 4 只 方螺母螺钉 40 套
		600×800	4	
		800×600	2	
		800×800	4	
37	1.8	600×600	2	
		600×800	4	
		800×600	2	
		800×800	4	
32	1.6	600×600	2	电源排插 1 套 固定板 1 块 重载脚轮 4 只 支撑地脚 4 只 方螺母螺钉 20 套
		600×800	4	
27	1.4	600×600	2	
		600×800	4	
22	1.2	600×600	2	
		600×800	4	
18	1.0	600×600	2	

表 5-3　19 in 标准机柜部分产品一览表

5.4.2　确定机柜容量

例如，某大楼综合布线系统中，第 9 层设一独立的楼层电信间（配线间），该楼层共有数据信息点 210 个，语音信息点 90 个，该楼层的网络系统用 8 芯光缆从大楼设备间接入一台千兆光纤交换机，用 24 口接入交换机接入数据终端。语音系统用 100 对大对数电缆从设备间接入，到工作区的连接采用和数据系统一样的配线子系统。为了方便理线以及设备散热，机柜中的设备之间都相距 1 U 的空间，请计算 9 层电信间机柜的容量。

计算如下：

（1）配线架容量

9 层楼共有数据信息点 155 个，语音信息点 80 个，共 235 个，须安装 1 U 的 24 口数据配线架 10 个，须安装 1 U 的 100 对 110 语音配线架 1 个（端接语音主干），须安装 1 U 光纤配线架 1 个（接数据主干），共需 12 U 容量。

（2）网络设备容量

9 层共有数据信息点 155 个，需要配置 1 U 的 24 口接入交换机 7 台，需要用于汇聚的 1 U 的千兆光纤交换机 1 台，共需 8 U 的容量。

（3）总的空间容量

每台设备间空 1 U 空间，总的空间容量为（12+8）×2＝40 U。

（4）机柜选择

由于没有大型的网络设备和服务器设备，因此 9 层电信间选用 42 U 600 mm×600 mm 立式机柜。

5.4.3　机柜安装要求

机柜安装要求如下：

① 机柜与设备的排列布置、安装位置和设备朝向都应符合设计要求，并符合

实际测定后的机房平面布置图中的要求。

② 机柜安装完工后，垂直偏差度不应大于 3 mm。若厂家规定高于这个标准时，其水平度和垂直度都必须符合生产厂家的规定。

③ 机柜和设备上各种零件不应脱落或损坏，表面漆面如有损坏或脱落，应予以补漆。各种标志应统一、完整、清晰、醒目。

④ 机柜和设备必须安装牢固可靠。在有抗震要求时，应根据设计规定或施工图中的防震措施要求进行抗震加固。各种螺钉必须拧紧，无松动、缺少、损坏或锈蚀等缺陷，机柜更不应有摇晃现象。

⑤ 为便于施工和维护人员操作，机柜和设备前应预留 1 500 mm 的空间，其背面距离墙面应大于 800 mm，以便人员施工、维护和通行。相邻机柜设备应靠近，同列机柜和设备的机面应排列平齐。

⑥ 机柜、设备、金属钢管和槽道的接地装置应符合设计和施工及验收规范规定的要求，并保持良好的电气连接。所有与地线连接处应使用接地垫圈，垫圈尖角应对铁件，刺破其涂层。只允许一次装好，以保证接地回路畅通，不得将已用过的垫圈取下重复使用。

⑦ 建筑群配线架或建筑物配线架如采用单面配线架的墙上安装方式时，要求墙壁必须坚固牢靠，能承受机柜重量，其机柜柜底距地面宜为 300～800 mm，或视具体情况而定。其接线端子应按电缆用途划分连接区域以方便连接，并设置标志以示区别。

⑧ 在新建的智能建筑中，综合布线系统应采用暗配线敷设方式，所使用的配线设备宜采取暗敷方式，埋装在墙体内。为此，在建筑施工时，应根据综合布线系统要求，在规定位置处预留墙洞，并先将设备箱体埋在墙内，综合布线系统工程施工时再安装内部连接硬件和面板。在已建的建筑物中因无暗敷管路、配线设备等接续设备，宜采用明敷方式，以减少凿打墙洞和影响建筑物的结构强度。

学生素材：安装信息
插座案例图片

5.5 任务实施：安装信息插座

在工作区与水平线缆连接的信息模块需要一个安装位置，这就是信息插座。

5.5.1 面板与底盒准备

信息插座面板用于在信息出口位置安装固定信息模块，插座面板有英式、美式和欧式 3 种。国内普遍采用的是英式面板，为 86 mm×86 mm 规格的正方形，常见有单口、双口型号，也有三口、四口型号。另外，面板一般为平面插口，也有设计成斜口插口的。图 5-30 所示为英式面板，图 5-31 所示为斜口双口插座面板，图 5-32 所示为美式双口面板。

英式信息插座面板分为扣式防尘盖和弹簧防尘盖两大系列，有 1 位、2 位、4 位和斜口等品种。

工作区信息插座面板有 3 种安装方式。

① 安装在地面上，要求安装在地面上的金属底盒应当是密封、防水、防尘的，可带有升降的功能。此方法对于设计安装造价较高，并且由于事先无法预知工作人员的办公位置，也不知分隔板的确切位置，因此灵活性不是很好。

图 5-30
英式面板
图 5-31
斜口双口插座面板
图 5-32
美式双口面板

② 安装在分隔板上，此方法适用于分隔板位置确定后的情况，安装造价较为便宜。

③ 安装在墙上。

在地板上进行模块化面板安装时，需要选用专门的地面插座。铜质地板插座有旋盖式、翻扣式和弹启式 3 种，铜面又分圆、方两款。其中，弹启式地面插座如图 5-33 所示，应用最广，它采用铜合金或铝合金材料制造而成，安装于厅、室内任意位置的地板平面上，适用于大理石、木地板、地毯、架空地板等各种地面。使用时，面盖与地面相平，不影响通行及清扫，而且在闭合的面盖上行走时，即使踩上了面盖也不容易弹出，地面插座的防渗结构可保证水滴等在插座盒上的流体不易渗入。还有几类面板应用在一些特殊场合，例如表面安装盒、多媒体信息端口、区域接线盒、多媒体面板和家具式模块化面板。

当信息插座安装在墙上时，面板安装在接线底盒上。接线底盒与面板大小配套，如 86 mm×86 mm 面板配同样大小的接线底盒。接线底盒有明装和暗装两种，明装盒安装在墙面上，用于对旧楼改造时很难或不能在墙壁内布线、只能用 PVC 线槽明敷在墙壁上的情况，这种方式安装灵活，但不美观。暗装盒预埋在墙体内，布线走预埋的线管。底盒一般是塑料材质，预埋在墙体里的底盒也有金属材料的。底盒一般有单底盒和双底盒两种，一个底盒安装一个面板，且底盒大小必须与面板制式匹配。接线底盒内有供固定面板用的螺纹孔，随面板配有将面板固定在接线底盒上的螺钉。底盒都预留了穿线孔，有的底盒穿线孔是通的，有的底盒在多个方向预留有穿线位，安装时凿穿与线管对接的穿线位即可。图 5-34 所示为单、双接线底盒。

图 5-33
弹启式地面插座

图 5-34
单底盒和双底盒

5.5.2 安装信息插座

根据计算机大楼各工作区功能和布局，信息插座有两种安装方式：墙面信息插座和地面弹启式信息插座。由于大楼没有预埋到信息插座的暗管线，所以墙面信息插座全部采用明布线。地面弹启式信息插座主要安装在讲台等位置。

1. 安装墙面信息插座

① 按工作区信息点布局规划，将 86 mm×86 mm 底盒明装在墙面上，单信息点用单底盒，双信息点用双底盒，底盒下沿离地高度为 300 mm。

② 底座、接线模块与面板的安装牢固稳定，无松动现象；信息插座底座的固定方法应以现场施工的具体条件来定，可用膨胀螺钉、射钉等方法安装；设备表面的面板应保持在一个水平面上，做到美观整齐。

③ 从楼层主干线槽（如走廊处）铺设 PVC 线槽至信息插座。

2. 安装地面信息插座（以水泥地面为例）

① 按工作区信息点布局规划，按采购的弹启式地面插座的大小和深度开挖相应大小和深度的孔洞，孔洞比地面插座略大一点、略深一点。该弹启式地面插座既有网络信息插座也有电源。

② 从接线处挖地槽至信息插座，预埋两根 D20 的钢管，一根通双绞线、一根通电源线（或是带隔板的金属槽，或是金属槽中套钢管，主要起屏蔽和隔离的作用）。

③ 铺设双绞线和电源线，安装信息模块和电源，线缆连接固定在接线盒体内的装置上，接线盒体均埋在地面下。

④ 回填水泥，固定地面插座，其盒盖面与地面平齐，可以开启，要求必须有严密防水、防尘和抗压功能。在不使用时，插座面板与地面齐平，不得影响人们日常行动。其盒盖面与地面平齐，可以开启，要求必须有严密防水、防尘和抗压功能。在不使用时，插座面板与地面齐平，不得影响人们日常行动。

防静电地板上安装地面信息插座要简单得多，在此不一一介绍。

▶ 项目实训

按 5.3 至 5.5 节所述要求安装管槽、机柜和信息插座。注意事项如下：

① 以模拟楼为对象，进行简单的综合布线系统设计，确定信息点类型（语音和数据）和数量（每个学生最少安装一个信息点），工作区布局和数量，设备间和电信间的位置和数量，管槽大小、路由、长度。本项目的实训成果管槽、机柜、信息插座底盒将是后续安装铜缆系统、安装光缆系统、测试综合布线系统、验收综合布线系统实训项目的基础。

② 进行安全施工教育（用电、登高作业等）。

③ 学习常用电动工具（充电旋具、手电钻、冲击电钻、角磨机、型材切割机等）的使用方法。

④ 认识管、槽材料。

⑤ PVC 线槽成形训练（水平弯角、阴角、阳角）。

⑥ 安装方法还可参阅实训室提供的相关实训手册。

⑦ 在本项目以及后续项目以模拟楼为对象的安装施工中，成立项目经理部管理模拟楼工程项目。

习题与思考

一、选择题

1. 每根暗管的转弯角不得多于（　　），并不应有 S 弯出现，有转弯的管段长度超过（　　）时，应设置管线过线盒装置。

    A. 2 个，10 m　　B. 2 个，20 m　　C. 2 个，30 m　　D. 3 个，20 m

2. 安装金属桥架时，线缆桥架底部应高于地面（　　）及以上，顶部距建筑物楼板不宜小于（　　）。

    A. 2 m，200 mm

    B. 2 m，300 mm

    C. 2.2 m，200 mm

    D. 2.2 m，300 mm

3. 为保持良好的电气连接，电缆桥架装置应可靠接地。长距离桥架每隔（　　）接地一次。

    A. 10～20 m　　B. 20～40 m　　C. 30～50 m　　D. 40～60 m

4. 线管和线槽转弯的曲半径不应小于所穿入线缆的最小允许弯曲半径，线管不应小于该管外径的（　　），线槽直角弯处最小弯曲半径不应小于槽内最粗线缆外径的（　　）。

    A. 4 倍，6 倍　　B. 4 倍，8 倍　　C. 6 倍，8 倍　　D. 6 倍，10 倍

5. 机柜安装完工后，按规定垂直偏差度不应大于（　　）。

    A. 3 mm　　　　B. 4 mm　　　　C. 5 mm　　　　D. 6 mm

二、简答题

1. 观察槽式桥架的连接件，发现所有转弯的连接件都不是直角转弯的，试分析其原因。

2. 简述金属线管与塑料线管的异同，它们都适用于哪些安装场合？

3. 标准机柜的宽度是多少？机柜容量单位"U"的高度是多少？某建筑物的一个楼层，共有 230 个网络信息点，90 个语音信息点，从设备间敷设一条 12 芯多模光缆到该层的电信间，从设备间敷设一条大对数电缆到该楼层，网络交换设备采用汇聚+接入连接方式，若网络设备（24 口）与配线设备都安装在同一机柜中，所有设备之间间隔 1 U 空间，最少需要多大的机柜才能容纳下这些设备？

4. 简述面板与底盒的种类，常用面板的大小为多少？

5. 充电旋具是综合布线工程中必不可少的电动工具吗？它的作用是什么？

6. 简述手电钻与冲击电钻功能上的区别。

项目 6　安装铜缆布线系统

PPT：安装铜缆布线系统

▶ 学习目标

知识目标：

（1）理解 GB/T 50312—2016 中双绞线系统的安装规范。

（2）熟悉安装双绞线系统的各种工具。

（3）了解 4 对双绞线电气性能指标。

技能目标：

（1）会敷设双绞线系统。

（2）会端接信息模块。

（3）会端接数据配线架和 110 语音配线架。

（4）能整洁规范地理线、扎线。

（5）能规范地标识双绞线系统。

素质目标

6.1　项目背景

从传输介质来看，综合布线系统包括双绞线和光缆布线系统，其中双绞线布线系统包括 4 对双绞线系统和用于语音传输的大对数双绞线系统，而光缆系统主要用于数据主干传输，少量用于水平链路。

不管是项目经理、系统集成工程师或综合布线工程师，当负责或参与一项综合布线工程时，熟练安装双绞线布线系统是必备的基本功。安装双绞线布线系统的工作任务包括两个过程：一是敷设双绞线，二是端接双绞线。水平管槽系统安装完毕后，先对管槽系统检查一遍，确保管道平滑畅通，然后开始敷设线缆。同一楼层中，从离楼层电信间最远处的工作区信息插座处开始布放线缆，一直布放到楼层电信间机柜中。然后，在工作区端接信息模块，在楼层电信间端接数据配线架、整理机柜，做好标识，水平双绞线布线系统安装完毕。最后，进入测试验收阶段。

6.2　线缆安装工具

1. 线缆敷设工具

1）穿线器。

双绞线、光缆在室内外管道中敷设时，可能需要借助穿线器等工具来穿越。当在建筑物室内外的管道中布线时，如果管道较长、弯头较多且空间紧张，则要使用穿线器牵引线、绳。图 6-1 所示是一种小型穿线器，适合室内管道较短的情况；图 6-2 所示是一种玻璃纤维穿线器，适用于室外管道较长的线缆敷设。

2）线轴支架。

大对数电缆和光缆一般都缠绕在线缆卷轴上，放线时必须将线缆卷轴架设在线轴支架上，并从顶部放线。

图 6-1
小型穿线器
图 6-2
玻璃纤维穿线器

3）滑车。

当线缆从上而下垂放电缆时，为了保护线缆，需要一个滑车，保障线缆从线缆卷轴拉出后经滑车平滑地往下放线。

4）牵引机。

当大楼主干布线采用由下往上的敷设方法时，就需要用牵引机向上牵引线缆。牵引机有手摇式牵引机和电动牵引机两种，当大楼楼层较高且线缆数量较多时使用电动牵引机，当楼层较低且线缆数量少而轻时可用手摇式牵引机。

2. 双绞线缆端接工具

1）剥线钳。

工程技术人员往往直接用压线工具上的刀片来剥除双绞线的外套，他们凭经验来控制切割深度，这就留下了隐患，一不小心切割线缆外套时就会伤及导线的绝缘层。由于双绞线的表面是不规则的，而且线径存在差别，所以采用剥线钳剥去双绞线的外护套更安全可靠。剥线钳使用高度可调的刀片或利用弹簧张力来控制合适的切割深度，保证切割时不会伤及导线的绝缘层。剥线钳有多种外观，图 6-3 所示是其中的两种。

2）压线工具。

压线工具用来压接 8 位的 RJ-45 接头和 4 位、6 位的 RJ-11、RJ-12 接头，可同时提供切和剥的功能。其设计可保证模具齿和接头的角点精确地对齐。通常的压线工具都是固定接头的，有 RJ-45 或 RJ-11 单用的，也有双用的，如图 6-4 所示。市场上还有手持式模块化接头压接工具，它有可替换的 8 位的 RJ-45 和 4 位、6 位的 RJ-11、RJ-12 压模。除手持式压线工具外，还有工业应用级的模式化接头自动压接仪。

图 6-3
剥线钳
图 6-4
压线工具

3）110 打线工具。

打线工具如图 6-5 所示，用于将双绞线压接到信息模块和配线架上。信息模块和配线架是采用绝缘置换连接器（IDC）与双绞线连接的，IDC 实际上是 V 型豁口的小刀片，当把导线压入豁口时，刀片割开导线的绝缘层，与其中的导体接触。打线工具由手柄和刀具组成，它是两端式的，一端具有打接和裁线功能，可以裁剪掉多余的线头，另一端不具有裁线功能。工具的一面显示清晰的"CUT"字样，使用户可以在安装的过程中容易识别正确的打线方向。手柄握把具有压力旋转钮，可进行压力大小的选择。

4）大对数端接工具。

即 5 对 110 打线工具。除单对 110 打线工具外，还有一款 5 对 110 打线工具，如图 6-6 所示。它是一种多功能端接工具，适用于线缆、跳接块及跳线架的连接作业，端接工具和体座均可替换，打线头通过翻转可以选择切割或不切割线缆。工具的腔体由高强度的铝涂以黄色保护漆构成，手柄为木质手柄，并符合人体工程学设计。工具的一面显示清晰的"CUT"字样，使用户可以在安装的过程中容易识别正确的打线方向。

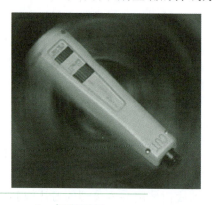
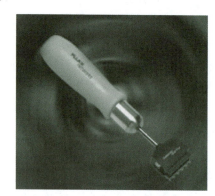

图 6-5
110 打线工具
图 6-6
5 对 110 打线工具
(D-Impactor)

3. 标识工具

综合布线工程中为方便现场标识管理，专业厂商生产了专门的标签打印机。

6.3 线缆安装材料

6.3.1 线缆整理材料

线缆整理包括线槽和机柜中的整理，当大量线缆从机柜端接到配线架上后，如果不整理线缆，可能会存在以下问题：双绞线本身具有一定的重量，几十根甚至上百根的线缆会给连接器施加拉力，有些连接点会因受力时间过长而造成接触不良；不便于管理；影响美观。因此，采用理线架和扎带捆扎的方式来管理机柜内的线缆。

1. 扎带

扎带分为尼龙扎带与金属扎带两类，在综合布线工程中使用的是尼龙扎带。尼龙扎带如图 6-7 所示，采用 UL 认可的尼龙 66 材料制成，防火、耐酸、耐蚀、绝缘性良好、耐久性好、不易老化且使用方法简单，只要将带身轻轻穿过带孔一拉，即可牢牢扣住。尼龙扎带按固定方式可分为 4 种：可松式扎带、插销式扎带、固定式扎带和双扣式扎带。在综合布线系统中，有几种使用方式：使用不同颜色的尼龙扎带，可对繁多的线路加以区分；使用带有标签的尼龙扎带，在整理线缆的同时可以加以标记；使用带有卡头的尼龙扎带，可以将线缆轻松地固定在面板上。带有标签的尼龙扎带如图 6-7 所示。

图 6-7
尼龙扎带

扎带使用时也可用专门工具，这些工具使得扎带的安装使用极为简单省力。另外，还可使用线扣将扎带和线缆等进行固定，又分为粘贴型和非粘贴型两种。

2. 理线架（环）

理线架为电缆提供了平行进入 RJ-45 模块的通路，使电缆在压入模块之前不再多次直角转弯，减少了自身的信号辐射损耗，同时也减少了对周围电缆的辐射干扰。由于理线架使水平双绞线有规律、平行地进入模块，因此在今后线路扩充时，将不会因改变一根电缆而引起大量电缆的变动，使整体可靠性得到了保证，又提高了系统的可扩充性。在机柜中理线架能安装在以下 3 种位置：

① 垂直理线架可安装于机架的上下两端或中部，完成线缆的前后双向垂直管理。

② 水平理线架安装于机柜或机架的前面，与机架式配线架搭配使用，提供配线架或设备跳线的水平方向的线缆管理。

③ 机架顶部理线槽可安装在机架顶部，线缆从机柜顶部进入机柜，为进出的线缆提供一个安全可靠的路径。

图 6-8 所示为 molex 理线产品。

图 6-8
molex 的理线产品

6.3.2 标签材料

（1）线缆标签

常见的线缆标签有以下几种：

1）普通不干胶标签。

该标签成本低，安装简便，但不易长久保留。

2）覆盖保护膜线缆标签。

该标签内容清晰，标签完全缠绕在线缆上并有一层透明的薄膜缠绕在打印内容上，可以有效地保护打印内容，防止刮伤或腐蚀；此外，该标签还具有良好的防水、防油性能。安装步骤如图 6-9 所示。

图 6-9
覆盖保护膜线缆标签安装步骤　　将打印区域缠在线缆上　　将透明区域缠在线缆上覆盖打印区域　　覆盖后的标签确保打印内容经久耐用

3）套管标签。

套管标签只能在端子连接之前使用，通过电线的开口端套在电线上，有普通套管和热缩套管之分。其中，热缩套管在热缩之前可以随便更换标识，具有灵活性，经过热缩后，套管就成为能耐恶劣环境的永久标识。

（2）场标签

场标签由背面为不干胶的材料制成，可贴在设备间、配线间、二级交接间、建筑物布线场的平整表面上。

（3）配线架标签

配线架标签一般为插入式标签，它是硬纸片，通常由安装人员在需要时取下来使用。每个标识都用色标来指明电缆的源发地，这些电缆端接于设备间和配线间的管理场。对于 110 配线架，可以插在位于 110 型接线块上的两个水平齿条之间的透明塑料夹内；对于数据配线架，可插入插孔面板上/下部的插槽内，如图 6-10 所示。

（4）信息插座面板标签

有插入式和平面式两种，如图 6-11 所示为平面式面板标签。

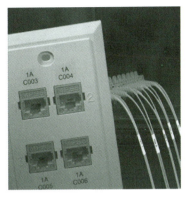 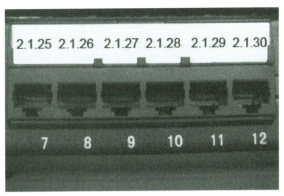

图 6-10
配线架插入式标签
图 6-11
平面式面板标签

6.4 任务实施：敷设双绞线缆

6.4.1 敷设双绞线缆的基本要求

1. 槽道检查

在布放线缆之前，对线缆经过的所有路由进行检查，清除槽道连接处的毛刺和突出尖锐物，清洁掉进槽道里的铁屑、小石块、水泥碴等物品，保障一条平滑畅道的槽道。

2. 文明施工

在槽道中敷设线缆应采用人工牵引，牵引速度要慢，不宜猛拉紧拽，防止线缆外护套发生被磨、刮、蹭、拖等损伤。不要在布满杂物的地面大力抛摔和拖放电缆；禁止踩踏电缆；布线路由较长时，要多人配合平缓地移动，特别要在转角处安排人值守理线；线缆的布放应自然平直，不得产生扭绞、打圈、接头等现象，不应受外力的挤压和损伤。

3. 放线记录

为了准确核算线缆用量，充分利用线缆，对每箱线从第一次放线起，做一个放线记录表。线缆上每隔两英尺有一个长度记录，标准包装每箱线长 1 000 in（305 m）。每个信息点放线时记录开始处和结束处的长度，这样对本次放线的长度和线箱中剩余线缆的长度一目了然，并将线箱中剩余线缆布放至合适的信息点。放线记录表见表 6-1。放线记录表规范的做法是采用专用的记录纸张，简单的做法是写在包装箱上。

表 6-1 放线记录表

线箱号码：		起始长度：		线缆总长度：	
序号	信息点名称	起始长度	结束长度	使用长度	线箱剩余长度

4. 线缆余量

线缆应有余量以适应终接、检测和变更。对绞电缆预留长度：在工作区宜为 3～6 m，电信间宜为 0.5～2 m，设备间宜为 3～5 m，有特殊要求的应按设计要求预留长度。

5. 桥架及线槽内线缆绑扎要求

① 槽内线缆布放应平齐顺直、排列有序、尽量不交叉，在线缆进出线槽部位、转弯处应绑扎固定。

② 线缆在桥架内垂直敷设时，在线缆的上端和每间隔 1.5 m 处应固定在桥架的支架上；水平敷设时，在线缆的首、尾、转弯及每间隔 5～10 m 处进行固定。

③ 在水平、垂直桥架中敷设线缆时，应对线缆进行绑扎，对绞电缆、光缆及其他信号电缆应根据线缆的类别、数量、缆径、线缆芯数分束绑扎，绑扎间距不宜大于 1.5 m，间距应均匀，不宜绑扎过紧或使线缆受到挤压。

如图 6-12 所示，在垂直桥架中对线缆进行绑扎，垂直桥架中需有绑扎固定点。

图 6-12
在垂直线槽中对线缆
进行绑扎

如图 6-13 所示为开放式桥架中叠压式固定线缆方式。

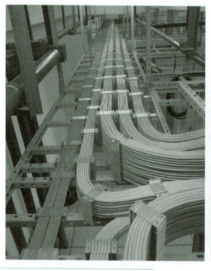 

图 6-13
开放式桥架中叠压式
固定线缆方式

6. 电缆转弯时弯曲半径的规定

① 非屏蔽 4 对对绞电缆的弯曲半径应至少为电缆外径的 4 倍。

② 屏蔽 4 对对绞电缆的弯曲半径应至少为电缆外径的 8 倍。

③ 主干对绞电缆的弯曲半径应至少为电缆外径的 10 倍。

7. 电缆与其他管线距离

电缆尽量远离其他管线，与电力及其他管线的距离要符合 GB 50311—2016

中的规定。

8. 预埋线槽和暗管敷设线缆的规定

① 敷设线槽和暗管的两端宜用标志表示出编号等内容。

② 预埋线槽宜采用金属线槽，预埋或密封线槽的截面利用率应为 30%～50%。

③ 敷设暗管宜采用钢管或阻燃聚氯乙烯硬质管。布放大对数主干电缆及 4 芯以上光缆时，直线管道的管径利用率应为 50%～60%，弯管道应为 40%～50%。暗管布放 4 对对绞电缆或 4 芯及以下光缆时，管道的截面利用率应为 25%～30%。

9. 拉绳速度和拉力

拉线缆的速度从理论上讲，线的直径越小，则拉的速度越快。但是，有经验的安装者会采取慢速而又平稳的拉绳，而不是快速地拉绳，其原因是快速拉绳会造成线缆的缠绕或被绊住，而拉力过大也会造成线缆变形，会引起线缆传输性能下降。线缆最大允许拉力如下：

① 1 根 4 对双绞线电缆，拉力为 100 N（10 kg）；

② 2 根 4 对双绞线电缆，拉力为 150 N（15 kg）；

③ 3 根 4 对双绞线电缆，拉力为 200 N（20 kg）；

④ n 根 4 对双绞线电缆，拉力为 $n \times 50 + 50$ N。

⑤ 25 对 5 类 UTP 电缆，最大拉力不能超过 40 kg，速度不宜超过 15 m/min。

10. 双绞线牵引

当同时布放的线缆数量较多时，就要采用线缆牵引。线缆牵引就是用一条拉绳（通常是一条绳）或一条软钢丝绳将线缆牵引穿过墙壁管路、天花板和地板管路。牵引时拉绳与线缆的连接点应保证尽量平滑和牢固，所以要采用电工胶带紧紧地缠绕在连接点外面。

拉绳在电缆上固定的方法有拉环、牵引夹和直接将拉绳系在电缆上 3 种方式。拉环是将电缆的导线弯成一个环，导线通过带子束在一起然后束在电缆护套上，拉环可以使所有电缆线对和电缆护套均匀受力。牵引夹是一个灵活的网夹设备，可以套在电缆护套上，网夹系在拉绳上然后用带子束住，牵引夹的另一端固定在电缆护套上，当在拉绳上加力时，牵引夹可以将力传到电缆护套上。在牵引大型电缆时，还有一种旋转拉环的方式。旋转拉环是一种在用拉绳牵引时可以旋转的设备，在将干线电缆安装在电缆通道内时，旋转拉环可防止拉绳和干线电缆的扭绞。干线电缆的线对在受力时会导致电缆性能下降，另外干线电缆如果扭绞，电缆内的线对可能会断裂。

尽可能保持电缆的结构是敷设双绞线时的基本原则，如果是少量电缆，可以在很长的距离上保持线对的几何结构；如果是大量捆扎在一起的电缆，可能会产生挤压变形。图 6-14 所示是 6 类电缆挤压变形后的情况。

在这种挤压下缩短了棕色和橙色的距离，虽然双绞的结构可以减小由此带来的影响，但是如果变形超出承受度，会对测试结果造成影响，这时只能用 HDTDX 技术来诊断。如果只是一点挤压，一般影响很小；如果整根线被粗暴使用，就可能在近端串扰和回波损耗上测试失败。所以在拖放、捆扎电缆时要特别小心，要保护电缆的结构。

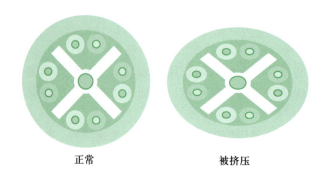

正常　　　　　　　　被挤压

图 6-14
电缆被挤压造成的影响

6.4.2　敷设水平双绞线

1. 暗道布线

暗道布线是在浇筑混凝土时已预埋好地板管道或墙体管道，管道内有牵引电缆线的钢丝或铁丝，如果没有，就用小型穿线器牵引。安装人员只要索取管道图纸来了解布线管道系统，确定布线路由。管道一般从配线间或走廊水平主干槽道埋到信息插座安装孔，安装人员只要将 4 对线电缆线固定在信息插座的拉线端，从管道的另一端将线缆牵引拉出。

2. 天花板内布线

水平布线最常用的方法是在天花板内布线。具体施工步骤如下：

① 确定布线路由。

② 沿着所设计的路由打开天花板，用双手推开每块镶板，如图 6-15 所示。多条 4 对线很重，为了减轻压在吊顶上的压力，可使用 J 形钩、吊索及其他支撑物来支撑。

③ 以同一工作区信息点为一组，每组布放 6 根双绞线缆为宜。

④ 加标签。在箱上或放线记录表上写标识编号，在线缆的末端注上标识编号。

⑤ 在离电信间最远的一端开始拉到电信间，如图 6-16 所示。

⑥ 将线缆整理进机柜。

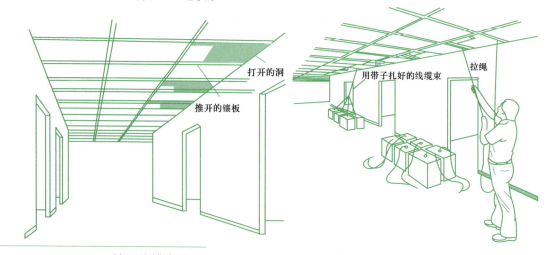

打开的洞

推开的镶板

用带子扎好的线缆束

拉绳

图 6-15
移动天花板镶板
图 6-16
将用带子扎好的线缆束
拉过天花板

3. 墙面线槽布线

墙面线槽布线是一种明铺方式，均为短距离段落。如已建成的建筑物中没有暗敷管槽，则只能采用明敷线槽或将线缆直接敷设。在施工中应尽量把线缆固定在隐蔽的装饰线下或不易被碰触的地方，以保证线缆安全。在墙壁上布线槽一般遵循下列步骤：

① 确定布线路由；
② 沿着路由方向放线（讲究直线美观）；
③ 线槽每隔 1 m 要安装固定螺钉；
④ 布线时线槽容量为 70%；
⑤ 盖塑料槽盖，注意槽盖应错位盖。

4. 机柜进线及理线

线缆敷设至电信间后，以楼层、房间、工作区的顺序为依据，依序将线缆整理进机柜，机柜里线缆根据端接位置、盘缆要求预留 3～5 m。以下是常见的几种进线方式：

① 机柜顶部进线。如图 6-17 所示为开放式桥架机柜顶部进线方式。

图 6-17
开放式桥架机柜顶部
进线方式

② 活动地板机柜底部进线。
③ 水泥地板机柜底部进线。如图 6-18 所示为机柜内线缆理线效果图。

图 6-18
机柜内线缆理线效果图

6.5 任务实施：端接双绞线缆

6.5.1 端接双绞线缆的基本要求

双绞线端接是综合布线系统工程中最为关键的步骤，包括配线接续设备（设备间、配线间）和通信引出端（工作区）处的安装施工。综合布线系统的故障绝大部分出现在链路的连接处，故障会导致线路不通和衰减、串扰、回波损耗等电气指标不合格。故障不仅出现在某个连接点，也包含连接安装时不规范作业，如弯曲半径过小、开绞距离过长等引起的故障。因此，安装和维护综合布线的人员，必须先进行严格培训，掌握安装技能。

① 端接双绞线缆前，必须核对线缆标识内容是否正确。

② 线缆中间不能有接头。

③ 线缆终接处必须牢固、接触良好。

④ 双绞电缆与连接器件连接应认准线号、线位色标，不得颠倒和错接。

⑤ 端接时，每对对绞线应保持扭绞状态，线缆剥除外护套长度够端接即可，最大暴露双绞线长度为 40～50 mm，扭绞松开长度对于 3 类电缆不应大于 75 mm；对于 5 类电缆不应大于 13 mm；对于 6 类电缆应尽量保持扭绞状态，减小扭绞松开长度；7 类布线系统采用非 RJ-45 方式连接时，连接图应符合相关标准规定。

⑥ 虽然线缆路由中允许转弯，但端接安装中要尽量避免不必要的转弯，绝大多数的安装要求少于 3 个 90° 转弯，在一个信息插座盒中允许有少数线缆的转弯及短的（30 cm）盘圈。安装时要避免下列情况：弯曲超过 90°，过紧地缠绕线缆，损伤线缆的外皮，剥去外皮时伤及双绞线绝缘层。具体要求如图 6-19 所示。

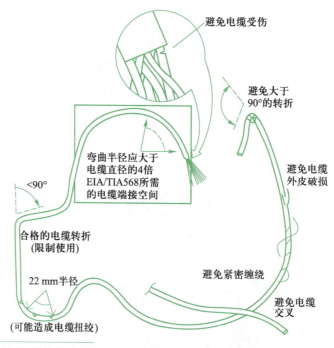

图 6-19
线缆端接时的处理

⑦ 线缆剥掉塑料外套后，双绞线对在端接时的注意事项如图 6-20 所示。

⑧ 线缆终端方法应采用卡接方式，施工中不宜用力过猛，以免造成接续模块受损。连接顺序应按线缆的统一色标排列，在模块中连接后的多余线头必须清除干净，以免留有后患。

⑨ 对通信引出端内部连接件进行检查，做好固定线的连接，以保证电气连接的完整牢靠。如连接不当，有可能增加链路衰减和近端串扰。

⑩ 线对屏蔽和电缆护套屏蔽层在和模块的屏蔽罩进行连接时，应保证 360° 的接触，而且接触长度不应小于 10 mm，以保证屏蔽层的导通性能。电缆连接以后应将电缆进行整理，并核对接线是否正确，对不同的屏蔽对绞线或屏蔽电

缆，屏蔽层应采用不同的端接方法。应对编织层或金属箔与汇流导线进行有效的端接。

⑪ 信息模块/RJ 接头与双绞线端接有 T568A 或 T568B 两种结构，但在同一个综合布线工程中，两者不应混合使用。

⑫ 各种线缆（包括跳线）和接插件间必须接触良好、连接正确、标志清楚。跳线选用的类型和品种均应符合系统设计要求。跳线可以分为以下几种：两端为 110 插头（4 对或 5 对）电缆跳线；两端为 RJ-45 接头电缆跳线；一端为 RJ-45 接头，一端为 110 插头电缆跳线。

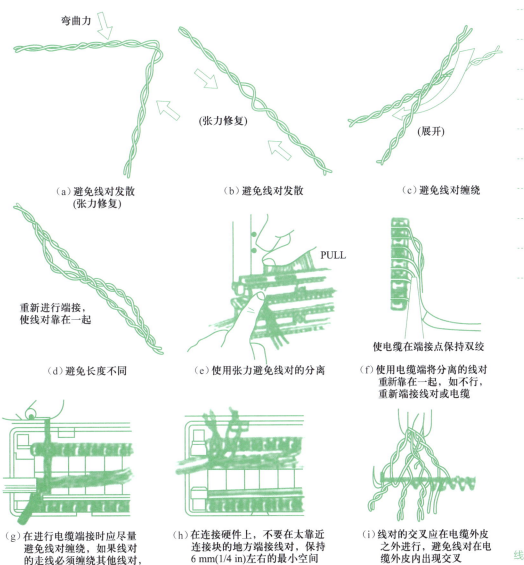

（a）避免线对发散（张力修复）
（b）避免线对发散
（c）避免线对缠绕
（d）避免长度不同
（e）使用张力避免线对的分离
（f）使用电缆端将分离的线对重新靠在一起，如不行，重新端接线对或电缆
（g）在进行电缆端接时应尽量避免线对缠绕，如果线对的走线必须缠绕其他线对，避免出现（e）所示的情况
（h）在连接硬件上，不要在太靠近连接块的地方端接线对，保持 6 mm(1/4 in)左右的最小空间
（i）线对的交叉应在电缆外皮之外进行，避免线对在电缆外皮内出现交叉

图 6-20
线缆剥掉塑料外套后双绞线对端接时的注意事项

6.5.2 端接 RJ-45 接头

网络技术人员经常要制作跳线，即将双绞线连接至 RJ-45 接头。RJ-45 接头由金属触片和塑料外壳构成，其前端有 8 个凹槽，简称"8P"（Position，位置），凹槽内有 8 个金属触点，简称"8C"（Contact，触点），因此 RJ-45 接头

微课：制作网络跳线

又称"8P8C"接头。端接 RJ-45 接头时，要注意它的引脚次序，当金属片朝上时，1～8 的引脚次序应从左往右数。

连接 RJ-45 接头虽然简单，但它是影响通信质量的非常重要的因素：开绞过长会影响近端串扰指标，压接不稳会引起通信的时断时续，剥皮时损伤线对线芯会引起短路、断路等故障等。

RJ-45 接头连接按 T568A 和 T568B 排序。T568A 的线序是：白绿、绿、白橙、蓝、白蓝、橙、白棕、棕；T568B 的线序是：白橙、橙、白绿、蓝、白蓝、绿、白棕、棕。下面以 T568B 标准为例，介绍 RJ-45 接头连接步骤。

1）剥线。

用双绞线剥线器将双绞线塑料外皮剥去 2～3 cm。

2）排线。

将绿色线对与蓝色线对放在中间位置，而橙色线对与棕色线对放在靠外的位置，形成左一橙、左二蓝、左三绿、左四棕的线对次序。

3）理线。

小心地剥开每一线对（开绞），并将线芯按 T568B 标准排序，特别是要将白绿线芯从蓝和白蓝线对上交叉至 3 号位置，将线芯拉直压平、挤紧理顺（朝一个方向紧靠）。

4）剪切。

将裸露出的双绞线芯用压线钳、剪刀、斜口钳等工具整齐地剪切，只剩下约 13 mm 的长度。

5）插入。

一手以拇指和中指捏住 RJ-45 接头，并用食指抵住，接头的方向是金属引脚朝上、弹片朝下。另一只手捏住双绞线，用力缓缓将双绞线 8 条导线依序插入接头，并一直插到 8 个凹槽顶端。

6）检查。

检查 RJ-45 接头正面，查看线序是否正确；检查接头顶部，查看 8 根线芯是否都顶到顶部。

7）压接。

确认无误后，将 RJ-45 接头推入压线钳夹槽，用力握紧压线钳，将突出在外面的针脚全部压入接头内，完成 RJ-45 接头连接。

RJ-45 接头的保护胶套可防止跳线拉扯时造成接触不良，如果接头要使用这种胶套，须在连接接头之前将胶套插在双绞线电缆上，连接完成后再将胶套套上。用同一标准安装另一侧接头，完成直通网线的制作。另一侧用 T568A 标准，则完成一条交叉网线的制作，最后用线序测试仪进行接线检查。

6.5.3 安装信息插座

1. 信息插座安装步骤

信息插座由面板、信息模块和盒体底座几部分组成，其中信息模块端接是信息插座安装的关键。信息插座的安装步骤如下：

① 将双绞线从线槽或线管中通过进线孔拉入信息插座底盒中。

② 为便于端接、维修和变更，线缆从底盒拉出后预留 15 cm 左右，将多

微课：安装信息插座

余部分剪去。

③ 端接信息模块。

④ 将容余线缆盘于底盒中。

⑤ 将信息模块插入面板中。

⑥ 合上面板，紧固螺钉，插入标识，完成安装。

2. 信息模块的端接

前面介绍过，信息模块分打线模块（又称冲压型模块）和免打线模块（又称扣锁端接帽模块）两种，打线模块需要用打线工具将每个电缆线对的线芯端接在信息模块上，扣锁端接帽模块则使用一个塑料端接帽把每根导线端接在模块上。此外，还有一些类型的模块既可用打线工具也可用塑料端接帽压接线芯。所有模块的每个端接槽都有 T568A 和 T568B 接线标准的颜色编码，通过这些编码可以确定双绞线电缆每根线芯的确切位置。以下分别以打线模块和免打线模块端接为例，介绍信息模块的端接步骤（注意，不同厂商的模块结构不同，端接方法和步骤有所不同）。

（1）打线信息模块端接步骤（以 T568B 标准为例）

① 用剥线钳剥去 4 对双绞线的外皮约 3 cm，如图 6-21 所示。

② 用剪刀剪去撕剥线，如图 6-22 所示。

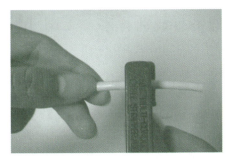

图 6-21
剥去外皮
图 6-22
剪去撕剥线

③ 按照模块上标示的 T568B 标准线序，将线对整理至对应的位置，如图 6-23 所示。

④ 有两种方法将线芯卡接到对应的槽位上。方法 1：从线头处打开绞对并卡接到槽位上（开绞长度为刚好能卡入槽位）；方法 2：不用开绞，从线头处挤开线对，将两个线芯同时卡入相邻槽位，如图 6-24 所示。

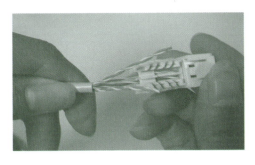
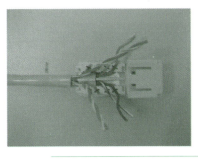

图 6-23
理线
图 6-24
卡线

⑤ 当线对都卡入相应的槽位后，再一次检查各线对线序是否正确，如图 6-25 所示。

⑥ 用打线刀（刀要与模块垂直，刀口向外）逐条压入线芯，并打断多余的线头，如图 6-26 所示。

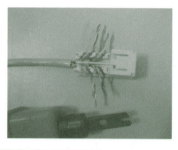

图 6-25
检查
图 6-26
压线

⑦ 压接后的信息模块如图 6-27 所示。

⑧ 给模块安装上保护帽，如图 6-28 所示，模块安装完毕。

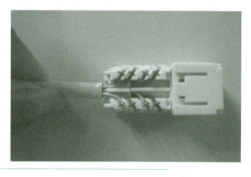

图 6-27
压接后的信息模块
图 6-28
给模块安装上保护帽

（2）免打线信息模块端接步骤（以 T568B 标准为例）

① 用剥线钳剥去 4 对双绞线的外皮约 3 cm，如图 6-29 所示。

② 用剪刀剪去撕剥线，如图 6-30 所示。

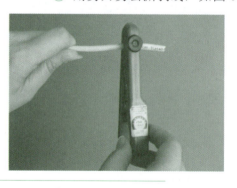
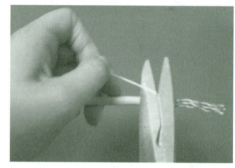

图 6-29
剥去外皮
图 6-30
剪去撕剥线

③ 按照模块上标示的 T568B 标准线序，将线对整理至对应的位置，如图 6-31 所示。

④ 将线缆按标示线序方向插入至扣锁端接帽，注意开绞长度（至信息模块底座卡接点）不能超过 13 mm，如图 6-32 所示。

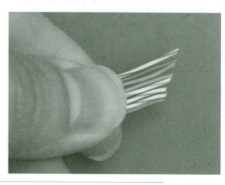
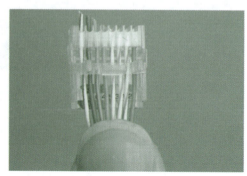

图 6-31
理平、理直线缆，斜口剪齐
导线
图 6-32
线缆插入扣锁端接帽

⑤ 当线对都卡入相应的槽位后，再一次检查各线对线序是否正确，将多余导线拉直并弯至反面，如图 6-33 所示。

⑥ 用 PVC 剪刀将弯过来的多余线剪平，如图 6-34 所示。

⑦ 用 PVC 剪刀的硬塑套将扣锁端接帽压接至模块底座，如图 6-35 所示。

⑧ 模块端接完成，如图 6-36 所示。

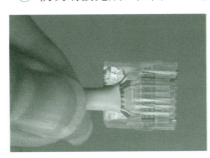 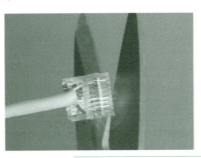

图 6-33
检查
图 6-34
剪平

图 6-35
用 PVC 剪刀的硬塑套压接
图 6-36
模块端接完成

6.5.4 安装数据配线架

配线架是配线子系统关键的配线接续设备，安装在配线间的机柜（机架）中。配线架在机柜中的安装位置要综合考虑机柜线缆的进线方式、有源交换设备散热、美观、便于管理等要素。

1. 数据配线架安装基本要求

① 为了管理方便，配线间的数据配线架和网络交换设备一般都安装在同一个 19 in 的机柜中。

② 根据楼层信息点标识编号，按顺序安放配线架，并画出机柜中配线架信息点分布图，便于安装和管理。

③ 线缆一般从机柜的底部进入，所以通常配线架安装在机柜下部，交换机安装在机柜上部，也可根据进线方式做出调整。

④ 为美观和管理方便，机柜正面配线架之间和交换机之间要安装理线架，跳线从配线架面板的 RJ-45 接口接出后通过理线架从机柜两侧进入交换机间的理线架，然后再接入交换机端口。

⑤ 对于要端接的线缆，先以配线架为单位，在机柜内部进行整理，用扎带绑扎，将冗余的线缆盘放在机柜的底部后再进行端接，使机柜内整齐美观，便于管理和使用。

数据配线架有固定式和模块化配线架。下面分别给出两种配线架的安装步骤，同类配线架的安装步骤大体相同。

2. 固定式配线架安装过程

① 将配线架固定到机柜合适位置，在配线架背面安装理线环。

② 从机柜进线处开始整理电缆，电缆沿机柜两侧整理至理线环处，使用

微课：安装数据配线架

绑扎带固定好电缆，一般 6 根电缆作为一组进行绑扎，将电缆穿过理线环摆放至配线架处。

③ 根据每根电缆连接接口的位置，测量端接电缆应预留的长度，然后使用压线钳、剪刀、斜口钳等工具剪断电缆。

④ 根据选定的接线标准，将 T568A 或 T568B 标签压入模块组插槽内。

⑤ 根据标签色标排列顺序，将对应颜色的线对逐一压入槽内，然后使用打线工具固定线对连接，同时将伸出槽位外多余的导线截断，如图 6-37 所示。

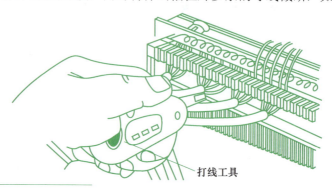

打线工具

图 6-37
将线对逐次压入槽位并
打压固定

⑥ 将每组线缆压入槽位内，然后整理并绑扎固定线缆，如图 6-38 所示，固定式配线架安装完毕。

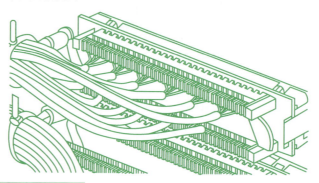

图 6-38
整理并绑扎固定线缆

安装模块化配线架时，信息模块端接方法同信息插座的模块端接，理线方法参考固定式配线架安装方法。图 6-39 所示为模块化配线架安装后的机柜内部效果图。

图 6-39
模块化配线架安装后机柜
内部效果图

6.6 任务实施：敷设大对数语音干线线缆

园区综合布线系统的语音电话系统是这样传输的：园区的语音交换机安装在建筑群设备间，建筑群大对数语音干线系统将语音电话系统连接至建筑物设备间，建筑物大对数语音干线系统又将语音电话系统连接至楼层电信间，安装的水平双绞线布线系统将语音电话系统连接至工作区的信息插座，从而形成一条完整的语音通信链路，当然中间还需要跳线将各系统跳接。

因此，大对数语音干线系统包括建筑群大对数语音干线系统和建筑物大对数语音干线系统。以下介绍建筑物内大对数语音干线系统的安装。

6.6.1 垂直主干管道准备

建筑物垂直主干管道主要敷设光缆和大对数电缆，大对数是 25 对、50 对或更大对数的双绞线，它的布线路由在建筑物设备间到楼层电信间之间。

在新的建筑物中，通常在每一层同一位置都有封闭型的小房间，称为弱电井（弱电间），如图 6-40 所示。在弱电间有一些方形的槽孔和较小套筒圆孔，这些孔从建筑物最高层直通地下室，用来敷设主干线缆。需要注意的是，若利用这样的弱电竖井敷设线缆，必须对线缆进行固定保护，楼层之间要采取防火措施。

对没有竖井的旧式大楼进行综合布线，一般是重新铺设金属线槽作为竖井。

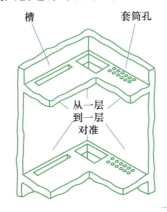

图 6-40
封闭性弱电竖井

在竖井中敷设干线电缆一般有以下两种方法：

① 向下垂放电缆；

② 向上牵引电缆。

相比较而言，向下垂放比向上牵引容易。当电缆盘比较容易搬运上楼时，向下垂放电缆；当电缆盘过大、电梯装不进去或大楼走廊过窄等情况导致电缆不可能搬运至较高楼层时，只能向上牵引电缆。

6.6.2 向下垂放线缆

向下垂放线缆的一般步骤如下：

① 对垂直干线电缆路由进行检查，确定至管理间的每个位置都有足够的空间敷设和支持干线电缆。

② 把线缆卷轴放到顶层。

③ 在离房子的开口（孔洞处）3～4 m 处安装线缆卷轴，并从卷轴顶部馈线，如图 6-41 所示。

④ 在线缆卷轴处安排所需的布线施工人员（数目视卷轴尺寸及线缆质量而定），每层上要有一个施工人员以便引寻下垂的线缆，在施工过程中每层施工人员之间必须能通过对讲机等通信工具保持联系。

⑤ 开始旋转卷轴，将线缆从卷轴上拉出。

⑥ 将拉绳固定在拉出的线缆上，引导进竖井中的孔洞。在此之前先在孔洞中安放一个塑料的套状保护物，以防止孔洞不光滑的边缘擦破线缆的外皮，如图 6-42 所示。

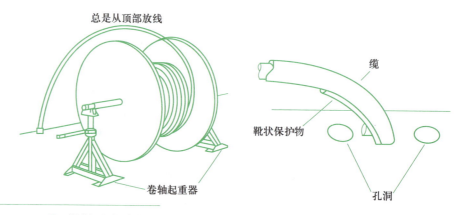

图 6-41
安装线缆卷轴
图 6-42
保护线缆的塑料靴状物

⑦ 慢慢地从卷轴上放缆并进入孔洞向下垂放，不要快速地放缆。

⑧ 继续放线，直到下一层布线工人能将线缆引到下一个孔洞。

⑨ 按前面的步骤，继续慢慢地放线，并将线缆引入各层的孔洞，各层的孔洞也安放一个塑料的套状保护物，以防止孔洞不光滑的边缘擦破线缆的外皮。

⑩ 当线缆到达目的地时，把每层的线缆绕成卷放在架子上固定起来，等待以后的端接。

⑪ 对电缆的两端进行标记，如果没有标记的话，要对干线电缆通道进行标记。

如果要经由一个大孔敷设垂直干线缆，就无法使用塑料保护套了，这时最好使用一个滑车轮，通过它来下垂布线，为此需要做如下操作：

① 孔的中心处装上一个滑车轮，如图 6-43 所示；

② 将缆拉出绕在滑车轮上；

③ 按前面所介绍的方法牵引缆穿过每层的孔。

在布线时，若线缆要做弯曲半径小于允许值（双绞线弯曲半径为 8～10 倍线缆的直径，光缆为 20～30 倍线缆的直径）的弯曲，可以将线缆放在滑车轮上，解决线缆的弯曲问题，如图 6-44 所示。

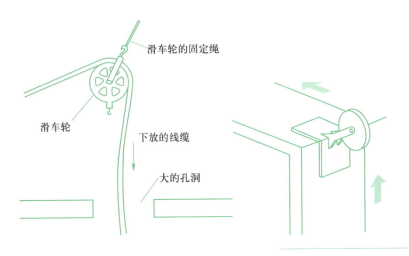

滑车轮的固定绳

滑车轮

下放的线缆

大的孔洞

图 6-43
用滑车轮向下布放线缆
通过大孔
图 6-44
用滑车轮解决线缆的弯曲

6.6.3 安装 110 语音配线架

1. 安装 110 配线架的步骤（以安装 25 对大对数为例）

① 将配线架固定到机柜合适位置。

② 从机柜进线处开始整理电缆，电缆沿机柜两侧整理至配线架处，并留出大约 25cm 的大对数电缆，用电工刀或剪刀把大对数电缆的外皮剥去（图 6-45），使用绑扎带固定好电缆，将电缆穿过 110 语音配线架一侧的进线孔，摆放至配线架打线处（图 6-46）。

微课：安装 110 语音配线架

图 6-45
剥去大对数电缆的外皮
图 6-46
将电缆穿过配线架一侧的进线孔

③ 25 对线缆进行线序排线，首先进行主色分配（图 6-47），再按配色分配（图 6-48），标准物分配原则如下。

通信电缆色谱排列：

线缆主色为白、红、黑、黄、紫；

线缆配色为蓝、橙、绿、棕、灰。

一组线缆为 25 对，以色带来分组。

一共有 25 组，分别为：

a.（白蓝、白橙、白绿、白棕、白灰）

b.（红蓝、红橙、红绿、红棕、红灰）

c.（黑蓝、黑橙、黑绿、黑棕、黑灰）

d.（黄蓝、黄橙、黄绿、黄棕、黄灰）

e.（紫蓝、紫橙、紫绿、紫棕、紫灰）

1～25 对线为第一小组，用白蓝相间的色带缠绕；

26～50 对线为第二小组，用白橙相间的色带缠绕；

51～75 对线为第三小组，用白绿相间的色带缠绕；

76～100 对线为第四小组，用白棕相间的色带缠绕。

此 100 对线为 1 大组，用白蓝相间的色带把 4 小组缠绕在一起。

200 对、300 对、400 对、……2 400 对、……依此类推。

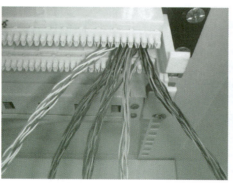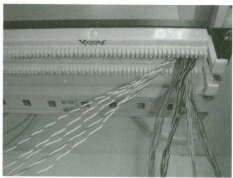

图 6-47
按主色排列
图 6-48
按配色分配

④ 根据电缆色谱排列顺序，将对应颜色的线对逐一压入槽内（图 6-49），然后使用 110 打线工具固定线对连接，同时将伸出槽位外多余的导线截断。注意：刀要与配线架垂直，刀口向外，如图 6-50 所示。完成后的效果如图 6-51 所示。

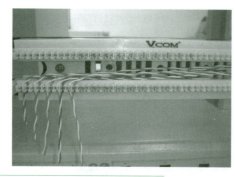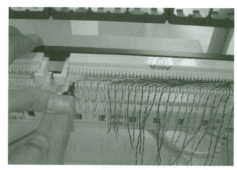

图 6-49
排列后把线卡入相应槽位
图 6-50
用打线工具逐条压紧线缆并
打断多余的头

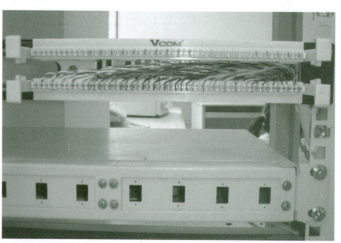

图 6-51
完成后的效果图

⑤ 然后准备 5 对打线工具和 110 连接块（图 6-52），将连接块放入 5 对打线工具中（图 6-53），把连接块垂直压入槽内（图 6-54），并贴上编号标签，

注意连接端子的组合是：在 25 对的 110 配线架基座上安装时，应选择 5 个 4 对连接块和 1 个 5 对连接块，或 7 个 3 对连接块和 1 个 4 对连接块。从左到右完成白区、红区、黑区、黄区和紫区的安装，这与 25 对大对数电缆的安装色序一致。完成后的效果图如图 6-55 所示。

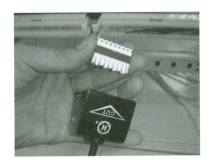

图 6-52
准备 5 对打线工具和 110 连接块
图 6-53
将连接块放入 5 对打线工具中

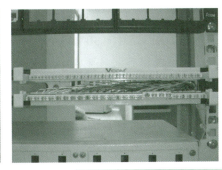

图 6-54
把连接块垂直压入槽内
图 6-55
完成后的效果图

2. 110 配线架的跳接

① 110 配线架到 110 配线架跳接（如建筑群语音主干到建筑物语音主干）用 110—110 跳线。

② 110 配线架到数据配线架跳接（如建筑物语音主干到水平子系统）用 110—RJ-45 跳线。

▶ 项目实训

实训 1　端接双绞线缆基本技能训练

① 在操作台或实训台上进行打线训练。

② 端接 RJ-45 接头，做网络跳线。

③ 安装信息插座（免打模块和打线模块）。

④ 安装数据配线架（固定式和模块式）。

⑤ 安装 110 语音配线架。

实训 2　安装双绞线布线系统

1. 实训内容

在掌握端接双绞线缆技能的基础上，进行安装双绞线布线系统整个工程项目实训，内容包括本项目的全部任务实施内容：敷设并端接水平 4 对双绞线电缆；敷设并端接语音主干大对数电缆。

2. 实训环境

以项目 5 在模拟楼安装的管槽、机柜、信息插座底盒为基础完成本实训项目。

习题与思考

一、选择题

1. 电缆转弯时，非屏蔽 4 对对绞电缆的弯曲半径应至少为电缆外径的（　　）倍。

　　A. 4　　　　　　B. 6　　　　　　C. 8　　　　　　D. 10

2. 线缆应有余量以适应终接、检测和变更。电信间（配线间）对绞电缆预留长度宜为（　　）。

　　A. 3～6 cm　　B. 10～20 cm　　C. 0.5～2 m　　D. 3～5 m

3. 预埋线槽宜采用金属线槽，预埋或密封线槽布线线缆时，截面利用率应为（　　）。

　　A. 25％～30％　B. 30％～50％　C. 40％～50％　D. 50％～60％

4. 暗管布放 4 对对绞电缆或 4 芯及以下光缆时，管道的截面利用率应为（　　）。

　　A. 25％～30％　B. 30％～50％　　C. 40％～50％　　D. 50％～60％

5. RJ-45 接头连接按 T568B 接线顺序为（　　）。

　　A. 白橙、橙、白绿、蓝、白蓝、绿、白棕、棕

　　B. 白橙、橙、蓝、白蓝、绿、白棕、棕、白绿

　　C. 白橙、橙、白绿、白蓝、绿、白棕、棕、蓝

　　D. 白橙、橙、蓝、白蓝、绿、棕、白绿、白棕

二、简答题

1. 简述放线记录表的内容和作用。

2. 4 对双绞线缆预留长度有哪些要求？

3. 简述理线架的类型和作用。

4. 桥架及线槽内线缆绑扎有哪些要求？

5. 简述端接双绞线缆的基本要求。

项目 7　安装光缆布线系统

PPT：安装光缆布线系统

学习目标

知识目标：

（1）理解 GB/T 50312—2016 中光缆系统的安装规范。

（2）熟悉安装光缆系统的各型工具。

（3）了解光传输知识。

技能目标：

（1）会敷设室内外光缆系统。

（2）会连接光纤连接头。

（3）会熔接光纤。

（4）会安装光纤配线架，能整洁规范地理线、扎线。

（5）能规范地标识光缆系统。

素质目标

7.1　项目背景

你是否觉得光缆系统比铜缆系统的技术复杂程度高，施工难度大？的确是这样，但随着光缆布线系统的普及和价格的下降，光纤到户、光纤到桌面已成为现实。因此，熟练安装光缆布线系统是项目经理和布线工程师必备的基本功。安装光缆布线系统包括敷设光缆和连接光纤两个过程，通过完成这两项任务，使之成为一条畅通的通信链路。光缆系统不但用于建筑群主干布线系统和建筑物主干布线系统，在通信质量和速度要求高的场所，光缆系统已应用于桌面传输。

7.2　光纤连接工具

敷设光缆的工具和敷设电缆的工具一样。下面介绍光纤连接工具。

1. 开缆工具

开缆工具的功能是剥离光缆的外护套，有沿线缆走向纵向剖切和横向切断光缆外护套两种开缆方式，因此有不同种类的开缆工具。以下介绍几种典型的开缆工具。

1）横向开缆刀。

横向开缆刀如图 7-1 所示。

2）纵向开缆刀。

图 7-2 所示为一款德国产纵向开缆刀。纵向开缆刀俗称"爬山虎"，是光缆施工及维护中用于纵向开剥光缆的一种理想工具。工具本身由手柄、齿轮夹、双面刀以及偏心轮（可调 4 个位置）组成。调整偏心轮的 4 个可调位置适用于剥除不同外护层厚度的光（电）缆。双面刀刀刃材质特殊，锋利而耐用。随工具还配送有黑色及黄色光（电）缆专用适配器、内六角螺钉旋具、包装盒及操作说明。其中，黄色适配器专用于光缆；黑色适配器则适用于小于 25 mm 的电缆；内六角螺钉旋具则用于更换双面刀。

在实际进行纵向开剥光缆操作时，将黄色适配器套在双面刀处，调整光缆偏心器正确后，将刀口插入光缆并使刀身与缆平行，反复压动手柄即可。

图 7-1
横向开缆刀
图 7-2
纵向开缆刀

3）横、纵向综合开缆刀。

图 7-3 所示是一款摇把式横、纵向综合开缆刀。它是针对光缆施工中为剥开光缆外护套而专门设计的，很好地解决了开剥光缆操作中的难点——纵剖及横切，可快捷精确地完全或部分去除光缆外护套。综合开缆刀的刀片采用高级合金工具钢，锋利耐用。

图 7-3
摇把式横、纵向综合开缆刀

4）钢丝钳。

剥离光缆的外护套除需要开缆刀外，还需要剪断加强钢缆的钢丝钳。

2. 光纤剥离钳

光纤剥离钳用于剥离光纤涂覆层和外护层，其种类很多。图 7-4 所示为双口光纤剥离钳。它具有双开口、多功能的特点。钳刃上的 V 型口用于精确剥离 250 μm、500 μm 的涂覆层和 900 μm 的缓冲层。第二开孔用于剥离 3 mm 的尾纤外护层。所有的切端面都有精密的机械公差以保证干净、平滑地操作。不使用时，可使刀口锁在关闭状态。

3. 光纤剪刀

光纤剪刀用于修剪凯弗拉线（Kevlar）。图 7-5 所示为高杠杆光纤剪刀，这是一种防滑锯齿剪刀，复位弹簧可提高剪切速度，但只可剪光纤线的 Kevlar 层，不能剪光纤内芯线玻璃层及用于剥皮。

图 7-4
双口光纤剥离钳
图 7-5
光纤剪刀

4. 光纤连接器压接钳

光纤连接器压接钳用于压接 FC、SC 和 ST 连接器，如图 7-6 所示。

5. 光纤切割工具

光纤切割工具用于多模和单模光纤的切割，包括通用光纤切割工具和光纤切割笔。其中，通用光纤切割工具用于光纤的精密切割，如图 7-7 所示。

图 7-6
光纤连接器压接钳
图 7-7
通用光纤切割工具

6. 单芯光纤熔接机

单芯光纤熔接机采用芯对芯标准系统（PAS）进行快速、全自动熔接，如图 7-8 所示。它配备有双摄像头和 5 in 高清晰度彩色显示器，能进行 x、y 轴同步观察。深凹式防风盖在 15 m/s 的强风下能进行接续工作，可以自动检测放电强度，放电稳定可靠，能够进行自动光纤类型识别、自动校准熔接位置、自动选择最佳熔接程序以及自动推算接续损耗。其可选件及必备件有主机、AC 转换器/充电器、AC 电源线、监视器罩、电极棒、便携箱、操作手册、精密光纤切割刀、充电/直流电源和涂覆层剥皮钳，以及酒精、酒精棉等。

图 7-8
单芯光纤熔接机

光缆施工包括敷设光缆和光纤连接。光缆与电缆同是通信线路的传输媒质，其施工方法虽基本相似，但因光纤是由石英玻璃制成的，光信号须密封在由光纤包层所限制的光波导管里传输，故光缆施工比电缆施工的难度要大。这种难度包括光缆的敷设难度和光纤的连接难度。

7.3　光纤连接的种类

光缆敷设完成后，必须通过光纤连接才能形成一条完整的光纤传输链路。一条光纤链路有多处连接点，包括光纤直接接续点、连接器端接和连接器互连等连接点，所以光纤连接也相应地有接续和端接两种方式。

1. 光纤接续

光纤接续是指两段光纤之间的永久连接。光纤接续分为冷接（机械接续）和熔接两种方法，其中冷接是把两根切割清洗后的光纤通过机械连接部件结合在一起；熔接是在高压电弧下把两根切割清洗后的光纤连接在一起，熔接时要把两光纤的接头熔化后接为一体。光纤熔接后，光波可以在两根光纤之间以极低的损耗传输。光纤熔接机是专门用于光纤熔接的工具。目前，工程中主要采用操作方便、接续损耗低的熔接连接方式。

2. 光纤端接

光纤端接是把光纤连接器与一根光纤接续后磨光的过程。光纤端接时要求连接器接续和对光纤连接器的端头磨光操作正确，以减少连接损耗。光纤端接主要用于制作光纤跳线和光纤尾纤。目前，市场上端接各型连接器的光纤跳线和尾纤的成品繁多，所以现在综合布线工程中普遍选用现成的光纤跳线和尾纤，而很少进行现场光纤端接连接。

3. 光纤连接器互连

光纤连接器互连是将两条半固定的光纤（尾纤）通过其上的连接器与光纤配线架、光纤插座上的耦合器互连起来，具体做法是将两条半固定光纤上的连接器从嵌板的两边插入其耦合器中。对于互连结构来说，光纤连接器的互连是将一条半固定光纤上的连接器插入嵌板上耦合器的一端，并在此耦合器的另一端插入光纤跳线的连接器，然后将光纤跳线另一端的连接器插入网络设备。例如，楼层配线间光纤互连结构如下：进入的垂直主干光缆与光纤尾纤熔接于光纤配线架内，光纤尾纤连接器插入光纤配线架面板上耦合器的里面一端，光纤跳线插入光纤配线架面板上耦合器的外面一端，光纤跳线另一端插入网络交换设备的光纤接口。

也可将连接器互连称为光纤端接。

7.4　光纤连接损耗

光纤连接损耗的原因包括光纤本征因素和非本征因素两类。其中，光纤本征因素是指光纤自身因素，它是由光纤的变化引起的，当两根不同类型的光纤连接在一起时，也会导致本征损耗；非本征因素是指接续技术引起的光纤连接损耗。光缆一经订购，其光纤自身的传输损耗也基本确定了，而光纤接头处的接续损耗则与光纤的本身及现场施工有关，所以引起光纤连接损耗的主要是非本征因素。因此，提高接续技术可降低光纤接头处的接续损耗。

非本征因素主要有以下几种情况。

① 端面分离：活动连接器的连接不好，很容易产生端面分离，造成连接损耗较大。当熔接机放电电压较低时，也容易产生端面分离，此情况在有拉力测试功能的熔接机中可以发现。

② 轴心错位：单模光纤纤芯很细，两根对接光纤轴心错位会影响接续损耗。当错位 1.2 μm 时，接续损耗达 0.5 dB。

③ 轴心倾斜：当光纤断面倾斜 1° 时，约产生 0.6 dB 的接续损耗，如果要求接续损耗小于 0.1 dB，则单模光纤的倾角应小于 0.3°。

以上 3 种因素影响损耗的情况如图 7-9 所示。

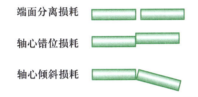

图 7-9
3 种影响损耗的非本征因素

④ 端面质量：光纤端面的平整度差时也会产生损耗。

⑤ 接续点附近光纤物理变形：光缆在敷设过程中的拉伸变形，接续盒中夹固光缆压力太大等，都会对接续损耗有影响，甚至熔接几次都不能改善。

对于熔接来说，接续人员的操作水平、操作步骤、盘纤工艺水平以及熔接机中电极清洁程度、熔接参数设置、工作环境清洁程度等因素均会影响熔接损耗。

7.5 光纤连接极性

光纤传输通道包括两根光纤，一根用于接收信号，另一根用于发送信号，即光信号只能单向传输。如果收对收、发对发，光纤传输系统肯定不能工作，因此光纤工作前，应先确定信号在光纤中的传输方向。

ST 型通过烦冗的编号方式来保证光纤极性，而 SC 型为双工接头，在施工中对号入座就完全解决了极性这个问题。

综合布线采用的光纤连接器配有单工和双工光纤软线。建议在水平光缆或干线光缆连接处的光缆侧采用单工光纤连接器，在用户侧采用双工光纤连接器，以保证光纤连接的极性正确。

光纤信息插座的极性可通过锁定插座来确定，也可用耦合器 A 位置和 B 位置的标记来确定，并可用线缆来延伸这一极性。这些光纤连接器及标记可用于所有非永久的光纤交叉连接场合。

应用系统的设备安装完成后，其极性就已确定，光纤传输系统就会保证发送信号和接收信号的正确性。

① 用双工光纤连接器（SC）时，须用键锁扣定义极性。图 7-10 所示为双

工光纤连接器与耦合器连接的配置，应有它们自己的键锁扣。

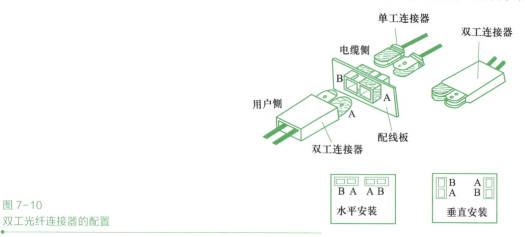

图 7-10
双工光纤连接器的配置

② 当用单工光纤连接器（BFOC/2.5）时，对连接器应做上标记，表明它们的极性。图 7-11 所示为单工光纤连接器与耦合器连接的配置及极性标记。

图 7-11
单工光纤连接器的配置

③ 图 7-12 所示为单工、双工光纤连接器与耦合器混合互连的配置。

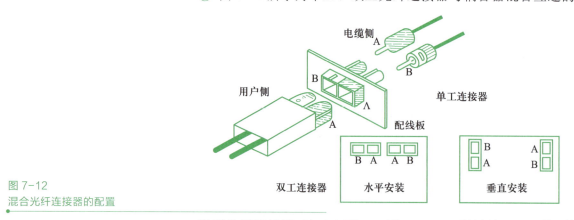

图 7-12
混合光纤连接器的配置

微型光纤连接器（如 LC 型、FJ 型、MT-RJ 型以及 VF45 型）是将一对光纤一起连接，而且接插的方向是固定的，在实际使用中比较方便，也不会误插。

7.6　光纤施工安全操作规程

由于光纤传输和材料结构方面的特性，在施工过程中如果操作不当，光源可能会伤害人的眼睛，切割留下的光纤纤维碎屑会伤害人的身体，因此在光缆施工过程中要采取有效的安全防范措施。当然，也不要谈虎色变，在工作中缩手缩脚。光缆传输系统使用光缆连接各种设备，如果连接不好或光缆断裂，会产生光波辐射；进行测量和维护工作的技术人员在安装和运行半导体激光器时，也可能暴露在光波辐射之中。固态激光器、气态激光器和半导体激光器虽是不同的激光器，但它们发出的光波都是一束发散的波束，其辐射通量密度随距离很快发散，距离越大，对眼睛伤害的可能性越小。从断裂光纤端口辐射的光能比从磨光端接面辐射的光能多，如果偶然地用肉眼去观察无端接头或损坏的光纤，且距离大于 15.24 cm，则不会损伤眼睛。特别是，绝不能用光学仪器（如显微镜、放大镜或小型放大镜）去观察已供电的光纤终端，否则会对眼睛造成伤害。如果间接地通过光电变换器（如探测射线显示器（FIND-R-Scope）或红外（IR）显示器）去观察光波系统，则是安全的。用肉眼观察无端接头的已通电的连接器或一根已损坏的光纤端口，当距离大于 30 cm 时不会对眼睛造成伤害，但是这种观察方法应该避免。具体要遵守以下安全规程：

① 参加光缆施工的人员必须经过专业培训，了解光纤传输特性，掌握光纤连接技巧，遵守操作规程。未经严格培训的人员不许参加施工，严禁操作已安装好的光纤传输系统。

② 在光纤使用过程中（即正在通过光缆传输信号），技术人员不得检查其端头。只有光纤为深色（即未传输信号）时方可进行检查。由于大多数光学系统采用的光是人眼看不见的，所以在操作光传输通道时要特别小心。

③ 折断的光纤碎屑实际上是很细小的玻璃针形光纤，容易划破皮肤和衣服。当它刺入皮肤时，会使人感到相当的疼痛；如果该碎片被吸入人体内，对人体会造成较大的危害。因此，制作光纤终接头或使用裸光纤的技术人员必须戴上眼镜和手套，穿上工作服。在可能存在裸光纤的工作区内应该坚持反复清扫，确保没有任何裸光纤碎屑；应该用瓶子或其他容器装光纤碎屑，确保这些碎屑不会遗漏，以免造成伤害。

④ 决不允许观看已通电的光源、光纤及其连接器，更不允许用光学仪器观看已通电的光纤传输器件。只有在断开所有光源的情况下，才能对光纤传输系统进行维护操作。如果必须在光纤工作时（特别是当系统采用激光作为光源时，光纤连接不好或断裂会使人受到光波辐射）对其进行检查，则操作人员应佩带具有红外滤波功能的保护眼镜。

⑤ 离开工作区之前，所有接触过裸光纤的工作人员必须立即洗手，并对衣服进行检查，用干净胶带拍打衣服，以去除可能粘在衣服上的光纤碎屑。

7.7 任务实施：敷设光缆

7.7.1 敷设前的准备

① 工程所用的光缆规格、型号、数量应符合设计规定和合同要求。

② 光纤所附标记、标签内容应齐全和清晰。

③ 光缆外护套要完整无损，光缆应有出厂质量检验合格证。

④ 光缆开盘后应先检查光缆端头封装是否良好。光缆外包装或光缆护套如有损伤，应对该盘光缆进行光纤性能指标测试，如有断纤应进行处理，待检查合格才允许使用。光纤检测完毕，光缆端头应密封固定，恢复外包装。

⑤ 光纤跳线检验应符合下列规定：两端的光纤连接器端面应装配有合适的保护盖帽；每根光纤接插线的光纤类型应有明显的标记，应符合设计要求。

⑥ 光纤衰减常数和光纤长度检验。衰减测试时可先用光时域反射仪进行测试，测试结果若超出标准或与出厂测试数据相差较大，再用光功率计测试，并将两种测试结果加以比较，排除测试误差对实际测试结果的影响。要求对每根光纤进行长度测试，测试结果应与盘标长度一致；如果差别较大，则应从另一端进行测试或做通光检查，以判定是否有断纤现象。

7.7.2　敷设光缆的基本要求

① 由于光纤的纤芯为石英玻璃，因此光缆比双绞线有更高的弯曲半径要求，2 芯或 4 芯水平光缆的弯曲半径应大于 25 mm；其他芯数的水平光缆、主干光缆和室外光缆的弯曲半径应至少为光缆外径的 10 倍。

② 光纤的抗拉强度比电缆小，因此在操作光缆时，不允许超过各种类型光缆的抗拉强度。敷设光缆的牵引力一般应小于光缆允许张力的 80%，对光缆瞬间的最大牵引力不能超过允许张力。为了满足对弯曲半径和抗拉强度的要求，在施工中应使光缆卷轴转动，以便拉出光缆。放线总是从卷轴的顶部去牵引光缆，而且是缓慢而平稳地牵引，而不是急促地抽拉光缆。

③ 涂有塑料涂覆层的光纤细如毛发，而且光纤表面的微小伤痕都将使耐张力显著地恶化。另外，当光纤受到不均匀侧面压力时，光纤损耗将明显增大，因此敷设时应控制光缆的敷设张力，避免使光纤受到过度的外力（弯曲、侧压、牵拉、冲击等）。在敷设光缆施工中，严禁光缆打小圈及弯折、扭曲，光缆施工宜采用"前走后跟，光缆上肩"的放缆方法，以有效地防止打背扣的发生。

④ 光缆布放应有冗余，光缆布放路由宜盘留（过线井处），预留长度宜为 3～5 m；在设备间和电信间，多余光缆盘好存放，光缆盘曲的弯曲半径应至少为光缆外径的 10 倍，预留长度宜为 3～5 m，有特殊要求的应按设计要求预留长度。

⑤ 敷设光缆的两端应贴上标签，以表明起始位置和终端位置。

⑥ 光缆与建筑物内其他管线应保持一定间距，最小间距符合表 3-7 中的规定。

⑦ 必须在施工前对光缆的端别予以判定并确定 A、B 端，A 端应是网络枢纽的方向，B 端是用户一侧。敷设光缆的端别应方向一致，不得使端别排列混乱。

⑧ 光缆不论在建筑物内或建筑群间敷设，应单独占用管道管孔，如利用原有管道和铜芯导线电缆共管时，应在管孔中穿放塑料子管，塑料子管的内径应为光缆外径的 1.5 倍以上。在建筑物内光缆与其他弱电系统平行敷设时，应有间距地分开敷设，并固定绑扎。当 4 芯光缆在建筑物内采用暗管敷设时，管

道的截面利用率应为 25%～30%。

7.7.3　敷设光缆

敷设光缆分建筑物内敷设光缆和建筑群间敷设光缆两种。

1．建筑物内敷设光缆

在建筑物内，光缆主要用垂直干线布线，主要通过弱电井垂直敷设光缆。在弱电井中敷设光缆有两种选择：向上牵引和向下垂放。

通常向下垂放比向上牵引容易些，但如果将光缆卷轴机搬到高层上去很困难，则只能由下向上牵引。向上牵引和向下垂放方法与电缆敷设方法类似，只是在敷设过程中要特别注意光缆的最小弯曲半径，控制光缆的敷设张力，避免使光纤受到过度的外力。

在大型单层建筑物中或当楼层配线间离弱电井距离较远时，垂直干线需要在水平方向敷设光缆，同时当水平布线选用光缆时也需要在水平方向敷设光缆。水平敷设光缆有吊顶敷设和水平管道敷设两种方式。

2．建筑群间敷设光缆

建筑群之间的敷设光缆，与综合布线系统设计中讨论的一样，主要有管道敷设、隧道敷设、直埋敷设和架空敷设 4 种方法，其中地下管道敷设是最好的一种方法，也是最多采用的一种方法。下面重点介绍管道敷设步骤：

① 敷设光缆前，应逐段将管孔清刷干净和试通。清扫时应用专制的清刷工具，清扫后应用试通棒试通检查合格，才可穿放光缆。如果采用塑料子管，则要求对塑料子管的材质、规格、盘长进行检查，均应符合设计规定。一般塑料子管的内径为光缆外径的 1.5 倍以上，一个 90 mm 管孔中布放两根以上的子管时，其子管等效总外径不宜大于管孔内径的 85%。

② 当穿放塑料子管时，其敷设方法与敷设光缆基本相同。如果采用多孔塑料管，可免去对子管的敷设要求。

③ 光缆采用人工牵引布放时，每个人孔或手孔应有人值守帮助牵引，人工牵引可采用玻璃纤维穿线器；机械布放光缆时，不用每个孔均有人，但在拐弯处应有专人照看。

④ 光缆一次牵引长度一般不应大于 1 km。超长距离时，应将光缆盘成倒 8 字形分段牵引或在中间适当地点增加辅助牵引，以减少光缆张力和提高施工效率。

⑤ 为了在牵引过程中保护光缆外护套等不受损伤，在光缆穿入管孔或管道拐弯处与其他障碍物有交叉时，应采用导引装置或喇叭口保护管等保护。此外，根据需要可在光缆四周加涂中性润滑剂等材料，以减少牵引光缆时的摩擦阻力。

⑥ 敷设光缆后，应逐个在人孔或手孔中将光缆放置在规定的托板上，并应留有适当余量，避免光缆过于绷紧。人孔或手孔中光缆需要接续时，其预留长度应符合表 7-1 的规定。在设计中如有要求做特殊预留的长度，应按规定位置妥善放置（例如预留光缆是为将来引入新建的建筑）。

敷设方式	自然弯曲增加长度（m）	人（手）孔内弯曲增加长度（m）	接续每侧预留长度（m）	设备每侧预留长度（m）	备　注
管道	5	0.5～1.0	6～8	10～20	其他预留按设计要求，管道或直埋光缆要引上架空时，其引上地面部分每处增加6～8 m
直埋	7				

⑦ 光缆管道中间的管孔不得有接头。当光缆在人孔中没有接头时，要求光缆弯曲放置在电缆托板上固定绑扎，不得在人孔中间直接通过，否则既影响今后的施工和维护，又增加对光缆损害的机会。

⑧ 光缆与其接头在人孔或手孔中，均应放在人孔或手孔铁架的电缆托板上予以固定绑扎，并应按设计要求采取保护措施。保护材料可以采用蛇形软管或软塑料管等管材。

⑨ 光缆在人孔或手孔中应注意以下几点：光缆穿放的管孔出口端应封堵严密，以防水分或杂物进入管内；光缆及其接续应有识别标志，标志内容有编号、光缆型号和规格等；在严寒地区应按设计要求采取防冻措施，以防光缆受冻损伤；如光缆有可能被碰损伤时，可在其上面或周围采取保护措施。

7.8   任务实施：连接光纤

7.8.1   光纤接续的基本要求

① 光缆终端接头或设备的布置应合理有序，安装位置要安全稳定，其附近不应有可能损害它的外界环境，如热源和易燃物质等。

② 从光纤终端接头引出的光纤尾或单芯光缆的光纤所带的连接器应按设计要求插入光配线架上的连接部件中。暂时不用的连接器可不插接，但应套上塑料帽，以保证其不受污染，便于以后连接。

③ 在机架或设备（如光纤接头盒）内，应对光纤和光纤接头加以保护。光纤盘绕方向要一致，要有足够的空间和符合规定的曲率半径。

④ 光缆中的金属屏蔽层、金属加强芯和金属铠装层均应按设计要求，采取终端连接和接地，并要求检查和测试其是否符合标准规定，如有问题必须补救纠正。

⑤ 光缆传输系统中的光纤连接器在插入适配器或耦合器前，应用丙醇酒精棉签擦试连接器插头和适配器内部，清洁干净后才能插接，且插接必须紧密、牢固可靠。

⑥ 光纤终端连接处均应设有醒目标志，其标志内容应正确无误、清楚完整（如光纤序号和用途等）。

7.8.2   光纤连接器互连

光纤连接器互连端接比较简单。下面以 ST 光纤连接器为例，说明其互连方法。

① 清洁 ST 连接器。取下 ST 连接器头上的黑色保护帽，用沾有光纤清洁剂的棉签轻轻擦拭连接器头。

② 清洁耦合器。摘下光纤耦合器两端的红色保护帽，用沾有光纤清洁剂的杆状清洁器穿过耦合器孔擦拭耦合器内部以除去其中的碎片，如图 7-13 所示。

③ 使用罐装气，吹去耦合器内部的灰尘，如图 7-14 所示。

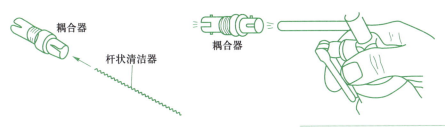

图 7-13
用杆状清洁器除去碎片
图 7-14
用罐装气吹去耦合器中的灰尘

④ 将 ST 光纤连接器插到一个耦合器中。将光纤连接器头插入耦合器的一端，耦合器上的突起对准连接器槽口，插入后扭转连接器以使其锁定。如经测试发现光能量耗损较高，则摘下连接器并用罐装气重新净化耦合器，然后再插入 ST 光纤连接器。在耦合器的两端插入 ST 光纤连接器，并确保两个连接器的端面在耦合器中接触，如图 7-15 所示。

连接器　　　　耦合器　　　　连接器

图 7-15
将 ST 光纤连接器插入耦合器

> **注意**
>
> 每次重新安装时，都要用罐装气吹去耦合器的灰尘，并用沾有试剂级的丙醇酒精的棉签擦净 ST 光纤连接器。

⑤ 重复以上步骤，直到所有的 ST 光纤连接器都插入耦合器为止。

> **注意**
>
> 若一次来不及装上所有的 ST 光纤连接器，则连接器头上要盖上黑色保护帽，而耦合器空白端或未连接的一端（另一端已插上连接头的情况）要盖上红色保护帽。

7.8.3　光纤熔接与机架式光纤配线架安装

光纤熔接是目前普遍采用的光纤接续方法，即光纤熔接机通过高压放电将接续光纤端面熔融后，将两根光纤连接到一起成为一段完整的光纤。这种方法接续损耗小（一般小于 0.1 dB），而且可靠性高。熔接连接光纤不会产生缝隙，因而不会引入反射损耗，入射损耗也很小，在 0.01～0.15 dB 之间。在光纤进行熔接前要把涂敷层剥离。机械接头本身是保护连接的光纤的护套，但熔接在连接处却没有任何的保护，因此熔接光纤机采用重新涂敷器来涂敷熔接区域和

微课：光纤熔接

使用熔接保护套管两种方式来保护光纤。现在普遍采用熔接保护套管的方式，它将保护套管套在接合处，然后对它们进行加热，套管内管是由热材料制成的，因此这些套管就可以牢牢地固定在需要保护的地方。加固件可避免光纤在这一区域弯曲。

光纤熔接需要开缆。开缆就是剥离光纤的外护套、缓冲管。光纤在熔接前必须去除涂覆层，以提高光纤成缆时的抗张力。光纤有两层涂覆层，由于不能损坏光纤，所以剥离涂覆层是一个操作非常精细的程序，去除涂覆层应使用专用剥离钳，不得使用刀片等简易工具，以防损伤纤芯。去除光纤涂覆层时要特别小心，不要损坏其他部位的涂覆层，以防在熔接盒（盘纤盒）内盘绕光纤时折断纤芯。光纤的末端需要进行切割，要用专业的工具切割光纤以使末端表面平整、清洁，并使之与光纤的中心线垂直。切割对于接续质量十分重要，可以减少连接损耗。任何未正确处理的表面都会引起由于末端的分离而产生的额外损耗。

光纤熔接在光纤配线架和光纤接续盒中，光纤配线架集熔接和配线功能于一体，对光纤起到较好的保护作用，并通过光纤耦合器实现光纤端接管理工作。本任务介绍室外光纤熔接和机架式光纤配线架的安装步骤。室内光纤没有保护钢缆和铠装结构，其安装相对比室外光纤容易。

以下安装中，12 芯室外单模光纤已经敷设到机柜中，12 芯室外单模光纤与 12 条光纤尾纤熔接于 12 口机架式光纤配线架中。

1. 安装工具

安装工具有开缆工具、钢丝钳、凯弗拉线剪刀、光纤剥离钳、螺钉旋具、光纤切割刀、光纤熔接机（古河 S176）、酒精棉、卫生纸。

2. 设备与材料

机柜 1 台，12 口光纤配线架 1 个，12 芯单模光缆 1 条，ST 耦合器 12 个，单模尾纤 12 条，热缩套管 12 个。

3. 光纤熔接和机架式光纤配线架安装步骤

① 打开光纤配线架的盖板，如图 7-16 所示，在光纤配线架的面板上安装选定的耦合器，本例中为 ST 耦合器。图 7-17 所示为安装好耦合器后的光纤配线架。

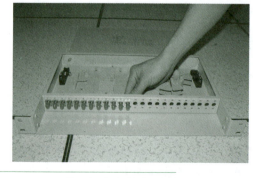

图 7-16
在光纤配线架的面板上
安装耦合器
图 7-17
安装好耦合器后的
光纤配线架

② 本次安装的光缆从机柜底部穿入，光纤配线架安装在机柜底部。将预

留光缆盘扎于机柜底部，只剩下 1.5～2 m 长度暂不固定，用于穿入光纤配线架和熔接，如图 7-18 所示。

③ 为了熔接方便，光纤配线架暂不安装到机柜中，而是放置于机柜前，将光缆穿过光纤配线架的进缆孔，如图 7-19 所示。

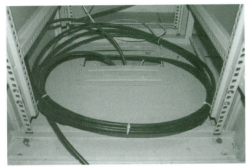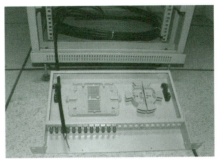

图 7-18
将光缆盘扎于机柜底部
图 7-19
光缆穿过光纤配线架
的进缆孔

④ 开缆。根据机架式光纤配线架的尺寸，从距光缆末端 40～50 cm 处用横向开缆刀横向切断光缆外护套，用纵向开缆刀沿线缆走向纵向剖切光缆外护套。本例中仅用横向开缆刀开缆。根据光缆护套的大小，用手柄调整刀刃深度，旋转开缆刀，横向切割光缆外护套，如图 7-20 所示。然后将外护套抽出，如图 7-21 所示。

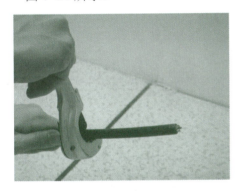

图 7-20
用横向开缆刀横向切割
光缆外护套
图 7-21
将光缆外护套抽出

⑤ 如图 7-22 所示，用卫生纸除去光纤上的油膏；如图 7-23 所示，用凯弗拉线剪刀剪除凯弗拉线。

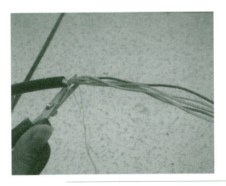

图 7-22
用卫生纸除去光纤上的油膏
图 7-23
用凯弗拉线剪刀剪除
凯弗拉线

⑥ 用钢丝钳剪去保护用的钢丝，离开缆处留下约 8 cm 长的钢丝用于固定光缆于光纤配线架，如图 7-24 所示。

⑦ 从光纤束中分离光纤，如图 7-25 所示。

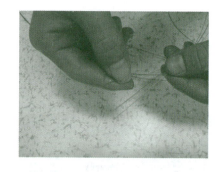

图 7-24
剪去钢丝，留下 8 cm
固定光缆
图 7-25
从光纤束中分离光纤

⑧ 用光纤剥离钳剥去光纤涂覆层，其长度一般为 3 cm 左右，如图 7-26 所示；再用酒精棉擦拭光纤，如图 7-27 所示。

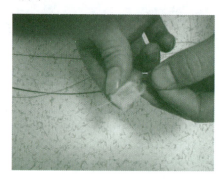

图 7-26
用光纤剥离钳剥去
光纤涂覆层
图 7-27
用酒精棉擦拭光纤

⑨ 将光纤放入切割刀的光纤槽中，切到规范长度（除去涂覆层的光纤长度），本例为 15 mm（切割刀上有刻度）。制备光纤端面，如图 7-28 所示，然后将光纤断头用夹子夹到指定的容器内。

⑩ 开启光纤熔接机，确定要熔接的光纤是多模光纤还是单模光纤。打开熔接机电极上的护罩，打开 V 形槽罩，将光纤放入 V 形槽。在 V 形槽内滑动光纤，在光纤端头达到两电极之间时停下来，如图 7-29 所示，然后合上 V 形槽，准备光纤尾纤。

图 7-28
用光纤切割刀切割光纤，
制备光纤端面
图 7-29
将光纤放入熔接机的 V 形槽

⑪ 准备光纤尾纤。根据尾纤从耦合器到盘纤盒长度和熔接需要的长度，预留光纤尾纤长度，如图 7-30 所示。将热缩套管（长度一般为 6 cm）套入尾纤上，如图 7-31 所示。

⑫ 剥离尾纤的保护层，长度约 3 cm，如图 7-32 所示，然后用酒精棉擦拭光纤。

⑬ 将光纤尾纤放入切割刀中的尾纤槽（与光缆光纤槽不同）中，将光纤

切到规范长度（除去保护层的尾纤长度），本例为 15 mm。制备光纤端面，如图 7-33 所示，然后将光纤断头用夹子夹到指定的容器内。

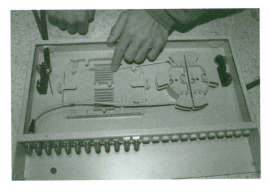
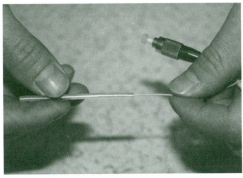

图 7-30
准备光纤尾纤
图 7-31
将热缩套管套入尾纤上

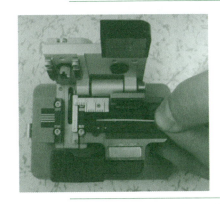

图 7-32
剥离尾纤的保护层
图 7-33
切割尾纤

⑭ 同步骤⑩，将切割好的尾纤放入熔接机的另一 V 形槽中，两根纤芯在电极处对准，中间相距微小距离，如图 7-34 所示。

图 7-34
两根纤芯在电极处对准

⑮ 合上 V 形槽和电极护罩，自动或手动对准光纤，开始对光纤进行预熔。通过高压电弧放电把两光纤的端头熔接在一起，熔接光纤后，自动测试接头损耗，做出质量判断。光纤熔接最大接续损耗不得超过 0.03 dB，图 7-35 所示为熔接机上显示的接续损耗为 0.03 dB，最好熔接质量的接续损耗为 0。如果光纤切割不良或两芯光纤没有对准，显示屏上有提示，熔接不通过，要重新切割光纤。如图 7-36 所示，右侧光纤切割不良，要重新切割光纤熔接。

⑯ 符合要求后，从 V 形槽中取出光纤，移动热缩套管，将熔接点放置于热缩套管的中间（热缩套管长 6 cm，本例熔接点两侧裸光纤长 1.5 cm）。 如图 7-37 所示，将热缩套管放置于熔接机的加热器中加热收缩，保护熔接头。熔接好其他 11 芯光纤，做好纤芯标识。

图 7-35
接续损耗为 0.03 dB
图 7-36
右侧光纤切割不良要
重新熔接

⑰ 旋紧配线架上光缆进缆口固定装置的螺母，将 12 芯光纤理至盘纤盒，如图 7-38 所示。

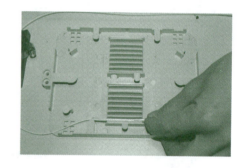

图 7-37
加热热缩套管保护熔接头
图 7-38
将光纤理至盘纤盒

⑱ 将热缩套管放置于盘纤盒的套管槽中，如图 7-39 所示。盘纤时，注意分两组从不同方向盘纤。图 7-40 所示为安装完成后的盘纤盒。

图 7-39
将热缩套管放置于盘纤盒
的套管槽中
图 7-40
安装完成后的盘纤盒

⑲ 移去耦合器防尘罩，将尾纤 ST 头插入配线架面板上盒内的 ST 耦合器中（注意顺序），盖上盘纤盒盖板，如图 7-41 所示。将光缆保护钢丝固定至进缆孔处的连接螺栓上，以起保护固定作用和接地作用，如图 7-42 所示。

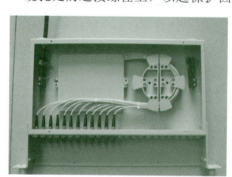

图 7-41
盘纤盒
图 7-42
将光缆保护钢丝固定在
连接螺栓上

⑳ 如图 7-43 所示，盖上光纤配线架盖板；如图 7-44 所示，将光纤配线架安装在机柜上，整理和绑扎好机柜中的光缆，光纤熔接和机架式光纤配线架

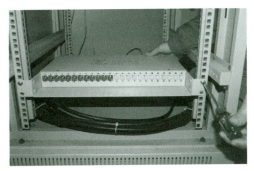

安装完毕。

图 7-43
盖上盖板的光纤配线架
图 7-44
将光纤配线架安装在机柜上

7.8.4 光纤熔接故障及提高光纤熔接质量的措施

1. 光纤熔接时熔接机的异常信息和不良接续结果

光纤熔接过程中，由于对熔接机的设置不当出现的异常情况，以及对光纤操作时光纤不洁或切割、放置不当等，均会引起熔接失败，具体见表 7-2。

表 7-2　光纤熔接时熔接机的异常信息和不良接续结果

信　息	原　因	措　施
设定异常	光纤在 V 形槽中伸出太长	参照防风罩内侧的标记，重新放置光纤在合适的位置
	切割长度太长	重新剥除、清洁、切割和放置光纤
	镜头或反光镜脏	清洁镜头、升降镜和防风罩反光镜
光纤不清洁或者镜不清洁	光纤表面、镜头或反光镜脏	重新剥除、清洁、切割和放置光纤，清洁镜头、升降镜和风罩反光镜
	清洁放电功能关闭时间太短	如必要时增加清洁放电时间
光纤端面质量差	切割角度大于门限值	重新剥除、清洁、切割和放置光纤，如仍发生切割不良，确认切割刀的状态
超出行程	切割长度太短	重新剥除、清洁、切割和放置光纤
	切割放置位置错误	重新放置光纤于合适位置
	V 形槽脏	清洁 V 形槽
气泡	光纤端面切割不良	重新制备光纤或检查光纤切割刀
	光纤端面脏	重新制备光纤端面
	光纤端面边缘破裂	重新制备光纤端面或检查光纤切割刀
	预熔时间短	调整预熔时间
太细	锥形功能打开	确保"锥形熔接"功能关闭
	光纤送入量不足	执行"光纤送入量检查"指令
	放电强度太强	不用自动模式时，减小放电强度
太粗	光纤送入量过大	执行光纤送入量检查指令

2. 影响光纤熔接损耗的主要因素

导致光纤熔接损耗的原因很多，主要有以下 4 个方面：

① 光纤本征因素即光纤自身因素。例如，待连接的两根光纤的几何尺寸不一样，不是同心圆，不规整，相对折射率不同等。

② 光纤施工质量。由于光纤在敷设过程中的拉伸变形，或者接续盒中夹固光纤压力太大等原因造成接续点附近光纤物理变形。

③ 操作技术不当。由于熔接人员操作水平、操作步骤、盘纤工艺水平，

熔接机中电极清洁程度、熔接参数设置，工作环境清洁程度等原因导致光纤端面平整度差和端面分离、出现轴心错位和轴心倾斜等，使连接光纤的位置不准。

④ 熔接机本身质量问题。

3. 提高光纤熔接质量的措施

① 统一光纤材料。同一线路上尽量采用同一批次的优质名牌裸纤的光缆。这样，其模场直径基本相同，光纤在某点断开后，两端间的模场直径可视为一致，因而在此断开点熔接可使模场直径对光纤熔接损耗的影响降到最低。因此，要求光缆生产厂家用同一批次的裸纤，按要求的光缆长度连续生产，在每盘上顺序编号并分清 A、B 端，不得跳号。敷设光缆时须按编号沿确定的路由顺序布放，并保证前盘光缆的 B 端要和后一盘光缆的 A 端相连，从而保证接续时能在断开点熔接，并使熔接损耗值达到最小。

② 保障光缆敷设质量。在光缆敷设施工中，严禁光缆打小圈及弯折、扭曲。光缆施工宜采用"前走后跟，光缆上肩"的放缆方法。放缆时，牵引力不得超过光缆允许张力的 80%，瞬间最大牵引力不超过 100%。牵引力应加在光缆的加强件上，从而最大限度地降低光缆施工中光纤受损伤的概率，避免光纤芯受损导致的熔接损耗增大。

③ 保持安装现场清洁环境。光纤熔接应在整洁的环境中进行，严禁在多尘、潮湿的环境中露天操作。光纤接续部位及工具、材料应保持清洁，不得让光纤接头受潮。准备切割的光纤必须清洁，不得有污物。切割后光纤不得在空气中，尤其是在多尘、潮湿的环境中暴露时间过长。

④ 严格遵守操作规程和质量要求。熔接人员应严格按照光纤熔接工艺流程图进行接续，熔接过程中应一边熔接一边用 OTDR 测试熔接点的接续损耗。光纤接续损耗达不到规定指标，应剪掉接头重新熔接，反复熔接次数不宜超过 3 次。若还不合格，可剪除一段光缆重新开缆熔接，经测试合格才准使用。

⑤ 选用精度高的光纤端面切割器加工光纤端面。光纤端面的好坏直接影响熔接损耗大小，切割的光纤应为平整的镜面，无毛刺，无缺损。光纤端面的轴线倾角应小于 1°。高精度的光纤端面切割器不但提高光纤切割的成功率，也可以提高光纤端面的质量。这对 OTDR 测试不着的熔接点（即 OTDR 测试盲点）和光纤维护及抢修尤为重要。

⑥ 正确使用熔接机。正确使用熔接机也是降低光纤熔接损耗的重要措施。应根据光纤类型正确合理地设置熔接参数，如预放电电流、时间及主放电电流、时间等。使用中和使用后应及时清洁熔接机，特别是要清洁夹具、各镜面和 V 形槽内的粉尘和光纤碎末。每次使用前应使熔接机在熔接环境中放置至少 15 min，特别是放置在与使用环境差别较大的地方；应根据当时的气压、温度、湿度等环境情况，重新设置熔接机的放电电压及放电位置，并应将 V 形槽驱动器复位。

7.8.5　光纤冷接

光纤冷接技术，也称机械接续。与电弧放电的熔接方式不同，机械接续是把两根处理好端面的光纤固定在高精度 V 形槽中，通过外径对准的方式实现光纤纤芯的对接，同时利用 V 形槽内的光纤匹配液填充光纤切割不平整所形成的端面间隙。由于这一过程完全无源，因此被称为冷接。作为一种低成本的接续方式，光纤冷接技术主要应用在 FTTH（光纤到户）的皮线光缆接续中。

1. 光纤冷接损耗

光纤冷接的性能影响光纤接续插入损耗的主要因素是端面的切割质量和纤芯的对准误差。熔接接续和机械接续在纤芯对准方面有很大差别，熔接设备通过纤芯成像实现高精度对准，机械接续则主要取决于光纤外径的不圆度偏差以及纤芯/包层的同心度误差。随着光纤生产技术的不断进步，目前光纤外径的标准差（平均值为 125 mm±0.3 μm）和纤芯/包层同心度误差（平均值为 0.1 μm）均远远优于 ITU-T 建议书中的最大值规定（分别为±2 μm 和 1 μm）。此外，一些光纤机械接续产品的 V 形槽对准部件采用的材料具有良好的可延展性，能够在一定程度上弥补光纤外径误差（包括光纤自身尺寸以及光纤表面附着污物所造成的误差）对接续损耗的影响。例如，3M 公司的 FibrlokII 光纤机械接续子的插入损耗平均值仅为 0.07 dB，达到了与熔接基本相当的水平，其反射损耗也满足光纤网络传输各类信号的要求。

2. 光纤冷接特点

与光纤熔接相比，光纤冷接技术具有以下特点：

① 工具简单小巧，无需电源，工作环境温度范围宽，适合在各种环境下操作。

② 操作简单，对操作人员的技能要求低，上手快。

③ 购买全套工具的成本约为熔接方式全套工具成本的 20%，成本较低，能够普及配置。

④ 冷接速度快。由于前期准备工作简单，无需热缩保护，因此接续每芯光纤所用的时间约为熔接接续的 58%。

⑤ 此外，一般机械接续子在压接完成后仍然可以开启，这可以较大程度地提高接续效率。

3. 光纤冷接应用场合

光纤冷接主要用于 FTTH 的皮线光缆部分。这主要是因为 FTTH 一般采用皮线光缆接入到户，芯数均为 1 或 2，且长度较短，对于损耗的要求相对较低，光纤接续点存在着芯数少且多点分散的特点，并且经常需要在高处、楼道内等狭小空间、现场取电不方便等场合施工，局限性较大，因此采用光纤冷接方式更灵活、高效，不仅能够全面、有效地满足线路抢修要求，更有助于降低施工及维护成本。

目前，冷接技术已十分成熟，并逐渐被人们所熟悉。越来越多的光缆维护人员熟悉、掌握了该项技术，并能够在日常维护工作中独立运用。随着 FTTH 建设量的加大，以及光纤用户的增加，今后将需要更多的人员掌握光纤冷接方式，以适应市场、客户的需求。

拓展学习

请登录百度百科 http://baike.baidu.com/，输入"皮线光缆"，学习更多有关皮线光缆的知识。

微课：制作皮线光缆
冷接头

4. 皮线光缆冷接头安装步骤

（1）安装工具

安装工具有切割刀、定长器（用来固定皮线光缆所要剥割的长度）、酒精瓶、米勒钳（光纤剥离钳）、斜口钳以及皮线光缆开剥器，如图 7-45 所示。

（2）安装材料

皮线光缆一段，卫生纸一块，如图 7-46 所示；SC 冷接头一个，其结构如图 7-47 所示，外观如图 7-48 所示。

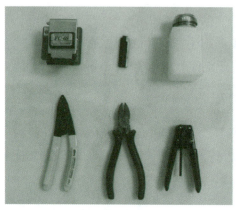
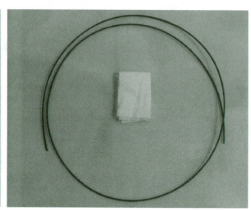

图 7-45
安装工具
图 7-46
皮线光缆和卫生纸

图 7-47
SC 冷接头结构
图 7-48
SC 冷接头外观

（3）安装步骤

① 把冷接头尾帽（拧帽）套入光缆，如图 7-49 所示。

② 利用皮线光缆开剥器开剥光缆外皮，如图 7-50 所示。

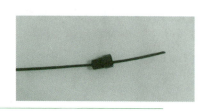
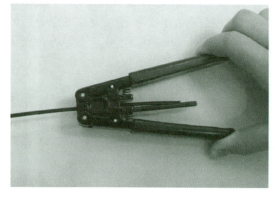

图 7-49
把尾帽套入光缆
图 7-50
用光缆开剥器开剥光缆外皮

③ 用米勒钳剥除涂层，如图 7-51 所示。

④ 用酒精清除光纤上的油膏，如图 7-52 所示。

⑤ 将剥好的光纤放在定长器内，如图 7-53 所示。

⑥ 将定长器放入切割槽，如图 7-54 所示。

图 7-51
用米勒钳剥除涂层
图 7-52
用酒精清除光纤上的油膏

图 7-53
将剥好的光纤放在定长器内
图 7-54
将定长器放入切割槽

⑦ 将切割好的光纤放入冷接头主体，如图 7-55 所示。

⑧ 合上压盖，夹紧光缆，拧上尾套，如图 7-56 所示。

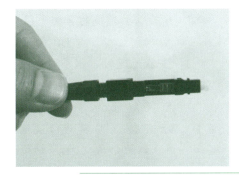

图 7-55
将切割好的光纤放入
冷接头主体
图 7-56
合上压盖，夹紧光缆，
拧上尾套

⑨ 套上 SC 头外套，如图 7-57 所示。

⑩ 安装完成，如图 7-58 所示。

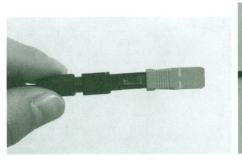
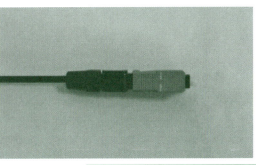

图 7-57
套上 SC 头外套
图 7-58
安装完成

▶ 项目实训

实训1 光纤熔接和光纤冷接

1. 实训内容

参照任务实施中"光纤熔接与机架式光纤配线架安装"和"光纤冷接"内容。

2. 实训环境要求

可在实训室的多功能综合布线实训台或网络机架操作台上完成本实训任务。

实训2 敷设光缆和安装光缆布线系统

1. 实训内容

在掌握光纤熔接与机架式光纤配线架安装技能的基础上,进行敷设光缆和安装光缆布线系统工程项目实训,内容包括本项目的全部任务实施内容。

2. 实训环境

以实训室模拟楼为对象,安装数据光缆主干子系统,完成本实训项目。

▶ 探索实践

以上介绍了光纤熔接和光纤冷接的单芯光纤接续技术。在实际光纤通信,特别是中长途通信中大量采用多芯光纤,请通过网络或现场工程参观,学习多芯光纤接续技术。

习题与思考

一、选择题

1. 6芯以上光缆的弯曲半径应至少为光缆外径的( )倍。

    A. 4   B. 6   C. 8   D. 10

2. 安装光缆时,很多场合要预留长度,光纤接续的每侧预留长度一般应为( )。

    A. 0.5~1 m   B. 3~5 m   C. 6~8 m   D. 10~20 m

3. 以下( )是光纤连接损耗的非本征因素。

    A. 端面分离   B. 轴心错位   C. 端面质量   D. 轴心倾斜

4. 当4芯光缆在建筑物内采用暗管敷设时,管道的截面利用率应为( )。

    A. 25%~30%   B. 30%~50%   C. 40%~50%   D. 50%~60%

二、简答题

1. 敷设光缆有哪些基本要求?

2. 引起光纤连接损耗的人为因素有哪些?

3. 简述光纤接续的方式及各自特点。

4. 简述光纤接续的基本要求。

5. 光纤切割后的光纤头应怎样处理?

6. 减少光纤熔接损耗的措施有哪些?

7. 简述光纤熔接和光纤冷接的适用场合。

项目 8　管理综合布线工程项目

8.1　项目背景

项目管理是一种公认的管理模式，它起源于传统行业，目前广泛应用于各行各业。项目管理应适应瞬息万变的组织经营环境，以提高企业的核心竞争力。计算机信息系统集成行业较之其他传统行业，其项目特点具有动态性和不确定性，项目管理过程不可简单重复，灵活性较强。对计算机信息系统集成项目实施项目管理可以规范项目需求，降低项目成本，缩短项目工期，保证项目质量，使成本、时间、质量呈现最优化的配置，最终达到满足用户需求和保障公司利益的目的。

项目管理通过项目经理实现。在综合布线工程中，项目经理的工作贯穿于从投标到项目准备、项目实施、项目验收的整个工作过程。计算机信息系统集成和智能建筑系统集成的内容多、范围广，本章将以综合布线为重点介绍项目经理在工程现场管理的工作任务。

在确立综合布线工程项目管理架构前，必须了解项目组织。项目组织是指实施项目的组织，是由一组个体成员为完成一个具体项目目标而建立起来的协同工作的队伍。项目组织是为一次性独特任务设立的，是一种临时性的组织，在项目结束以后，它的生命就会终结。

8.2　项目管理

8.2.1　项目管理的概念与目标

1. 项目管理的概念

项目管理是 20 世纪 50 年代后期发展起来的一种计划管理方法，它在工程技术和工程管理领域已得到广泛的应用。所谓项目管理，是指项目的管理者在有限的资源约束下，运用系统的观点、方法和理论，对项目所涉及的全部工作进行有效管理，即从项目的投资决策开始到项目结束的全过程进行计划、组织、指挥、协调、控制和评价，以实现项目的目标。其目的是通过运用科学的项目管理技术，更好地实现项目目标。项目管理职能主要由项目经理人来执行。图 8-1 是项目管理常见的内容。

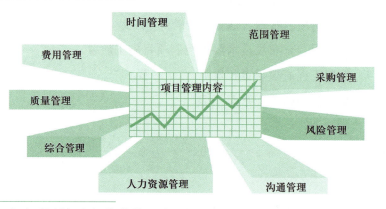

图 8-1
项目管理内容

对于不同性质和种类的工程项目，项目管理工作有着很大的区别。智能建筑的项目管理，既要参照工程项目管理所共有的系统分析、计划控制、组织管理等基本理论和基本方法，又要根据建筑智能化的特点采取相应的技术和管理措施。由于建筑智能化系统的综合性强、系统结构复杂、实施技术难度高，具有高科技和目标复杂等特征，因此智能建筑项目管理应从管理体系、技术、计划、组织、实施和控制、沟通和协调、验收等各个环节与其特征相匹配，才能保证达到项目的最终目标。

在智能建筑领域，项目管理的应用可以直接渗入智能建筑当中的通信、楼宇控制、安防及楼宇自动化等系统。项目管理对系统集成进行整体管理，对各个系统进行综合考虑，保证集成后各个系统之间的良好沟通与互动，其目的就是要保证整个系统进行和谐而融洽的集成，保证竣工的智能建筑能够有效地发挥其功能与作用。

2. 项目管理目标

（1）目标立场

项目管理的总体目标是在有限资源限定条件下，实现或超过设定的需求和期望。因为有目标的存在，项目管理是有立场的，即同一个工程项目，建设方有建设方的项目管理目标，监理方有监理方的项目管理目标，总包方有总包方的项目管理目标，施工方有施工方的项目管理目标。在讲解项目管理目标之前，有必要了解一下市场上常见的工程实施模式。

综合布线所属的建筑智能化系统工程项目，是一项技术先进、涉及领域广、投资规模大的建设项目，目前主要有以下工程承包模式。

1）工程总承包模式。

这种模式中，工程承包商将负责所有系统的设计、设备供应、管线和设备安装、系统调试、系统集成和工程管理工作，最终提供整个系统的移交和验收。这种模式也称为交钥匙工程模式。

2）系统总承包安装分包模式。

这种模式中，工程承包商将负责系统的深化设计、设备供应、系统调试、系统集成和工程管理工作，最终提供整个系统的移交和验收，而其中管线、设备安装则由专业安装公司承担。这种模式有助于整个建筑工程（包括土建、其他机电设备安装）管道、线缆走向的总体合理布局，便于施工阶段的工程管理和横向协调，但增加了管线、设备安装与系统调试之间的界面，在工程交接过程中须业主和监理按合同要求和安装规范加以监管和协调。

3）总包管理分包实施模式。

这种模式中，总包负责系统深化设计和项目管理，最终完成系统集成，而各子系统设备供应、施工调试由业主直接与分包商签订合同，工程实施由分包商承担。这种承包模式可有效节省项目成本，但由于关系复杂，工作界面划分、工程交接对业主和监理的工程管理能力提出了更高要求，否则极易产生责任推诿和延误工期。

4）全分包实施模式。

这种模式中，业主将按设计院或系统集成公司的系统设计对所有智能化系统分系统实施（有时系统集成也作为一个子系统实施），业主直接与各分包签订工程承包合同，业主和监理负责对整个工程实施工程协调和管理。这种工程承包模式对业主和监理技术能力与工程管理经验提出更高要求，但可有效降低系统造价。

分阶段多层次验收方式因系统验收工作分阶段、分层次地具体化，可在每个施工节点及时验收并做工程交接，故能适合上述工程承包模式，有利于形成规范的随工验收、交工验收、交付验收制度，便于划清各方工程界面，有效实施整个项目的工程管理。

根据以上不同的项目承包模式，每种模式的项目管理目标并不完全相同。

（2）综合布线工程项目管理目标

由上面介绍可知，工程实施有多种模式，工程施工承包方的项目管理目标更多服务于公司目标。公司的目标可以有利润、技术积累、影响力、客户关系等几种，其中利润是最直接和普遍的目标。承接项目，提供服务以获取利润是系统集成公司的生存之本。在"利润"这一目标的驱动下，项目经理从项目的投标开始几乎时刻不能忘记自己的使命：在项目设计时，希望用自身最有价格优势的产品作为招标参数；招标阶段，投标时最好能在最大竞争力的条件下，估出最有利于公司利润的投标价；在施工阶段，希望从项目周期、采购成本、损耗成本方面进行控制，努力降低项目实施成本。

（3）项目管理目标的制约因素

任何项目都有受到限制的因素。通常来讲，项目投入、工期、人员、环境、设计、成本等都可能制约着目标的实现。如图 8-2 所示，工程项目施工阶段的项目目标不外乎 3 种，分别为质量、时间、成本。作为一个有经验的项目经理，以上目标已经融入自己的管理行为。

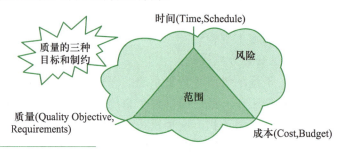

图 8-2
项目管理三大目标和制约因素

我们在说目标的同时，其实也在提出目标的制约因素。也就是说，尽可能快的时间、尽可能好的质量以及尽可能低的成本都是工程项目的目标，也是制约因素。

8.2.2　综合布线工程项目的组织结构

在综合布线系统工程领域中，系统集成商一般采用公司管理下的项目管理制度，由公司主管业务的领导作为工程项目总负责人，管理机构由常设机构（如商务管理部）和根据项目而临时设立的项目经理部组成，职能部门及管理架构通常如图 8-3 所示。

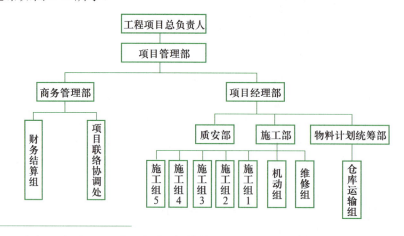

图 8-3
综合布线工程项目的组织结构

建立一个分工明确、组织完善的项目组织机构是按计划高质量完成工程的关键，工程管理须完成从技术与施工设计，设备供货、安装调试验收至交付的全方位服务，并能在进度、投资上进行有效管理。

（1）工程总负责人

工程总负责人对工程负全面责任，监控整个工程的动作过程，并对重大问题做出决策和处理，根据工程情况调配监控以确保工程质量。

（2）项目管理部

项目管理部为项目管理的最高职能机构。

（3）商务管理部

商务管理部负责项目的一切商务活动，主要由项目财务组和项目联络协调组组成：前者负责项目中的所有财务事务、合同审核、各种预算计划、各种商务文件管理和与建设单位的财务结算等工作；后者主要负责与建设单位各方面的联络协调工作、与施工部门的联络协调工作和与产品厂商的协调联络工作。

（4）项目经理部

项目经理部是工程项目落实以后，临时建立起来的对工程项目施工实施管理的机构，属于上一节讨论的项目管理范畴。它由项目经理人负责组建，在公司内部通过任命或竞聘产生。需要说明的是，如果工程项目以分包或转包的形式运作，图 8-3 中商务管理部的职能也将包括在项目经理部的管理范畴。

① 质安部。该部门责任重大，主要负责以下工作内容：审核设计中使用的产品性能指标，审核项目方案是否满足标书要求，工程进展检验，工程施工质量检验，物料品质数量检验，施工安全检查和测试标准检查。

② 施工部。该部门主要承担各类建筑物综合布线系统的工程施工，其下分为不同的组，各组的分工明确又可相互制约。

● 布线施工组主要负责各种线槽、线管和线缆的布放、捆绑、标记等工作。

● 设备安装施工组主要负责卡接、配线架打线、机柜安装、面板安装以及各种色标制作和施工中的文档管理等工作。

● 测试组主要按照标准施工工程进行测试工作，如写出测试报告和管理各种测试文档等。

● 维修组的主要职责是为该项目弱电系统组提供 24 h 响应的维修服务。

③ 物料计划统筹部。该部门主要根据合同及工程进度及时安排好库存和运输，为工程提供足够的物料。

在以上架构中，承包方应配备充足的资源为本项目服务，包括管理人员、财务人员、设计工程人员和施工技术人员等。

（5）资料员

资料员在项目经理部的直接领导下，负责整个工程的资料管理，制定资料目录，保证施工图纸为当前有效的图纸版本；负责提供与各系统相关的验收标准及表格；负责制定竣工资料；负责收集验收所需的各种技术报告；协助整理本工程的技术档案，负责提出验收报告。

8.2.3 综合布线项目管理的生命周期

1. 项目生命周期的概念

项目从开始到结束可以划分为若干阶段，不同阶段先后衔接起来便构成了项目的生命周期。由于项目的本质是在规定期限内完成特定的、不可重复的客观目标，因此所有项目都有开始与结束。许多项目由于意外的环境变化，即使在接近原先规划的最后阶段时，也可能重新开始，如综合布线工程因为设计或实施的错误，导致在某个范围内或某个阶段的重新启动。项目的生命周期可以分为项目立项期、项目启动期、项目发展成熟期以及项目完成期 4 个阶段。

（1）生命周期标志

● 从项目生命周期的一个阶段到另一个阶段常常涉及某种形式的技术交接。

- 项目阶段以一个或多个可交付成果的完成为标志。
- 可交付成果是某种有形的、可测量的和/或可验证的工作成果，如可行性研究、详细设计。

（2）阶段结束确认

- 关键的可交付成果。
- 为开展下一阶段的工作做好准备，准备资源。

（3）综合布线生命周期划分

如图 8-4 所示，综合布线项目管理周期可以分为 4 个阶段，分别为调研阶段、设计和投标阶段、项目施工组织阶段和竣工阶段。当然，这是基于完整综合布线项目过程的划分方法，单就项目实施阶段也可以划分成不同的阶段，并设置不同的阶段截止点。

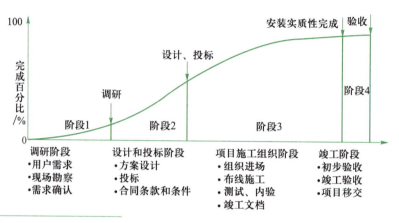

图 8-4
综合布线工程项目阶段分解

2. 项目阶段管理建议

项目的成功依赖于项目管理团队。项目管理团队不仅要完成管理整个项目的任务，激励并指导其他各方完成相应的工作，而且还要为项目管理结构提供最根本的支持。关于项目立项阶段管理，主要有以下几方面的建议：

1）明确目标。

项目管理团队的项目目标非常清晰，并且能用通俗易懂的语言将项目目标表示出来，使每个人都明白这个目标，不仅使团队有更多的动力投入自己的时间与精力，而且他们也能够做出更好的决策。

2）使规划标准化、确切无误。

在规划下一步工作时，尽最大可能使规划建立在标准化、确切无误的基础上，这条建议适用于应用型技术以及产品、服务、专业人员和管理等各个方面。

3）简化项目因素。

简单化是指合作方与项目团队成员之间协议的简单化、项目团队成员之间的关系以及项目各项工作之间的关系简单化。

在设计项目规划时，项目管理层应该牢记：尽量简单化！此刻还可举出一个类似的比喻：机器越复杂，就越容易出问题，尤其是在高强度的情况下。因此项目管理层应该尽量减少工作所涉及的因素，以及计划参加项目的各方数量，重点考虑责任与能力。

4）与其他人有效合作。

在项目管理中，与其他人有效合作的主要决定因素是项目管理层设定的基本行为准则与项目运营规则。在确定项目适当的运营规则和管理环境以后，至少还应该在项目组织内建立信任。很明显，如果与参与方建立了信任关系，项目团队就可以提高工作绩效。

此外，在许多情况下，即使电讯网络与通信网络再发达，也无法替代工作现场的几个小组的"默契交流"。当这些小组在一起工作时，会产生大量正式的与非正式的信息。永远也不要低估非正式交往的力量，因为非正式交往经常会产生问题的创新解决方案，以及减少项目组织内的各种矛盾与冲突。

8.3 项目经理管理综合布线工程

8.3.1 项目经理

项目经理人即项目负责人，负责项目的组织、计划及实施过程，以保证项目目标的成功实现。项目经理人的任务就是要对项目实行全面的管理，具体体现在对项目目标要有一个全局的观点，并制订计划、报告项目进展、控制反馈、组建团队，在不确定的环境下对不确定性问题进行决策，在必要的时候进行谈判及解决冲突。

项目经理人应具备的素质包括：有管理经验，是一个精明而讲究实际的管理者；拥有成熟的个性，具有个性魅力，能够使项目小组成员快乐而有生气；与高层领导有良好的关系；有较强的技术背景；有丰富的工作经验，曾经在不同岗位、不同部门工作过，与各部门之间的人际关系较熟，这样有助于他展开工作；具有创造性思维；具有灵活性，同时具有组织性和纪律性。

项目经理岗位职责包括：全面主持项目执行机构的日常工作；项目实施过程的全职组织者和指挥者；组织编制项目质量保证计划、各类施工技术方案、安全文明施工组织管理方案并督促落实工作；组织编制项目执行机构的劳资分配制度和其他管理制度；议定项目执行机构组织和人员配制；具体负责项目质量、工期，安全目标的管理监督工作；管理采购部和仓储部的工作；负责工程的竣工交验工作。

8.3.2 施工组织

施工组织是项目经理在综合布线工程项目施工阶段的工作起点，建立一套科学严密的管理体系，有效地调配人员、时间和资金等项目资源，对综合布线工程建设非常重要。

1. 施工组织编制依据

为了保证施工组织设计的编制工作顺利进行并提高质量，使施工组织设计文件能更密切地结合工程实际情况，从而更好地发挥其在施工中的指导作用，在编制施工组织设计时，应以如下资料为依据：

- 设计文件及有关资料；
- 有关合同；
- 工程勘察和技术经济资料；

- 现行规范、规程和有关技术规定；
- 类似工程项目的施工组织设计和有关总结资料。

2. 组织机构设置原则

① 目的性原则。施工项目组织机构设置的根本目的，是为了产生组织功能，实现施工项目管理的总目标。因目标定编制，按编制设定人员，以职责定制度。

② 精干高效原则。施工项目组织机构的人员设置，以能实现施工项目所要求的工作任务(事）为原则，尽量简化机构，做到精干高效。

③ 管理跨度和分层统一原则。管理跨度亦称管理幅度，是指一个主管人员直接管理的下属人员数量。跨度大，管理人员的接触关系增多，则处理人与人之间关系的数量也随之增大。项目经理在组建组织机构时，应认真设计切实可行的跨度和层次，画出机构系统图，以便讨论、修正、按设计组建。

④ 业务系统化管理原则。由于施工项目是一个开放的系统，由众多子系统组成一个大系统，不同组织、工种、工序之间存在着大量结合部，因此需要恰当分层和设置部门，以便在结合部上能形成一个相互制约、相互联系的有机整体，防止产生职能分工、权限划分和信息沟通上的相互矛盾或重叠，使组织机构自身成为一个严密的、封闭的组织系统，能够为完成项目管理总目标而实行合理分工及协作。

⑤ 弹性和流动性原则。单件性、阶段性、露天性和流动性是施工项目生产活动的主要特点，必然带来生产对象数量、质量和地点的变化，带来资源配置的品种和数量变化。于是要求管理工作和组织机构随之进行调整，以使组织机构适应施工任务的变化。这就是说，要按照弹性和流动性的原则建立组织机构，不能一成不变。

⑥ 项目组织与企业组织一体化原则。项目组织是企业组织的有机组成部分，施工项目的组织形式与企业的组织形式有关，不能离开企业的组织形式去谈项目的组织形式。

3. 施工组织编制过程

施工组织编制过程如图 8-5 所示。

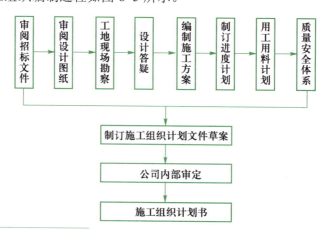

图 8-5
施工组织编制过程

4. 组织机构

组织机构就是以项目经理领导下的综合布线工程施工架构，由项目经理对整个工程实施统一管理，并领导全体施工人员共同完成整个项目的施工。一般经理部下设技术支持组、项目施工组、质量控制组、安全组和物流采购组等，具体的设置和权限参考图 8-3。

5. 施工工具配备计划

项目经理根据项目的规模、技术难度、实施环境等条件要列出施工工具的种类、规格、投入计划。

8.4 任务实施：编制施工方案

微课：编制施工方案

以下以××计算机系统集成公司中标的××大学计算机学院大楼综合布线工程项目为例，介绍编制施工方案的内容和方法。

××大学计算机学院大楼综合布线工程项目施工方案

一、施工准备

1.1　工程范围及工程概况

1.1.1　工程概况

项目名称：××大学计算机学院大楼综合布线工程

建设单位：××大学

质量目标：合格工程

工　　期：日历日 30 天内交付使用

1.1.2　工程范围

内容主要包括计算机学院大楼计算机数据、语音、网络监控、门禁考勤综合布线系统。

1.1.3　编制依据

本施工组织设计依据以下要求编制。

（1）××大学颁发的《××大学计算机学院大楼综合布线工程》招标文件。

（2）中华人民共和国国家标准《综合布线系统工程设计规范》（GB 50311—2016）和《综合布线工程验收规范》（GB/T 50312—2016）。

（3）××计算机系统集成公司 ISO 9001 质量体系文件（质量手册、程序文件、作业指导书）。

（4）现场实际情况。

1.2　施工准备

1.2.1　施工准备工作计划

施工准备工作是整个施工生产的前提，根据本工程的工程内容和实际情况，××公司以及项目部共同制订施工的准备计划，为工程顺利开展打下良好基础。主要准备工作见表8-1。

表 8-1　主要准备工作一览表

项　　目	内　　容	完成时间	承 办 单 位
施工组织设计编制	确定施工方案和质量技术安全等措施并报审	进场前	××大学，××公司
施工组织机构	成立项目经理部,确定各班组及组成人员	进场前	××公司
方案编制与交底	编写详细的施工方案,并向有关人员和班组仔细交底	分阶段	××公司，项目经理部

续表

项　目	内　容	完成时间	承办单位
施工内部预算	计算工程量、人工、材料限额量、机械台班	进场前	项目经理部
材料计划	原材料供需计划	进场前	项目经理部
图纸会审	全部施工图	进场前	××大学，项目经理部
机具进场	机械设备进场就位	分阶段	项目经理部
材料进场	部分材料进场	进场前 1 天	项目经理部
人员进场与教育	组织人员陆续进场，进行三级安全教育	分阶段	项目经理部
进度计划交底	明确总进度安排及各部门的任务和期限	每周例会	项目经理部
质量安全交底	明确质量等级特殊要求，加强安全劳动保护	分项施工前	项目经理部

为实现优质、安全、文明、低耗的工程建设目标，本工程采用项目法施工的管理体制。

1.2.2　项目法施工

为了保证项目的顺利实施，公司专门成立"××大学计算机学院大楼综合布线工程项目管理部"的管理组织机构。

本工程施工中实施项目法施工的管理模式，组建本工程的项目经理部，对工程施工进度、质量、安全、成本及文明施工等实施全程管理。在推行项目法施工的同时，从文件控制、材料采购到产品标识、过程控制等过程中，切实执行 ISO 9001 标准及××公司质量保证体系文件，达到创优质高效的目标。

项目经理对工程项目行使计划、组织、协调、控制、监督、指挥职能，全权处理项目事务，其下设工程部、质量部、安全部、物料部。项目经理部对公司实行经济责任承包；工程技术管理人员通过岗位目标责任制和行为准则来约束，共同为优质、安全、高速、低耗地完成项目任务而努力工作。

1.2.3　组建项目经理部

本工程实行项目法施工管理。项目经理由取得项目经理资质的本企业员工担任，由项目经理选聘技术、管理水平高的技术人员、管理人员、专业工长组建项目部。

项目管理层由项目经理、项目副经理、技术负责人、安全主管、质量主管、材料主管、机械主管和后勤主管等成员组成，在建设单位、监理公司和本公司的指导下，负责对本工程的工期、质量、安全、成本等实施计划、组织、协调、控制和决策，对各生产施工要素实施全过程的动态管理。

根据××大学计算机学院大楼综合布线工程的工程量和工程质量要求，××公司对工程技术管理人员和施工人员安排见表 8-2。

表 8-2　工程技术管理人员和施工人员安排表

序号	姓名	性别	年龄	本项目担任职务	技术职称/职业资格	专业
1	张宇	男	43	项目总监	高级工程师 系统集成高级项目经理	计算机
2	何建锋	男	31	项目经理	系统集成项目经理	计算机
3	王双庆	男	31	项目副经理兼技术负责人	系统集成项目经理	计算机

续表

序号	姓名	性别	年龄	本项目担任职务	技术职称/职业资格	专业
4	陈东	男	29	系统集成工程师兼质管员	工程师	通信
5	吴小林	男	25	系统集成工程师	助理工程师	网络
6	李俊凯	男	24	系统集成工程师	助理工程师	网络
7	李俊杰	男	24	系统集成工程师兼安全员	助理工程师	电气
8	陈霞	女	24	材料管理员		工商管理
9	张国政	男	26	电工	电工证	
10	李刚	男	23	电工	电工证	
11	刘道明	男	20	杂工		
12	喻彬	男	20	杂工		

项目经理部对工程项目进行计划管理。计划管理主要体现在工程项目综合进度计划和经济计划上。

进度计划包括：施工总进度计划、分部分项工程进度计划、施工进度控制计划、设备供应进度计划、竣工验收和试运行计划。

经济计划包括：劳动力需用量及工资计划、材料计划、构件及加工半成品需用量计划、施工机具需用量计划、工程项目降低成本措施及降低成本计划、资金使用计划和利润计划等。

作业层人员的配备：施工人员均挑选有丰富施工经验和劳动技能的正式工和合同工，分工种组成作业班组，挑选技术过硬、思想素质好的正式职工带班。

1.2.4 施工工具设备配备

施工工具设备配备见表 8-3。

表 8-3 施工工具设备配备表

机械、仪器、设备名称	数量	进场时间计划	使 用 工 种
电源线盘	3	开工第 1 天	电工、杂工
电工工具箱	3	开工第 1 天	电工、杂工
台虎钳	2	开工第 1 天	电工、杂工
充电旋具	5	开工第 1 天	电工、系统集成工程师
手电钻	5	开工第 1 天	电工、系统集成工程师
冲击电钻	2	开工第 1 天	电工、杂工
电锤	2	开工第 1 天	电工、杂工
角磨机	2	开工第 1 天	电工、杂工
拉钉枪	2	开工第 1 天	电工、杂工
射钉枪	2	开工第 1 天	电工、杂工
型材切割机	2	开工第 1 天	电工、杂工
弯管器	2	开工第 1 天	电工、杂工
管子切割器	2	开工第 1 天	电工、杂工
数字万用表	1	开工第 8 天	电工
接地电阻测量仪	1	开工第 8 天	电工
线槽剪	5	开工第 1 天	电工、杂工
铁皮剪	5	开工第 1 天	电工、杂工
吸尘器	1	开工第 1 天	杂工
梯子	6	开工第 1 天	电工、杂工、系统集成工程师
玻璃纤维穿线器	1	开工第 10 天	电工、杂工、系统集成工程师

续表

机械、仪器、设备名称	数量	进场时间计划	使　用　工　种
小型穿线器	1	开工第 10 天	电工、杂工、系统集成工程师
剥线钳	4	开工第 15 天	系统集成工程师
压线钳	4	开工第 15 天	系统集成工程师
110 打线工具	4	开工第 15 天	系统集成工程师
五对打线工具	4	开工第 15 天	系统集成工程师
标识工具	1	开工第 15 天	系统集成工程师
光缆开缆工具	1	开工第 15 天	系统集成工程师
光纤熔接机	1	开工第 15 天	系统集成工程师
光纤剥离钳	1	开工第 15 天	系统集成工程师
光纤剪刀	1	开工第 15 天	系统集成工程师
光功率计	1	开工第 22 天	系统集成工程师
FLUKE DTX-1800 电缆认证分析仪	1	开工第 22 天	系统集成工程师

1.3 技术准备

（1）熟悉××大学计算机学院大楼综合布线工程施工图纸，深入了解分析施工现场的具体情况，充分体会设计总体风格、意图、特点。

（2）做好图纸的会审工作，对设计中的疑难点及时与建设单位进行沟通，并将协商结果向用户汇报。尽量细致深入地深化局部设计，将建设单位意图及先进的设计理念，通过局部的深化而充分地体现出来。在开工之前解决所有设计方面的问题，为施工如期完成提供有力的保障。

（3）针对本工程的特点，结合现行规范及制定的作业指导书编制各分项具体细化的施工方案并进行交底，使各级施工管理人员做到心中有数，从各方面保证施工处于有效受控状态。

（4）组织所有技术人员认真学习新规范、新规程，积极推广新技术，引进国外的先进施工经验，充分利用已有的先进技术，提高××大学计算机学院大楼综合布线工程技术含量。

（5）组织有关人员学习大楼施工管理规定和监理规程，积极配合甲方、大楼物业和监理的工作，共同做好××大学计算机学院大楼综合布线工程施工的各项工作。

（6）全面履行本工程的合同，保证完成合同规定的各项技术要求和指标。

1.4 现场准备

施工管理人员进场后，做好如下准备工作：会同有关单位做好现场的移交工作，包括测量控制点以及有关技术资料，并复核控制点；接通施工用临时水、电线路，搭设临建设施。

1.4.1 临时用水

临时用水较少，根据需要安排。

1.4.2 临时用电

（1）施工期间的机具设备及工作、生活照明所需要的用电均接自工地的建筑临时电源，并按照建设单位的要求进行设置。

（2）临时用电采用三相五线的供电系统，专用保护地线与大楼防雷接地有不少于三处的接通。

（3）总配电柜以两回路分别引向加工场及施工现场。

（4）各回路电缆采用编码绝缘子沿电缆井、墙、柱敷设。

（5）施工层设一动力配电箱。

（6）具体的施工用电可用便携式安全线路如电源线盘，自就近的临时配电箱引至，避免乱拉乱接电源。

（7）除临时加工场外，其余施工点的工作照明均采用橡套软缆临时灯具，用毕收回。

（8）黑暗环境的通道、坑洞及危险区均装设固定照明，并用安全电压。

1.4.3 现场准备安排及注意事项

（1）针对施工现场的特点，为保证施工现场的管理有序有力，拟在现场设立施工现场管理办公室，进行封闭管理，现场管理人员、施工人员凭证进出。

（2）机房区域独立半封闭进行施工，对有关设施、设备进行成品保护，强化施工现场管理。所有非施工人员进场要得到项目部的许可，并有专人带领。

（3）制订施工机具需要动态计划，按照施工平面的要求组织施工机械设备和工具进退场。

（4）建立与周边环境的联系渠道，确保施工正常运转。

二、施工组织部署

2.1 施工组织安排

本工程作业面分散、施工工期紧、任务重，按照项目管理要求，精心组织各工种、各工序的作业，对工程的施工过程、进度、资源、质量、安全、成本实行全面管理和动态控制。

2.1.1 施工阶段划分及衔接关系

将工程施工分为四大阶段。

第一阶段：施工准备阶段，重点做好场地交接，调集人、材、物等施工力量，进行施工平面布置、临时设施的施工及临时用水用电设备的安装，进行图纸会审，办理开工有关手续，做好技术、质量交底工作，目标是充分做好开工前的各项准备工作，争取早日开工。

第二阶段：综合布线环境施工阶段。此阶段为工程施工的高峰期，安装好设备间、楼层电信间、管线路由，目标是15天内完成。

第三阶段：布线、端接等工作，系统的测试及调试。

第四阶段：工程全面收尾阶段，竣工资料的整理及工程交接工作。

2.1.2 工程总体施工部署

协调进行平面流水生产和施工安排，减少工序搭接和窝工现象。

2.1.3 项目管理措施

（1）实行项目法管理、优化资源配置、强化运行机制。项目管理的特点是实现生产要素在工程项目上的优化配置和动态管理。为确保项目管理的目标实现，项目经理精心组织指挥本工程的生产经营活动，调配并管理进入工程项目的人力、资金、物资、机具设备等生产要素，决定内部的分配形式和分配方案并对本工程的质量、安全、工期、现场文明等负有领导责任。应建立权威的生产指挥系统，确保指令畅通，工程按预定的各目标贯彻和实施。

（2）严格执行施工技术控制措施。本工程对所有的分部工程重要工序都有其质量控制方式，如施工程序、重点技术质量控制要求、人员配置、质量检验标准、计量器具配置、安全技术要求等内容。上述作业指导和技术方案的管理项目严格执行××公司相关的技术管理程序文件，确保编制的作业指导书和技术方案具有可操作性，且能够充分保证施工质量。

（3）加强图纸会审和技术交底控制措施。本工程将在接受设计单位或监理单位的系统施工图纸会审的基础上，组织内部各专业图纸会审，重点解决各专业施工接口管理和相关技术。管理人员通过对系统的熟悉，能及时发现问题，寻找解决办法，以避免返工对质量造成的影响。各班组施工前，××公司均规定了施工技术交底的程序，以确保对每个施工人员进行技术质量控制。

（4）加强施工现场文件的管理。

① 指定专人负责现场文件的领发、登记、借阅、保管、回收、整理等管理工作。

② 发生设计变更后应及时发放，做好发放登记签字手续。工程技术人员应及时对原设计图纸进行变更修改或做出更改标识，以便识别跟踪。

③ 施工图纸、设计变更由项目总工程师向建设单位领取，交工地资料员登记、清点。

④ 施工的施工图纸、设计变更由施工班组长负责保管、使用、回收。

（5）加强员工培训管理。××公司极重视对技术工人队伍的培训，定期开展技术工人岗位技能培训，解决施工中遇到的技术难题，不断提高自身的素质和能力。进入本工程施工的所有员工都必须进行施工质量、安全施工、文明施工、环境保护等要求的专项培训，合格者方可进入施工现场。特种作业人员、特殊工作人员均要持证上岗。

（6）坚持现场例会制度。

① 每周、月召开工程例会。周工程例会在每周一召开。本工程在一个月内完成。对跨月工程，月工程例会在每月的最后一天的上午召开。

② 周、月工程例会由项目经理主持、工程部负责，由项目部各部室、专业技术人员、各工地负责人参加。

③ 工程例会上主要报告现场施工情况、存在问题，汇总需协调的事宜，布置下一时间的工作安排。

④ 工程部负责周、月工程例会的会议记录，会后形成会议纪要并发放至项目经理部的各部室、专业技术人员、各工地负责人。

（7）建立工程报告管理制度。××公司将及时编制周工作计划和月工作计划，按时提交建设单位及监理单位审核，尽一切可能保证经建设单位及监理单位审核批准的计划如期完成；同时，××公司将如实、及时地向建设单位及监理单位提交一份全方位反映本标段进展情况的月报告（于每月结束后五天内提交）。该报告将详细阐明所有实际或潜在的与项目进度计划的分歧之处以及为克服该类分歧而建议所采取的切实可行的措施和补救计划。

（8）工程报告的内容。

① 月报告。

● 工程执行情况概述：主要工程进度描述，现场人员概括。

● 工程进度：项目总进度计划，关键项目里程碑实际进度，各单位工程完成进度，本月进度计划完成情况，延期项目的延期说明。

- 设计和图纸：施工图纸接收情况及施工设计图交底情况，本月设计图纸接收情况，下月要求提供图纸目录。
- 设备和材料：本月主要材料设备到货清单，下月主要材料设备计划要求到货清单。
- 工程质量：工程质量验收情况表，工程质量情况说明。
- 项目施工工作量完成情况：完成的工程量表。
- 安全、文明生产、环境卫生报告。
- 月内重要事件说明。
- 施工中的其他事宜。
- 进度款支付报告。

② 周进度报告。

- 周进度计划表。
- 周进度计划完成情况表。

2.1.4　劳动力组织

本工程需电工、杂工等。根据施工进度计划制订劳动力需求计划，组织人员进场并进行进场教育。合理工作时间安排：上午 7：30—11：30，下午 13：30—17：30。根据实际进度安排适当加班，保证工人合理的休息时间，避免疲劳工作引发危险。

定期申报管理及施工人员名单，列明姓名、职位或工种、编号、联系方式，便于甲方、监理审核管理，杜绝无上岗证工人上岗，专业工种和危险工种必须配有施工证。

所有现场工人一律着装整齐，持证上岗，穿上印制有"××公司""系统集成"的工作服，并统一佩戴上岗证，以便于识别和管理。

保证施工各阶段人员稳定，工作热情高，作业面充分展开。工人人数按工作量合理配置，降低人员流动，保障工程进度和施工安全。

2.2　施工管理配合及协调措施

××公司指派负责本工程的项目经理部，必须与监理单位及建设单位处理好各种关系，使各项工作协调一致，以保证工程项目管理的正常进行，并协调好各分项的交叉配合，与建设单位、监理单位的配合。

2.2.1　与建设单位和监理单位的配合措施

××公司将严格遵守合同，履行对××大学的承诺，切实抓好工程施工质量和进度目标，具体措施如下：

（1）公司按照建设单位有关规定和实施细则要求，本着对建设单位××大学负责的原则，积极配合建设单位一起抓好工程的施工进度、质量、安全管理工作。

（2）建立完整的工程施工质量管理体系，并在工作上与建设单位和监理单位保持密切的联系，虚心接受建设单位和监理单位在施工和质量管理工作上的指导和帮助。

（3）每一个单位工程开工前，按规定日期提前向建设单位和监理单位提交《工程开工申请报告》，在建设单位和监理单位对××公司施工技术准备情况进行检查并签证认可的条件下才开工。

（4）在施工前，××公司将认真编制好施工方案和作业指导书，并尽早提交建设单位和监理单位进行审查。对隐蔽工程施工项目提交建设单位和监理单位备案，便于建设单位和监理单位在施工过程中随时进行跟踪检查和质量验收工作。

（5）与工程有关的施工图纸和设计技术资料在××公司内部进行审核的基础上，积极配合建设单位和监理单位做好图纸会审和设计技术交底工作。

（6）由××公司编制的施工质量检验项目表，必须经监理单位和质量监督部门确认方可实施。

（7）定期向建设单位和监理单位提供××公司的施工计划进度，参加由建设单位和监理单位主持召开的各种施工协调会议，并以书面形式向建设单位和监理单位反映工程进展情况和存在的问题（包括设备、设计、施工问题等），使建设单位能及时掌握工程动态，采取有效措施，解决工程中存在的问题。

（8）每一个单位工程在安装和调试工作全部完成后，在正式移交前，向建设单位和监理单位提交单项工程竣工申请检查报告。在建设单位和监理单位对每一个单位工程完成情况进行检查并签证认可的条件下，才能进行移交工作。所有竣工资料在竣工后 15 天内移交给建设单位××大学，同时提供电子版竣工资料。

（9）做好工程服务，在不违反设计原则和规范要求的前提下，对建设单位所提供的增加和变更项目，给予配合并及时完成。对建设单位委托的紧急工作，可采取先临时通知，事后补办手续的方法进行工作。

（10）在工程施工过程中，对建设单位和监理单位发现并提出的施工问题，各级人员做到高度重视并认真对待，制定相应的整改措施，以确保在施工中不再有同样的问题发生。另外，对由建设单位和监理单位组织的各种施工质量检查活动，××公司各部门积极配合，对检查后所发现的施工质量问题及时组织人员进行整改处理，整改完后请建设单位和监理单位进行确认和签证。

（11）对建设单位在日常工作中所提出的要求进行检查的项目，都要积极配合和支持，并给予工作上的方便。在施工过程中建设单位和监理单位对工程质量、进度和安全等方面提出的各项指导性意见和要求，××公司要立即进行答复和整改，直至符合建设单位和监理单位提出的要求为止。

（12）工程所有与建设单位和监理单位来往的文件资料均按 ISO 9001 标准中的文件和资料控制规定进行，以利于建设单位进行标准化管理并保证资料的可追溯性。

2.2.2 内部各专业配合

（1）严格图纸自审、会审制度。由项目总工牵头、工程部负责组织各专业工程师及工长进行图纸自审。会审时，应核对各专业管道水平位置、标高及立管的轴线位置，防止各专业管道、线路的空间交叉，尽最大可能减少现场设计修改，保证施工顺利进行。

（2）由工程部制定各专业交叉工序的施工顺序及工作时间节点，使各专业按照工序安排，有序地进行施工作业。

（3）坚持周例会制，在安装高峰期实行每天碰头制，使各专业的配合问题及时解决。

（4）做好设备试运转及系统调试的配合。

三、现场管理

见下一工作任务。

8.5 任务实施：综合布线工程现场管理

除了了解综合布线工程项目管理目标、项目生命周期和阶段划分，综合布线工程项目经理还要对项目管理的一些内容和方法深入了解和掌握，才能用科学的方法驾驭综合布线项目的实施。

8.5.1 现场管理制度与要求

向管理要效益，杜绝"跑、冒、滴、漏"现象发生，堵塞管理漏洞，在工程项目施工管理中必须建立健全的管理制度，采取有效的管理措施。

（1）制定管理制度

制定人员岗位职责和安全、材料、质量等管理制度。

（2）现场例会制度

参加会议的有监理、项目经理、工地主任、各小组负责人等现场管理人员。会议主题是工作汇报和总结，协调解决出现的问题，布置下阶段任务。要开短会，发言人要简明扼要直奔主题，形成高效率。

（3）监察及报告制度

① 实施施工人员管理计划，确保所有人员履行所属责任，让他们每天到工地报到并分配当天工作任务及所需设备和工具。

② 班组长每天巡视工地，确保工程进度如期进行并达到施工标准。如果在施工中发生特殊情况，应立刻通知项目经理部，有需要时同时通知用户，以做出适当处理。

③ 如果发生紧急情况必须立即采取措施，同时告知项目经理部，写出书面报告存档。

④ 施工组主管每天提交当天施工进度报告，这些报告要存档。

⑤ 项目经理批阅有关报告后，按需要适当调动人员和调整施工计划以确保工程进度。

⑥ 每星期以书面形式向总工程师、监理方、建设方提交工程进度报告。

（4）施工交接制度

做到无施工方案（或简要施工方案）不施工，有方案没交底不施工，班组上岗交底不完全不施工，施工班组要认真做好上岗交底活动及记录，严格执行操作规程，不得违章，对违章作业的指令有权拒绝并有责任制止他人违章作业。

（5）施工配合制度

综合布线工程的施工与其他各专业的施工必然发生多方面的交叉作业，尤其和土建、装修施工的关系最为密切。特别是随着现代设计和施工技术的不断发展，许多新结构、新工艺层出不穷，施工项目不断增加，建筑安装空间不断缩小，施工中的协调配合就愈加显得重要。

项目部每周召开专业施工技术督导员、各子系统施工班组负责人参加的进度协调会，及时检查协调各子系统工程进度及解决工序交接的有关问题。公司会定期召开各有关部门会议，协调部门与项目部之间有关工程实施的配合问题。

8.5.2 人员管理

① 制定施工人员档案。每名施工人员，包括分包商的工作人员，均须经项目经理审定，并具有合适的身份证明文件和相关经验。将所有资料整理、记录和归档。

② 所有施工人员在施工场地内，均须佩戴现场施工有效工作证，以便于识别和管理。

③ 所有要进入施工场地的员工均会得到一份工地安全手册，并必须参加由工地安全主任安排的安全守则课程。

④ 所有施工人员均须遵守制定的安全守则，如有违反可给予撤职处分。

⑤ 当有关员工离职或被解雇时，要即时没收其工作证，更新人员档案并上报建设单位相关人员。

⑥ 项目经理制定施工人员分配表，按照施工进度表预计每个工序每天所需工程人员的数量及配备，并应根据工序的性质委派不同的施工人员负责。

⑦ 项目经理将每天向施工人员发放工作责任表，由施工人员细述当天的工作程序、所需用料、施工要求和完成标准。

⑧ 确定与工地管理人员的定期会议时间（如每周一次），了解工程的实施进度和问题，按不同的情况和重要性检讨或重新制定施工方向、程序及人员分配，同时制定弹性人员调动机制，以便工程需要加快或变动进度时予以配合。

⑨ 每天均巡查施工场地，注意施工人员的工作操守，以确保工程的正确运行及进度，如果发现员工有任何失职或失责，可按不同情况、程度发出警告，严重者应予以撤职处分。

⑩ 按工程进度制定人员每天的上班时间，尽量避免超时工作，但要视工程进度加以调节。

8.5.3 技术管理

1. 图纸会审

图纸会审是一项极其严肃和重要的技术工作。认真做好图纸会审工作，对于减少施工图中的差错、保证和提高工程质量有重要作用。在图纸会审前，施工单位必须向建设单位索取基建施工图，负责施工的技术人员应认真阅读施工图，熟悉图纸的内容和要求，把疑难问题整理出来，把图纸中存在的问题记录好，在设计交底和图纸会审时解决并设计出施工图。

图纸会审应有组织、有领导、有步骤地进行，并按照工程进展定期分级组织。图纸会审工作应由建设单位和施工单位提出问题，由设计人员解答。对于涉及面广、设计人员一方不能定案的问题，应由建设单位和施工单位共同协商解决办法。会审结果应形成纪要，由建设单位、施工单位、监理单位三方共同签字并分发下去，作为施工技术文件存档。

2．技术交底

技术交底工作在建设单位与甲方、施工单位之间进行，应分级进行和分级管理，并定期进行交流，召开例会。

技术交底的主要内容包括：施工中采用的新技术、新工艺、新设备、新材料的性能和操作使用方法，预埋部件的注意事项。技术交底应做好记录。

3．工程变更

经过图纸会审和技术交底工作之后，会发现一些设计图纸中的问题和用户需求的改动，或随着工程的进展，不断会发现一些问题，这时设计也不可能再修改图纸，应采用设计变更的办法，将需要修改和变更的地方填写到工程设计变更单中。变更单上附有文字说明，有的还附有大样图和示意图。当收到工程设计变更单时应妥善保存，它也是施工图的补充和完善性的技术资料。应对相应的施工图认真核对，在施工时应按变更后的设计进行。工程设计变更单是绘制竣工图的重要依据，同时也是竣工资料的组成部分，应归档存放。

4．编制现场施工管理文件和综合布线施工图

见上一节。

5．编制与审批程序

方案经项目技术组组长审核，经建设单位和监理负责人复审，由建设单位技术监管认可后生效。

6．施工方案的贯彻和实施

方案编制完成后，施工前应由施工方案编制人向全体施工人员（包括质检人员和安全人员）进行交底（讲解），项目主管负责方案的贯彻，各级技术人员应严格执行方案的各项要求。

8.5.4　材料管理

材料到达现场后，先进行开箱检查。首先由设备材料组负责，技术和质量监理参加，将已到施工现场的设备、材料做直观上的外观检查，保障无外伤损坏、无缺件，核对设备、材料、电缆、电线、备件的型号规格、数量是否符合施工设计文件以及清单的要求，并及时如实填写开箱检查报告。仓库管理员应填写材料入库统计表与材料库存统计表，见表 8-4 和表 8-5。

表 8-4　材料入库统计表

序号	材料名称	型号	单位	数量	备注
1					
2					
审核：		仓管：		日期：	

表 8-5　材料库存统计表

序号	材料名称	型号	单位	数量	备注
1					
2					
审核：		统计：		日期：	

根据施工设计，按照工程进度充分备足每一阶段的物料，安排好库存及运输，以保证施工工程中的物料供应。工程队领用材料需要填写材料领用表，经项目经理审批后仓库管理员方可给予发货，具体表格见表 8-6。

表 8-6 领用材料统计表

序号	材料名称	型号	单位	数量	备注
1					
2					
审核:		领用人:		日期:	

8.5.5 施工机具管理

由于工程的需要，承包方会经建设单位的认可，为工程采购一些必需的辅助材料，以保证工程的质量。施工前应列出详细材料单，现场施工人员应配备各项基本辅助工具并列出清单。

8.5.6 安全管理

1. 安全制度

① 建立安全生产岗位责任制。项目经理是安全工作的第一责任者，现场设专职安全管理员一名，加强现场安全生产的监督检查，整个现场管理要把安全生产当作头等大事来抓，坚持实行安全值班制度，认真贯彻执行各项安全生产的政策及法令规定。

② 在安排施工任务的同时，必须进行安全交底，有书面资料和交接人签字。施工中要认真执行安全操作规程和各项安全规定，严禁违章作业和违章指挥。

③ 各项施工方案要分别编制安全技术措施，书面向施工人员交底。现场机电设备防火安全设施要有专人负责，其他人不得随意动用，电闸箱要上锁并有防雨措施。

④ 注意安全防火，在施工现场挂设灭火器，施工现场严禁吸烟，明火作业有专职操作人员负责管理，持证上岗，并设立安全防火领导小组。

2. 安全计划

① 现场施工安全管理员对所有施工人员的安全和卫生的工作环境负有重要责任。安全管理员应及时训练和指导施工人员在不同工作环境中执行安全保护措施，并且要求每位施工人员执行公司关于安全和卫生的有关规则和法令。

② 对于每次的现场协调会议和安全工作会议，安全监督员或安全监督员代表必须出席，及时反映工地现场的安全隐患和安全保护措施。会议内容应当明显地写在工地现场办公地点的告示牌上。

③ 安全管理员应每半月在工地现场举行一次安全会议，提高现场施工人员的安全意识。

④ 如果出现安全问题，施工人员必须马上向安全管理员报告整个的伤害情况。对于要在危险工作地点工作的人员，为防止意外事故，每个人应获得指导性的培训，并应对施工操作给予系统地解释，直接发给每个人紧急事件集合点地图和注意事项。

⑤ 如果发生危险，出现死亡或身体严重受伤人员，应立刻通知本单位和

业主以及当地救护中心，并在 24 小时以内提交一份关于事故的详细书面报告。

⑥ 向建设单位提交一份安全报告。

⑦ 如发现严重或多次违反安全制度、法令规则或任何漠视人身安全的员工，令其向项目经理做出解释，并予以免职。这些人将不会在相关工作中受到雇佣。

⑧ 在工作平台、工作地点、通道、缺口等离地面 2 m 以上高度的区域至少提供两层护栏，护栏高度为 450～600 mm。

8.5.7 质量保证措施

质量控制主要表现为施工组织和施工现场的质量控制，控制的内容包括工艺质量控制和产品质量控制。影响质量控制的因素主要有人、材料、机械、方法和环境五大方面。因此，对这五方面因素实施严格控制，是保证工程质量的关键。具体措施如下：

① 为确保施工质量，在施工过程中项目施工经理、技术主管、质检工程师、建设单位代表、监理工程师共同按照施工设计规定和设计图纸要求对施工质量进行检查，检查内容包括管槽是否有毛刺、拐弯处是否安装过渡盒等。

② 施工时应严格按照施工图纸、操作规程和现阶段规范要求进行施工，严格进行施工管理，严格遵循施工现场隐蔽工程交验签字顺序，在每天班前、班后召开会议。

③ 现场成立以项目经理为首、由各分组负责人参加的质量管理领导小组，对工程进行全面质量管理，建立完善的质量保证体系与质量信息反馈体系，对工程质量进行控制和监督，层层落实"工程质量管理责任制"和"工程质量责任制"。

④ 在施工队伍中开展全面质量管理基础知识教育，努力提高职工的质量意识，实行质量目标管理，创建优质工程，必须使本工程的质量等级达到优良。

⑤ 认真落实技术岗位责任制和技术交底制度，每道工序施工前必须进行技术、工序和质量交底。

⑥ 认真做好施工记录，定期检查质量和相应的资料，保证资料的鉴定、收集、整理和审核与工程同步。

⑦ 对原材料进场必须有材质证明，取样检验合格后方准使用。对各种器材成品、半成品进场必须有产品合格证，无证材料一律不准进场。进场材料须派专人看管以防丢失。

⑧ 推行全面质量管理，建立明确的质量保证体系，坚持质量检查制、样板制和岗位责任制，认真执行各工序的工艺操作标准，做到施工前有技术交底，工序间有验收交接。

⑨ 坚持高标准严要求，各项工作预先确定标准样板材料和制作方法，进场材料认真检查质量，施工中及时自查和复查，完工后认真、全面地进行检查和测试。

⑩ 认真做好技术资料和文档工作，仔细保存各类设计图纸资料，对各道工序的工作认真做好记录和文字资料，并在完工后整理出整个系统的文档资料，为今后的应用和维护工作打下良好的基础。

8.5.8 成本控制措施

综合布线系统越来越规范化，价格越来越透明，市场竞争愈演愈烈。因此，要想立足于综合布线行业，关键的一点是如何把成本降低到最满意的程度。降低工程成本关键在于搞好施工前的计划、施工过程中的控制和工程实施完成的总结分析。

1. 施工前计划

在项目开工前，项目经理部应做好前期准备工作，选定先进的施工方案，选好合理的材料商和供应商，制订出详细的项目成本计划，做到心中有数。

① 制定科学合理且可行的施工方案。

② 组织签订合理的工程合同和材料合同。工程合同和材料合同应通过公开招标投标的方式，由公司经理组织经营、工程、材料和财务的部门有关人员与项目经理一道同工程商就合同价格和合同条款进行协商讨论，经过双方反复磋商，最后由公司经理签订正式工程合同和材料合同。招标投标工作应本着公平公正的原则进行，招标书要求密封，评标工作由招标领导小组全体成员参加，必须有层层审批手续。同时，还应建立工程商和材料商的档案，以选择最合理的工程商与材料商，从而达到控制支出的目的。

③ 做好项目成本计划。综合布线系统成本计划是项目实施之前所做的成本管理初期活动，是项目运行的基础和先决条件，也是根据内部承包合同确定的目标成本。公司应根据施工组织设计和生产要素的配置等情况，按施工进度计划确定每个项目的周期成本计划和项目总成本计划，计算出保本点和目标利润，并以此作为控制施工过程生产成本的依据，使项目相关人员无论在工程进行到何种进度时都能事前清楚知道自己的目标成本，以便采取相应的手段控制成本。

2. 施工过程中的控制

在项目施工过程中，根据所选的技术方案，严格按照成本计划实施和控制，包括对材料费的控制、人工消耗的控制和现场管理费用等控制。

（1）降低材料成本

① 实行三级收料和限额发料。在工程建设中，材料成本占整个工程成本的比重最大，一般可达70%，而且有较大的节约潜力，即在其他成本出现亏损时，往往要靠材料成本的节约来弥补。因此，材料成本的节约也是降低工程成本的关键。组成工程成本的材料包括主要材料和辅助材料。对施工主要材料实行限额发料，按理论用量加合理损耗的办法与施工队结算，节约时给予奖励，超出时由施工队自行承担，从施工队结算金额中扣除。这样，施工队将会更合理地使用材料，减少浪费损失。

② 组织材料合理进出场。一个项目往往材料种类繁多，所以合理安排材料进出场的时间特别重要。首先，应当根据施工进度编制材料计划，并确定好材料的进出场时间。其次，应把好材料领用关和材料使用关，降低材料损耗率。为了降低损耗，项目经理应组织工程师和造价工程师，根据现场实际情况与工程商确定一个合理损耗率，由其包干使用，节约双方分成，超额扣工程款。这样可以让每一个工程商或施工人员在材料用量上都与其经济利益挂钩，从而降

低整个工程的材料成本。

（2）节约现场管理费

施工项目现场管理费包括临时设施费和现场经费两项内容，此两项费用的收益是根据项目施工任务而核定的，但其支出却并不与项目工程量的大小成正比，而是主要由项目部自己来支配。综合布线工程生产工期视工程大小可长可短，但无论如何，其临时设施的支出仍然是一个不小的数字，一般本着经济适用的原则布置。现场经费管理应抓好如下工作。

① 人员的精简。

② 工程程序及工程质量的管理。一项工程在具体实施中往往受时间、条件的限制而不能按期顺利进行，这就要求合理调度，循序渐进。

③ 建立 QC 小组，促使管理水平不断提高，减少管理费用支出。

3．工程实施完成的总结分析

事后分析是总结经验教训及进行下一个项目的事前科学预测的开始，也是成本控制工作的继续。在坚持综合分析的基础上，采取回头看的方法，及时检查、分析、修正和补充，以达到控制成本和提高效益的目标。

工程完工后，项目经理部将转向新的项目，应组织有关人员及时清理现场的剩余材料和机械，辞退不需要的人员，支付应付的费用，以防止工程竣工后继续发生包括管理费在内的各种费用。同时由于参加施工人员的调离，各种成本资料容易丢失，因此，应根据施工过程中的成本核算情况及时做好竣工总成本的结算，并根据其结果评价项目的成本管理工作。

总之，工程的成本控制措施可以总结为以下几条基本原则：

① 加强现场管理，合理安排材料进场和堆放，减少二次搬运和损耗。

② 加强材料的管理工作，做到不错发、不错领材料，不遗失材料，施工班组要合理使用材料，做到材料精用。在敷设线缆时，既要留有适量的余量，还应力求节约，不要浪费。

③ 材料管理人员要及时组织使用材料的发放和施工现场材料的收集工作。

④ 加强技术交流，推广先进的施工方法，积极采用先进科学的施工方案，提高施工技术。

⑤ 积极鼓励员工开展"合理化建议"活动，提高施工班组人员的技术素质，尽可能地节约材料和人工，降低工程成本。

⑥ 加强质量控制，加强技术指导和管理，做好现场施工工艺的衔接，杜绝返工，做到一次施工、一次验收合格。

⑦ 合理组织工序穿插，缩短工期，减少人工、机械及有关费用的支出。

⑧ 科学合理地安排施工程序，搞好劳动力、机具和材料的综合平衡，向管理要效益。平时施工现场应有 1 至 2 人巡视了解土建进度和现场情况，做到有计划性和预见性，预埋条件具备时，应采取见缝插针、集中人力预埋的办法，以节省人力物力。

8.5.9 施工进度管理

对于一个可行的施工管理制度而言，实施工作是影响施工进度的重要因素。如何提高工程施工效率从而保证工程如期完成呢？这就需要依靠一个相对完善的施工进度计划。

综合布线系统工程施工组织进度表见表 8-7。

表 8-7 综合布线系统工程施工组织进度表

| 时间 | 2×××年×月 | | | | | | | | | | | | | | | |
项目	1	3	5	7	9	11	13	15	17	19	21	22	23	25	27	29
一、合同签订	■															
二、图纸会审	■	■														
三、设备订购与检验			■	■												
四、主干线槽管架设及光缆敷设					■	■	■									
五、水平线槽管架设及线缆敷设						■	■	■	■							
六、机柜安装																
七、端接及配线架安装									■	■	■					
八、内部测试及调整												■	■			
九、组织竣工验收														■	■	

8.5.10 培训计划

一般弱电工程的安装、施工、调试和开通运行的过程中，由施工方公司指定的技术管理人员对用户进行操作和维护方面的技术培训，并且在工程竣工验收前为用户提供一定全面详细的培训。培训由项目经理安排工程核心工程师进行讲解。

8.6 监理工程师监理综合布线工程

8.6.1 监理概况

智能建筑跨越了诸多专业技术领域，因此在系统设计、设备选型、设计施工方的选择、施工安装、工程验收等环节需要有效的质量监督和保证体系来确保建设工期、提高工程质量、减少用户投资。工程监理就是一种最有效的管理手段。

对智能建筑中的综合布线工程实施工程监理，是指在综合布线工程建设过程中，给业主提供建设前期咨询、工程方案论证、系统集成商和设备供应商的确定、工程质量控制、安装过程把关、工程测试验收等一系列的服务，帮助用户建设一个性价比优良的综合布线系统。

1996 年，建设部颁布了《工程建设监理规定》之后，国内各行业逐步规范了监理工作，使从事工程建设监理的监督实施活动走向遵循守法、诚信、公正、科学的准则，做到有章可循。最新的《工程建设监理规范》（GB/T 50319—2013）的发布则与时俱进，完善了中国的监理行业规范。

综合布线系统（GCS）在智能建筑领域，一般均纳入弱电系统总包项目中考虑，其工程实施过程也由总监安排弱电监理工程师兼任，只有规模较大、投资超过千万元人民币且技术要求复杂的单项工程，才有可能安排专职的 GCS 工程监理。

承担工程监理的工程师应该具备专业资质技能和知识，以及相应等级（甲、乙、丙级）的岗位证书才能上岗。综合布线工程监理范围包括中大型智能建筑和住宅社区项目，市政及公用工程项目，金融、商贸及文教体育场馆项目，工业、交通信息建设项目。

8.6.2 综合布线工程监理的主要内容

综合布线工程监理的主要内容包括以下几个方面：
① 帮助用户做好需求分析。
② 帮助用户选择施工单位。
③ 帮助用户控制工程进度。
④ 严把工程质量关。
⑤ 帮助用户做好性能测试和验收工作。

8.6.3 工程监理的职责与组织机构

GCS 工程监理的主要职责是受建设单位（业主）委托，参与工程实施过程的有关工作，主要任务是控制工程建设和投资、建设工期和工程质量，监督工程建设按合同管理，以及协调有关单位间的工作关系。

大工程项目的工程监理由总监理工程师、监理工程师、监理人员等人员组成。工程监理方应明确各工作人员职责，分工合理，组织运转科学有效，并且向业主方通报组织机构组成。

1）总监理工程师。

负责协调各方面关系，组织监理工作，任命监理工程师，定期检查监理工作的进展情况，并针对监理过程中的工作问题提出指导性意见；审查施工单位提供的需求分析、系统分析、网络设计等重要文档，提出改进意见；主持双方重大争议纠纷，协调双方关系，针对施工中的重大失误签署返工令。

2）监理工程师。

接受总监理工程师的领导，负责协调各方面的日常事务，具体负责监理工作，审核施工单位需要按照合同提交的网络工程、软件文档，检查施工单位工程进度与计划是否吻合，主持双方的争议解决，针对施工中的问题进行检查和督导，起到解决问题、确保正常工作的作用。

监理工程师有权向总监理工程师提出建议，并且在工程的每个阶段向总监理工程师提交监理报告，使总监理工程师及时了解工作进展情况。

3）监理人员。

负责具体的监理工作，接受监理工程师的领导，负责具体的硬件设备验收、具体的布线和网络施工督导，在每个监理日编写监理日志并向监理工程师汇报。

8.6.4　综合布线工程监理的 3 个目标控制

前面介绍项目管理内容时已提及项目管理的 3 个目标和制约因素，其实工程监理也是一种项目管理，只是其为站在监理立场的项目管理目标，这 3 个目标同样是质量、时间（进度）和成本。

（1）工程质量控制

GCS 工程项目质量要求主要表现工程合同、设计文件、技术规范规定的质量标准。在设计阶段及前期的质量控制，以审核可行性报告及设计文件图纸为主，审核 GCS 项目设计是否符合建设单位要求。在施工阶段驻现场监理，检查是否按图纸施工，并达到合同文件规定的标准。

控制依据：国家或行业规范、标准，合同文件、设计图纸。

（2）工程进度控制

工程进度控制是指对 GCS 项目实施各建设阶段的工作内容（如布线、安装、调试、检验等）、工作程序、持续时间和衔接关系等编制计划进度流程并付诸实施。过程中须检查实际进度是否按照计划要求进行，对出现的偏差分析原因，采取补救措施或调整、修改原计划，直到工程竣工并交付使用。

（3）工程投资控制

GCS 工程建设所需全部费用，包括设备、材料、工具购置、安装工程费用和其他费用，投资控制表现在前期阶段、设计阶段、建设项目发展阶段和建设实施阶段所发生的变化，控制在批准的投资限额以内，并随时纠正偏差。

3 个阶段投资设置如下。

① 投资估算：选择设计方案和进行可行性研究的 GCS 投资控制目标。

② 设计概算：进行初步设计的 GCS 投资控制目标。

③ 设计预算：施工图设计 GCS 投资控制目标。

常见问题：由于工程建设周期长，GCS 一般在建筑施工后期实施，难免受到公用工程其他专业管线已施工的影响，常常会发生造价上的变化并受到制约，因此及时相应调整才能保证工程造价的控制。

此外，由于一些不可预见的因素，如工程量增减、采购价变化、追加或削减项目等均可造成各阶段计价的浮动，监理工程师应该协助业主了解这些动态，以便控制投资。

8.6.5　监理记录

监理记录是监理工作的各项目活动、决定、问题及环境条件的全面记录，是监理工作的重要基础工作。监理记录可用来在任何时间对工程进行评估，或作为评判依据，解决各种纠纷和索赔，或用于给承包商定出公平的报酬。对做出的产品质量有据可查，有助于为设计人员及工程验收提供翔实的资料。

监理记录不足或不准确，就是驻地工程师的失职。

1. 记录分类

① 历史性记录：根据工程计划及实际完成的工程，逐步说明工程的进度及相关事项，如气象记录与天气报告，工程量计划与完成情况，所用人力、材料与机械设备，工程事项的讨论与决策记录等。

② 工程计量与财力支付记录：包括所有的计量及付款资料，如计量结果、变更工程的计量、价格调整、索赔、计日工、月付款等方面的表格及基础资料。

③ 质量记录：包括材料检验记录、现场施工记录、工序检验记录、隐蔽工程检查记录等。

④ 竣工记录：包括所有部分的验收资料和竣工图，绘出其完成时的状态，按实际说明原有状态和有关的操作指示。

⑤ 监理记录日志：监理记录中最细致的工作，从监理人员驻地开始到竣工结束均应记录。其基本资料记录包含以下内容。

• 承包商的工程施工承包合同检查记录（日期、承包范围、建筑面积、施工工期、质量等级等）。

• 施工单位的有关资质证书，施工组织设计及上岗证的检查记录。

• 开工、停工、竣工申请报告的审核签认记录。

• 工程测量定位放样旁站监督。

• 经常设备材料检查后签认。

2. 基础工程监理日志要点

• 管线预埋：开始、完成时间，采用人工或机械，施工情况，问题处理及依据。

• 检查管槽接头安装制作，校对位置，计划尺寸、高度、宽度、进行拉通线与设计图纸校对，并对稳定性、牢固度的检查。

• 预埋管道，套管，检查位置、规格、尺寸、材料品种，要与设计图纸校对。

• 接地、电源灯相关数据记录。

• 工程测量定位放样旁站监督。

• 常用设备、材料检查后签认。

3. 布线施工

• 施工前图纸、技术交底、施工力量、施工方案。

• 检查线缆标号、线缆长度、预留长度、敷设质量、测试证件的记录。

• 电气线管、盒埋敷过程检查，按成册、轴线、部位、型号、规格、数量、尺寸随带工具实测实量，记录存在问题与处理方式及整改结果。

8.6.6 工程监理的工作步骤及工作内容

工程监理分为施工招投标阶段、施工准备阶段、施工阶段、检查验收阶段、系统保修阶段共 5 个阶段，工作内容分配到各工作阶段之中。

1. 施工招标阶段

主要工作有：审查招、投标单位的资格，参与编制招标文件，参加评标与定标，协助签订施工合同等。

2. 施工准备阶段

监理人员参加由建设单位组织的设计技术交底会，会议纪要由总监理工程师签认。工程项目开工前，总监理工程师组织专业监理工程师审查承包单位报送的施工组织设计（方案）报审表，并经总监理工程师审核、签认后报建设单位；总监理工程师审查承包单位现场项目管理机构的质量管理体系、技术管理体系和质量保证体系并予以确认。分包工程开工前，专业工程师审查承包单位报送的分包单位资格报审表和有关资质资料，符合规定的由总监理工程师予以签认；专业监理工程师审查承包单位报送的工程开工报审表及相关资料，具备规定的开工条件时，由总监理工程师签发，并报建设单位。工程项目开工之前，监理人员参加由建设单位主持召开的第一次工地会议，会议纪要由项目监理机构负责起草，并经与会各方代表会签。

3. 施工阶段

施工阶段监理工作的重要形式是工地例会。施工阶段监理的重要工作内容是对工程质量、工程造价和工程进度进行控制，达到合同规定的目标。

（1）工地例会

在施工过程中，总监理工程师应定期主持召开工地例会，会议纪要应由项目监理机构负责起草，并经与会各方代表会签。除工地例会外，总监理工程师或专业监理工程师应根据需要即时组织专题会议，解决施工过程中的专项问题。工地例会应包括以下主要内容：

① 检查上次例会议定事项的落实情况，分析未完事项的原因。

② 检查分析工程项目进度计划的完成情况，提出下一阶段的进度目标及落实措施。

③ 检查分析工程项目质量状况，针对存在的质量问题提出改进的措施。

④ 检查工程量核定及工程款支付情况。

⑤ 解决需要协调的有关事项。

⑥ 其他有关事宜。

（2）工程质量控制

工程质量包括施工质量和系统工程质量。工程质量控制可通过施工质量控制和系统工程检测验收来实现。GCS 工程必须遵照《建筑与建筑群综合布线系统工程验收规范》（GB/T 50312—2016）执行，确保工程质量。

① 工程质量控制（检查）项目。施工质量控制检查项目主要包括环境检查（施工前）、器材检查（施工前）、设备安装检验（随工检验）、缆线敷设和保护方式检验（随工检验、隐蔽工程签证）、线缆终接（随工检验）等方面。监理人员还须检查施工单位的质量保证和质量管理体系，质检机构设置，人员配备；检查管理制度是否健全等。

② 工程质量控制对象，包括 GCS 的传输链路、缆线、跳线、终端、配线架、连接硬件、信息插座、线管、线槽、线箱（线盒）、支撑、防护、接地等

以及它们的性能质量。

（3）工程进度控制

工程进度控制的主要内容包括以下几个方面：

① 督促并审查施工单位制订 GCS 工程安装施工进度计划，并检查各子系统安装施工进度计划是否满足总进度计划和工期要求。

② 检查督促施工单位做出季度、月份各工种的具体计划安排及可行性。

③ 按施工计划监督实施工程进度控制和认可工程量，及时发现不能按期完成的工程计划，并分析原因，督促及时调整计划并争取补救措施，确保工程进度。

④ 建立工程监理日志制度，详细记录工程进度、质量、设计修改、工地洽商等问题。

⑤ 定期召开例会和相关工程（如机电安装、装饰）进度会，对进度问题提出监理意见。

⑥ 督促施工单位及时提交施工进度月报表，并审查认定后写出监理月报。

（4）工程造价控制

工作造价控制的主要内容包括以下几个方面：

① 审核施工单位完成的月报工程量。

② 审查和会签设计变更，工地洽商。

③ 复核缆线等主要材料、设备和连接硬件。

④ 按施工承包合同规定的工程付款办法和审核后的工程量等，审核并签发付款凭证（包括工程进度款、设计变更及洽商款、索赔款等），然后报建设单位。

4. 工程测试验收阶段的监理工作

测试验收阶段的工作主要包括以下几方面：

① 检查施工单位送审的技术文件和检测大纲。检测大纲主要内容应符合《综合布线工程验收规范》（GB/T 50312—2016）。

② 系统测试。系统测试又包括 GCS 工程的电缆系统电气性能测试和光纤系统性能测试。

③ 编制竣工技术文件。验收应提交文件包括全套综合布线的设计文件、工程承包合同、工程质量监督机构核定文件、竣工资料和技术档案、随工验收记录、工程洽商记录、系统测试记录、工程变更记录、隐蔽工程签证、安装工程量以及设备器材明细表等，一式三份，要求整洁、齐全、完整、准确，在工程验收前由监理单位审核认可后提交建设单位。

④ 系统验收。组成验收委员会（或小组）由建设单位、监理单位、设计单位、施工单位并邀请有关专业专家组成，审查竣工验收报告，对安装现场进行抽查，并对设计施工、设备质量做出全面评价，签署竣工文件。

⑤ 验收不合格的项目，由验收机构查明原因、分清责任、提出解决办法，并责成责任单位限期解决。

5. 工程保修阶段

本阶段完成后，可能出现的质量问题的协调工作如下：

① 定期走访用户，检查智能化系统运行状况。

② 出现质量问题，确定责任方，敦促解决。

③ 保修期结束，与用户商谈监理结束事宜。

④ 提交监理业务手册。

⑤ 签署监理终止合同。

学习素材：部分工程
监理表格

8.6.7　工程监理表格

监理工作中，监理方与承包方、建设方经常发生工作关系，三方之间是一个有机的整体。例如，建设方向监理方提出开工申请、进场原材料报验、竣工申报等；三方就施工过程出现的诸如工程暂停及复工、工程变更、费用索赔、工程延期等问题进行协商处理。三方之间除通过报告文书等形式联系外，更多的是采用管理表格来实现。管理表格具有规范科学、简便明了等特点。监理工作中常用的管理表格主要有以下 3 类：

（1）承包单位向监理单位申报技术文件及资料所使用的表格

① 开工申请单。

② 施工组织设计方案报审表。

③ 施工技术方案申报表。

④ 进场原材料报验单。

⑤ 进场设备报验单。

⑥ 人工、材料价格调整申报表。

⑦ 付款申请表。

⑧ 索赔申请书。

⑨ 工程质量月报表。

⑩ 工程进度月报表。

⑪ 复工申请单。

⑫ 工程验收申请单。

（2）监理单位向承包单位发出指示、通知及文件所使用的表格

① 工程开工令。

② 工程变更通知。

③ 额外增加工程通知。

④ 工程暂停指令。

⑤ 复工指令。

⑥ 现场指令。

⑦ 工程验收证书。

（3）监理单位内部工作记录

① 设计图纸交底会议纪要。

② 监理工程师日记。

③ 监理月报表。

④ 事故报告单。

⑤ 设备安装工程缆线走道/槽道安装质量控制表。

⑥ 设备安装工程缆线布放和接续质量控制表。

⑦ 设备系统主要性能测试质量控制表。

⑧ 设备安装工程质量检验初评表。
⑨ 架空光（电）缆工程施工质量控制表。
⑩ 直埋光（电）缆工程施工质量控制表。
⑪ 管道光（电）缆工程施工质量控制表。
⑫ 单条光（电）缆施工质量检验初评表。

习题与思考

1. 简述综合布线工程管理的组织结构。
2. 项目经理的管理目标有哪些？
3. 项目经理如何对工程进行管理和控制？
4. 综合布线工程项目的施工组织应该如何设计？
5. 当项目较大时，项目经理如何解决管理的压力？
6. 工程监理的意义在哪里？
7. 工程监理的日常工作应如何展开？

项目 9　测试综合布线系统

▶ 学习目标

知识目标：

（1）正确认识验证测试和认证测试。

（2）正确理解基本链路、永久链路和信道的概念及它们的关系。

（3）了解测试标准。

（4）熟悉双绞线和光纤测试的性能指标。

（5）熟悉双绞线链路故障类型。

（6）了解光纤 OTDR 测试的方法。

技能目标：

（1）能熟练使用验证测试仪表和认证测试仪表测双绞线链路。

（2）会用 HDTDX 和 HDTDR 分析 NEXT 和 RL 故障。

（3）会用光功率计等仪表测光纤衰减。

素质目标

9.1　项目背景

布线工程总会遇到一些质量问题需要处理。如果只负责建网，最不幸的事情就是在验收检测时才发现大量链路存在质量问题，此时停工、返工已不可避免，由此造成的直接、间接损失可能是巨大的。为了避免出现这种情况，需要从设计选型的时候就开始关注产品质量。实际上，在整个建网、用网、管网的过程中都会执行一些必要的测试任务，如选型测试、进场测试、验收测试、开通测试、故障诊断测试和定期维护测试等。其中，选型测试、进场测试、验收测试和故障诊断测试是建网过程当中的测试；开通测试、故障诊断测试、定期维护测试和再认证测试则是用网、管网过程中的测试。

9.2　测试类型

布线测试按照测试的难易程度一般分为验证测试、鉴定测试和认证测试 3 个类别，其中的认证测试按照测试参数的严格程度又可分为元件级测试、链路级测试和应用级测试。布线测试按照测试对象、工程流程和测试目的可分为选型测试、进场测试、监理测试/随工测试、验收测试/第三方测试、诊断测试和维护性测试等。以下分别简单地介绍这些常用的测试项目及适用场合。

1.　验证测试

验证测试又称随工测试，是边施工边测试，主要检测线缆质量和安装工艺，及时发现并纠正所出现的问题，不至于等到工程完工时才发现问题而重新返工，耗费不必要的人力、物力和财力。验证测试不需要使用复杂的测试仪，只要能测试接线图和线缆长度的测试仪。因为在工程竣工检查中，短路、反接、线对交叉、链路超长等问题占整个工程质量问题的 80%，这些质量问题在施工初期通过重新端接、调换线缆、修正布线路由等措施比较容易解决，而到了工程完工验收阶段，出现这些问题解决起来就比较困难了。

2. 鉴定测试

鉴定测试是对链路支持应用能力（带宽）的一种鉴定，比验证测试要求高，但比认证测试要求低，测试内容和方法也简单一些。例如，测试电缆通断、线序等属于验证测试，而测试链路是否支持某个应用和带宽要求，如能否支持 10/100/1000 Mbit/s，则属于鉴定测试。只测试光纤的通断、极性、衰减值或接收功率而不依据标准值去判定"通过/失败"，也属于鉴定测试，而依照标准对衰减值和长度进行"通过/失败"则属于认证测试。鉴定测试在安装、开通、故障诊断和日常维护的时候被广泛使用。随工测试、监理测试、开通测试、升级前的评估测试和故障诊断测试等都可以用到鉴定测试，这些可以减少大量的停工返工时间，并避免资金的浪费。

3. 认证测试

认证测试是按照某个标准中规定的参数进行的质量检测，并要求依据标准的极限值对被测对象给出"通过/失败"或"合格/不合格"的结果判定。认证测试与鉴定测试最明显的区别就是前者测试的参数多而全面，且一定要在比较标准极限值后给出"通过/失败"判定结果。认证测试被用于工程验收时是对布线系统的一次全面检验，是评价综合布线工程质量的科学手段，但这也造成对认证测试的一种长期误解——认为认证测试就是验收测试。实际上，综合布线系统的初期性能（建网阶段）不仅取决于综合布线方案设计和在工程中所选的器材的质量，同时也取决于施工工艺；后期性能（用网阶段）则取决于交付使用后的定期测试、变更后测试、预防性测试、升级前评估测试等质保措施的实施。认证测试是真正能衡量链路质量的测试手段，在建网和管网、用网的整个过程中，即整个综合布线的生命周期中都会被经常使用。例如，一个 Cat 6A 系统，计划使用期限是 25 年以上，验收测试全部合格，但实际上测试报告是伪造的，系统交付使用后先期运行 10/100/1000 Mbit/s 非常优秀，但在第三年的时候准备部分链路升级启用 10 Gbit/s 服务器连接（电口 10 Gbit/s 比光口 10 Gbit/s 价格便宜 40%），结果发现服务器无法实现入网或接入不稳定，经过再认证测试发现链路只能达到 Cat 5e 标准，是一个伪 Cat 6A 系统。

认证测试通常分为如下两种类型：

（1）自我认证测试

自我认证测试由施工方自行组织，按照设计所要达到的标准对工程所有链路进行测试，确保每一条链路都符合标准要求。如果发现未达标链路，应进行整改，直至复测合格，同时编制成准确的测试技术档案，写出测试报告，交业主存档。测试记录应当做到准确、完整，使用查阅方便。由施工方组织的认证测试可以由设计、施工、监理多方参与，建设方也应派遣网络管理人员参加自我认证测试工作，了解整个测试过程，方便日后管理和维护布线系统。

认证测试是设计方和施工方对所承担的工程所进行的一个总结性质量检验，施工方承担认证测试工作的人员应当经过测试仪表供应商的技术培训并获得认证资格。例如，使用 FLUKE 公司的 DSP 和 DTX 系列（最高适用于 Cat 6A 系统）或更新型的 DSX 系列（最高适用于 Cat 8 系统）测试仪，最好能获得 FLUKE 布线系统测试工程师"CCTT"资格认证。

（2）第三方认证测试

综合布线系统是计算机网络的基础工程，工程质量将直接影响业主的计算机网络能否按设计要求顺利开通，能否保障网络系统正常运转，这是业主最为关心的问题。随着支持千兆以太网的 5e 类及支持万兆以太网的 6A 类综合布线系统的普及应用和光纤链路在综合布线系统中的大量应用，工程施工工艺要求越来越高。越来越多的业主既要求布线施工方提供布线系统的自我认证测试，同时也委托第三方对系统进行验收测试，以确保布线施工的质量，这是对综合布线系统验收质量管理的规范化做法。

目前采取的第三方测试的测试方法有以下两种：

① 全测。由于确实存在测试报告作弊的事实，所以对工程要求高，使用器材类别高和投资大的工程，业主除要求施工方做自测自检外，还需要请第三方对工程做全面验收测试。

② 抽测。业主在要求施工方做自我认证测试的同时，邀请第三方对综合布线系统链路做抽样测试。按工程大小确定抽样样本数量，一般 1000 个信息点以上的工程抽样 30%，1000 个信息点以下的工程抽样 50%。在 GB 50312—2016 中，要求抽测比例不低于 10%（且应该包括最远布线点），如果总链路数不超过 100 条，则需要全部测试；抽测结果如果不合格率超过 1%，则需要加倍抽测，如果抽测结果不合格率仍超过 1%，则需要全部测试。

衡量、评价一个综合布线系统的质量优劣，唯一科学、有效的途径就是进行全面现场测试。目前，综合布线系统是工程界中少有的、已具有完备的全套验收标准的并可以通过验收测试来确定工程质量水平的项目之一。

其他的验收测试方式有甲方测试、甲乙方联合测试等。

4. 选型测试

在一些大中型项目和可靠性较高的数据中心项目中，甲方会要求对布线产品进行选型测试，以确保质量达到一定的水准。缺少进场测试环节的工程项目在验收时有时会发现批量不合格的链路或标有很多"星号"的合格链路出现，这经常导致甲方或监理方停工、返工，追溯原因时除了部分可确认原因是工艺水平问题外，往往发现是由选用的布线产品存在质量缺陷或者兼容性不良引起的。这类"事故"除了直接影响工程进度，给甲方带来时间和业务损失外，乙方和供应商都会不可避免地承受巨额损失，同时监理方的声誉也会受到连带责任的损害。由于合同不完善，往往缺少有关选型测试、进场测试和兼容性测试的明确要求，很多中小规模的布线工程中出现的质量"争议"最后都不了了之，最后多数由甲方独自承担"妥协"后的检测结果。这种现象近年开始引起设计方、甲方和咨询公司的关注，少数知名品牌的乙方将选型测试引入自己的工程质量管理体系中。

选型测试内容很简单，一般是对供应商提供的样本或者甲方自己抽检的样本进行元件级测试和兼容性测试。例如，对供应商提供的电缆、跳线、模块等进行元件级测试，合格者则入选项目供应商目录。目前普遍流行的错误方法是用链路级标准来对电缆、跳线等产品进行选型测试，然后就将这种所谓的"合格"产品列入设计和采购选项清单中。例如，用信道标准去测试一条两端各打上一个模块且加上设备跳线的 100 m 仿真信道，如果合格则认为产品合格。事实上，其中的电缆和模块质量可能是不合格的，因为信道最多可以支持 4 个模块接入链路中，这种只有两个模块的链路自然很容易"通过"这样的选型测试。

5. 进场测试

进场测试是指对进入施工现场的货品进行入库验收或现场检测，以便为施工人员随时提供合格的安装产品。进场测试和选型测试使用的方法是相同的，均需要对电缆、跳线等布线产品进行元件级测试，如果电缆、跳线和模块是由甲方或乙方自己选配的不同品牌供应商的"产品组合"，则必须进行兼容性测试。目前普遍流行的错误做法是用 DTX 电缆分析仪选择信道标准去测试两端打上 RJ-45 接头的 100 m 电缆，通过则表示电缆的进场测试"合格"。部分乙方则会使用永久链路去测试 90 m 电缆（两端打上模块），通过则表示"合格"。这些做法流行已久，都是用要求较低的链路标准去代替元件标准进行进场检测，其潜在危害是难以估计的。

类似的错误方法也被用来检验跳线，用信道标准去检测跳线，如果合格，则表明跳线的进场测试或者选型测试合格。

6. 仿真测试和兼容性测试

先来看看永久链路的兼容性认证测试。

由于 Cat 6/Cat 6A 链路各个供应商或厂家之间的产品是不兼容的，也就是说尽管甲/乙两种或者更多品牌的产品本身通过了选型测试，但将它们混用后组成的一条链路却不一定能通过认证测试，这种现象就叫作不兼容。其原因是各厂商产品的参数在设计和定型制造的时候，各自参数偏离方向、参数补偿值、补偿方向等都不是按照统一的电磁和几何标准设计的。仿真测试就是将一家（或多家）供应商的产品人为地搭成 100 m 的仿真信道或者 90 m 的仿真永久链路，然后用 DTX 电缆分析仪选择对应的信道或永久链路标准进行认证测试，如果合格则表明选择的产品基本上是兼容的。为了获得"广泛的"兼容性，只是 100 m 或者 90 m 的链路是不够的，需要搭建 100/50/20 m 长的 3 条仿真信道进行测试，而且在链路中还要再加上两个模块（因为标准允许链路中最多可以安装 4 个模块，仿真测试时也要达到这个模块数极限，如在中间增加一个 CP 点和一个二次跳接点就构成了四连接器信道）。这种兼容性测试方法被称为"3 长 4 连法"，即 3 种长度 4 个连接器。如果使用永久链路来进行兼容性测试，则可以选择 90/50/20 m 的 3 种长度和 3 个连接器（含一个 CP 点，但不含二次跳接点）来进行兼容性测试。这种测试模式称为"3 长 3 连法"，即 3 种长度 3 个连接器。

为什么要选择 3 种长度而不是 1 种长度，如只选择 100/90 m 长度来做仿真测试呢？这是因为中间长度（50 m）需求量大，代表了电缆链路的常用长度分布；而 100/90 m 长度则代表了长度极限，此长度考察的主要是插入损耗、NEXT、ACR 等参数的质量水平；20 m 长度则代表短链路，主要考核回波损耗（RL）等参数的兼容性和匹配性。只有当 3 条代表性长度的仿真链路都通过了测试时，才能认为该仿真链路通过了兼容性测试，仿真测试被判定为合格。

由于 Cat 6/Cat 6A 等链路在使用寿命期内可能会多次改变用途，例如人们会用不同的跳线去跳接一条相对固定的永久链路，从而形成新的网络拓扑结构，实现所需的业务应用。改变网络拓扑结构的方法很简单，只要改变跳线和跳线所连接的各种不同用途的设备即可实现。但改变跳线却为网络传输质量的稳定性埋下了故障隐患，这是因为不同的维护人员可能习惯于使用不同品牌的跳线，如果新安装的是其他品牌的跳线，参数跟原有的永久链路不兼容，则有可能引发误码率增高、传输性能下降甚至发生故障。

Cat 6 永久链路的兼容性在 TIA 568-B 兼容性要求中被指定为各品牌产品的插座（模块）与跳线相连那部分的参数设计必须"居中"，只要参数同样也居中的跳线与这个插座（模块）连接，就可以保证其兼容性。FLUKE 公司的 DSX 系列电缆分析仪使用标准性、稳定性都极好的永久链路检测模块 DSX-PLA004S（适用 DSX-5000 主机，配合 DSX-CHA004S 通道模块使用）或者 DSX-PLA804S（适用 DSX-8000 主机，配合 DSX-CHA804S 通道模块使用）来实现永久链路的兼容性检测。

仿真测试和兼容测试的结果有多少余量才算合格。标准没有给出任何建议，业界一般推荐具有 1.5～2.0 dB 的余量（NEXT、RL）即算合格，因为即便是小心地施工，链路性能也会下降 0.5～1.5 dB。

一般来说，3 长 3 连法或 3 长 4 连法模式相对正式一些，但经过多次测试以后部分甲方/乙方可以将其简化为只用两种极限长度，即 100/90 m 和 20 m。

跳线的兼容性测试就不一一介绍了。

9.3　测试级别

认证测试按照参数的严格程度等级分为元件级测试、链路级测试和应用级测试。

1. 元件级测试

元件级测试就是对链路中的原件（电缆、跳线、插座模块等）进行测试，其测试标准要求最严格。进场测试最好要求进行元件级测试。正确的现场链路线缆元件级参数测试方法是将 100 m 电缆（元件）两端剥去外皮分别插入 DSX-5000 电缆分析仪主、副机 DSX-LABA/MN 适配器的 8 个插孔中，直接在仪器中选择电缆测试标准（元件级标准）而不是链路标准进行测试，测试结果"通过"则表明电缆是合格的；如果要检测跳线（同样须使用元件级测试标准），则可根据被选跳线级别插入 DSX-5000 电缆测试仪的跳线适配器（5e 类跳线对应 DSX-PC5es、6 类跳线对应 DSX-PC6s、6A 类跳线对应 DSX-PC6As）中，选择对应跳线级别的元件级跳线测试标准进行测试。

元件级测试主要用于"进场测试""选型测试"和升级、开通前的跳线测试，对防止假冒伪劣产品的"入侵"起到了非常有效的作用。元件级测试也被用于生产线的成品检测和部分研发测试等。

2. 链路级测试

链路级测试是指对"已安装"的链路进行的认证测试，由于链路是由多个元件串接而成的，所以链路级测试对参数的要求一定比单个的元件级测试要求低。被测对象是永久链路和信道两种（已基本上退出市场），工程验收测试时一般都选择链路级的认证测试报告作为验收报告，这作为一种行业习惯已被多数乙方、第三方和监理方所选择。

3. 应用级测试

部分甲方会要求乙方或维护外包方给出链路是否能支持高速应用的证明。例如，证明链路能否支持升级运行 1000Base-T 和 10GBase-T 等应用，可以选择 DTX 电缆分析仪中的 1GBase-T 和 10GBase-T 等应用标准来进行测试，这种基于应用标准要求的测试就是应用级测试。需要特别指出的是，对于电缆链路而言，应用级测试标准一定是低于同等水平的链路级测试标准的参数规定值的，因此，链路级测试合格的电缆链路一定能支持对应水平的应用，但反之则不成立，也就是说，通过了应用级测试的电缆链路不一定能通过链路级测试。工程验收一般使用链路级测试标准，且多为永久链路。工程实践中经常发现的验收测试报告的错误就是乙方在链路级测试不合格的情况下，改用应用级标准进行测试，这样就有可能将不合格的链路测试报告变成（应用级测试）合格的报告，并以此提交给甲方作为验收存档报告。例如，用 Cat 6A 链路标准测试不合格，但改用 10GBase-T 标准检测却可能合格。

4. 三种测试的区别

元件级测试、链路级测试和应用级测试对参数的要求是各不相同的，标准中对元件级测试的参数要求最严格。链路由众多的元件串接而成，链路中每增加一个元件（如模块），参数就会下降一些，所以链路级测试的参数要求比元件级要低。应用是在链路的基础上开发的，所以应用级测试的参数标准一定不能超过链路级的参数水平，否则应用无法被支持。认证测试参数级别分布如图 9-1 所示。

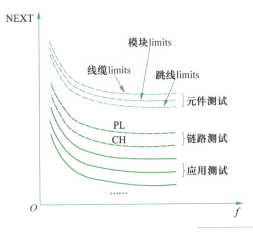

图 9-1
认证测试参数级别分布图

9.4 验证测试仪表

测试仪表分为验证测试仪表、鉴定测试仪表和认证测试仪表。各种测试仪表用途见表 9-1。

表 9-1 测试类型和适宜的环节(A—元件级，B—链路级，C—应用级，D—兼容性)

测试类型	设计/规划	选型/采购	安装/调试	验收/认证	维护/管理
验证测试		√	√		√
鉴定测试			√		√
认证测试	√A/B/D（maybe）	√A/B/D	√A/B/D	√B/D	√A/B/C

验证测试仪表具有最基本的连通性测试功能，主要检测电缆通断、开路、短路、线对交叉、串绕线等接线图的故障。验证测试仪在现场环境中随处可见，简单易用且价格便宜，通常作为解决线缆故障的入门级仪器。有些验证测试仪还有其他一些附加功能，如集成了测试线缆长度或故障定位的 TDR（时域反射计）。对于光缆来说，VFL（可视故障定位仪）也可以看成验证测试仪，因为它能够验证光缆的连续性和极性。

鉴定测试仪表除了验证测试仪表的功能外，还可以对应用进行鉴定，如鉴定电缆是否支持 10/100/1000 Mbit/s 以太网和 VoIP 等，对于光纤测试来讲，光功率计则是鉴定测试仪。

认证测试仪表则是指按照标准规定的参数进行严格测试，并依照标准的参数要求（极限值）给出"通过/失败"判断结果的测试仪表。这类仪表精度要求高，需要定期校准。

下面介绍 8 种典型的验证、鉴定、认证测试仪表。其中后几种是国际知名网络测试仪表供应商——美国 FLUKE 网络公司的产品。

1. 验证测试仪表

1）简易布线通断测试仪。

图 9-2 所示为最简单的电缆通断测试仪，包括主机和远端机。测试时，线缆两端分别连接到主机和远端机上，根据显示灯的闪烁次序就能判断双绞线 8 芯线的通断情况，但因不能测试长度（无 TDR 功能），所以不能确定故障点的物理位置。

2）MicroMapper Pro（MMP）电缆线序检测仪。

图 9-3 所示为一种小型的手持式验证测试仪——电缆线序检测仪，它可以方便地验证双绞线电缆的连通性，包括检测开路、短路、跨接、反接等线序问题，它常用于测试双绞线、普通电缆、同轴线等。只要按动测试（TEST）按键，电缆线序检测仪就可以自动地扫描所有线对并发现所有存在的电缆连通性问题。当与音频探头（MicroProbe）配合使用时，MicroMapper Pro 内置的模拟音频发生器可追踪到穿过墙壁、地板、天花板的电缆。仪器还配一个远端，因此一个人就可以方便地完成电缆和用户跳线的测试。

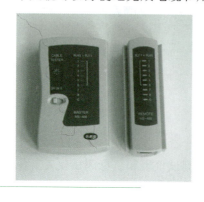

图 9-2
简易电缆通断测试仪
图 9-3
MicroMapper Pro 电缆线序检测仪

3）IntelliTone Pro 数字智能查线仪。

IntelliTone Pro 数字智能查线仪如图 9-4 所示，它发出模拟音频信号，帮助查找未知电缆并确定其对应位置，如核查用户插座对应到配线架上的设备插座的准确位置。有时这种对应关系会因为标签错误、标签遗失、忘记标注标签、标签过时失效等原因而令查找工作非常困难。IntelliTone Pro 数字智能查线仪发出数字音频信号帮助查找在线工作的电缆链路所对应的交换机端口号，确认在用链路的对应位置（在用链路如果使用模拟音频查线，则效果很差）。模拟音频和数字音频的灵活应用则可以快速查找电缆束、桥架中的成捆电缆，帮助发现所要定位的那根电缆。

4）MicroScanner 2 电缆验证仪。

MicroScanner 2 电缆验证仪如图 9-5 所示。它是一个功能强大、专为防止和解决电缆和设备安装问题而设计的工具，可以检测电缆的通断、短路、长度、线序，能识别串绕线，具备寻线功能（须配探头），能定位电缆故障的位置，识别端口速度（10/100/1000 Mbit/s）及 PoE 是否可用，从而节省了安装的时间和金钱。MicroScanner 2 电缆验证仪平时则可以作为网管员的标准维护工具配备。

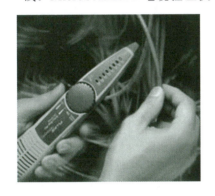 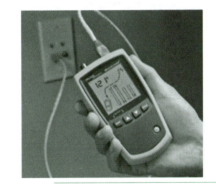

图 9-4
IntelliTone Pro 数字智能
查线仪
图 9-5
MicroScanner 2 电缆
验证仪

2. 鉴定测试仪表

1）CableIQ（CIQ）电缆鉴定测试仪。

CableIQ 电缆鉴定测试仪如图 9-6 所示。它用于检查现有布线系统带宽是否支持 VoIP 或 10/100/1000 Mbit/s 以太网（鉴定），并显示现有布线系统不能支持网络带宽需求的原因（如 11 m 处有串扰），检测并报告电缆另一端连接了什么设备，显示设备配置（速度/双工模式/线对等）；识别未使用的交换机端口，以便于进行再分配。

2）SimpliFiber Pro（SFP）光纤衰减鉴定仪。

SimpliFiber Pro 光纤衰减鉴定仪如图 9-7 所示。光纤的传输质量较大程度上受到光纤链路的总衰减值影响。大致上，同样长度的光纤，衰减值越大，则表明质量越差。通过测试光功率的差值可以用来判定光纤的衰减值，测试结果可以保存到报告中，因为是鉴定仪，故不做通过/失败判断（可人工判断）。

3. 认证测试仪表

1）DSX-8000 线缆认证（分析）测试仪。

DSX-8000 线缆认证（分析）测试仪如图 9-8 所示。这是一款认证（分析）测试仪器，因为内置了各种各样的国内、国际测试标准参数，测试结果将严格依据所选标准（如 ISO/IEC 11801 系列、TIA/EIA 568 系列、IEEE 802.3 系列、GB/T 50312—2016 等）的参数要求给出通过/失败的判定结果。DSX-8000 电缆分析仪实际上是一个线缆认证测试的手持式平台，该平台有非常丰富的对应认证测试适配器可供选择。安装上相应的测试适配器后，它既可以认证元件级产品（电缆、跳线、插座等），又可以依照链路级和应用级标准去认证相应的对象（永久链路、通道、40GBase-T 等），是目前唯一能承担这三级认证的手持式认证工具。该平台认证的介质对象既可以是电缆，也可以是同轴电缆和光纤。对于光纤，它既能完成常见的一级（OLTS）光纤认证，也可以完成针对高速光纤的二级（OLTS+OTDR）光纤认证（使用对应的光纤适配模块选件）。

图 9-6
CableIQ 电缆鉴定测试仪
图 9-7
SimpliFiber Pro 光纤衰减鉴定仪

2）CertiFiber Pro（CFP）光缆认证分析仪与 OptiFiber Pro（OFP）光缆分析仪。

CertiFiber Pro 光缆认证分析仪如图 9-9（a）所示。这是一款能对选定光纤进行二级测试的认证测认测试仪，配合如图 9-9（b）所示的 OptiFiber Pro（OFP）光缆分析仪，可完成包括双端元件级、链路级、100GB 应用级（需搭配不同的适配模块）等的完整光缆认证测试，合并光缆 OLTS 第 1 层（基本层）、OTDR 第 2 层（扩展层）认证、端面的检测和报告。光缆分析仪（OFP）是一个适合于园区网/数据中心网的高分辨能力 OTDR（光时域反射计），利用形似雷达原理的连续向光纤中发射光脉冲，然后在光时域反射计端口接收返回的信息，通过连续测试及一系列复杂的计算分析 OTDR 曲线，可以识别损耗、反射及其他事件，同时依据标准给出通过/失败判定。

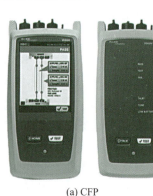

(a) CFP   (b) OFP

图 9-8
DSX-8000 线缆认证分析仪
图 9-9
CertiFiber Pro 光缆认证分析仪与 OptiFiber Pro 光缆分析仪

9.5 认证测试标准

要测试和验收综合布线工程，必须有一个公认的标准。和综合布线标准一样，国际上制定布线测试标准的组织主要有国际标准化委员会（ISO/IEC）、欧洲标准化委员会（CENELEC）和北美的工业技术标准化委员会（ANSI/TIA/EIA）。国内最新的标准是建设部颁布的《综合布线系统工程验收规范》（GB/T 50312—2016）。

国际上第一部综合布线系统现场测试的技术规范是由 ANSI/TIA/EIA 委员会在 1995 年 10 月发布的《现场测试非屏蔽双绞线（UTP）电缆布线系统传输性能技术规范》（TSB-67），它叙述和规定了电缆布线的现场测试内容、方法和对仪表精度的要求。

本章以 GB/T 50312—2016 为主，结合 ANSI/TIA/EIA 568-C/D 和 ISO/IEC 11801 Ed3 来阐述综合布线的测试内容和方法。

9.6 认证测试模型

9.6.1 基本链路模型

在 TSB-67 中定义了基本链路（Basic Link）和信道（Channel）两种认证测试模型。基本链路包括 3 部分：最长为 90 m 的建筑物中固定的水平电缆、水平电缆两端的接插件（一端为工作区信息插座，另一端为楼层配线架）和两条与现场测试仪相连的 2 m 测试设备跳线。基本链路模型如图 9-10 所示，其中 F 是信息插座至配线架之间的电缆，G、E 是测试设备跳线。F 是综合布线承包商负责安装的，链路质量由他们负责，所以基本链路又称承包商链路。

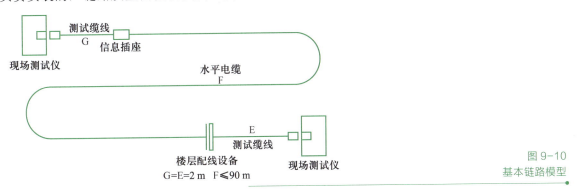

图 9-10
基本链路模型

9.6.2 信道模型

信道指从网络设备跳线到工作区跳线间端到端的连接，包括了最长为 90 m 的建筑物中固定的水平电缆、水平电缆两端的接插件（一端为工作区信息插座，另一端为楼层配线架）、一个靠近工作区的可选的附属转接连接器、最长为 10 m 的在楼层配线架上的两处连接跳线和用户终端连接线，信道长最长为 100 m。信道模型如图 9-11 所示，其中 A 是用户端连接跳线，B 是转接电缆，C 是水平电缆，D 是最大 2 m 的配线设备连接跳线，E 是配线架到网络设备间的连接跳线，B+C 最大长度为 90 m，A+D+E 最大长度为 10 m。信道测试的是网络设备到计算机间端到端的整体性能，这正是用户所关心的，故信道又称为用户链路。

基本链路和信道的区别在于基本链路不含用户使用的跳接电缆（配线架与交换机或集线器间的跳线、工作区用户终端与信息插座间跳线）。测基本链路时，采用测试仪专配的测试跳线连接测试仪接口；测信道时，直接用链路两端的跳接电缆连接测试仪接口。

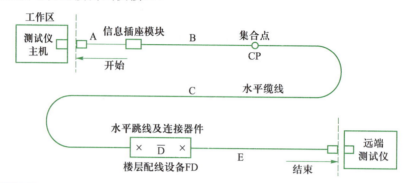

图 9-11
信道模型

9.6.3　永久链路模型

基本链路包含两根 2 m 长的测试跳线，它们是与测试设备配套使用的，虽然品质很高，但随着测试次数增加，测试跳线的电气性能指标可能发生变化并导致测试误差，这种误差包含在总的测试结果之中，其结果会直接影响到总的测试结果。因此，在 ISO/IEC 11801—2002 和 ANSI/TIA/EIA 569-B.2-1 定义的超 5 类、6 类标准中，测试模型有了重要变化，放弃了基本链路（Basic Link）的定义，而采用永久链路（Permanent link）的定义。永久链路又称固定链路，它由最长为 90 m 的水平电缆、水平电缆两端的接插件（一端为工作区信息插座，另一端为楼层配线架）和链路可选的转接连接器组成，电缆总长度为 90 m，而基本链路包括两端的 2 m 测试电缆，电缆总计长度为 94 m。

永久链路模型的定义如图 9-12 所示，其中 F 是测试缆线，G 是转接电缆，H 是水平电缆，I 是测试缆线，G+H 最大长度为 90 m。永久链路模型用永久链路适配器（如 FLUKE 网络生产的 DSX-5000 和 DSX-8000 系列的永久链路适配器 DSX-CHA004S、DSX-CHA804S）连接测试仪和被测链路，由于适配器本身已配有一定长度的延长线缆及 RJ-45 测试接头，可消除跳线对测试链路的影响，排除了测试跳线在测量过程中本身带来的误差，从技术上消除了测试跳线对整个链路测试结果的影响，使测试结果更准确、合理。如果使用设备跳线来代替永久链路，则会因其稳定性差、一致性不好（特别是 RJ-45 接头的参数离散度大）、兼容性不良等原因，在 Cat 6 及以上的高速链路中不被业界专家认可。

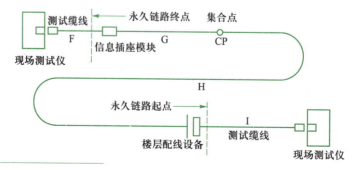

图 9-12
永久链路方式

使用永久链路好还是使用信道测试更好？永久链路是综合布线施工单位必须负责完成的工程链路。通常施工单位完成综合布线工作后，所要连接的设备、器件还没有安装，而且并不是今后所有的电缆都会连接到设备或器件上，所以综合布线施工单位可能只向用户提供一个永久链路的测试报告。从用户的角度来说，用于高速网络的传输或其他通信传输时的链路不仅仅要包含永久链路部分，而且还要包括用于连接设备的用户电缆（跳线），所以他们希望得到一个信道的测试报告。无论哪种报告，都是为了认证该综合布线的链路是否可以达到设计的要求，两者只是测试的范围和定义不一样。在实际测试应用中，选择哪一种测量连接方式应根据需求和实际情况决定。虽然使用信道链路方式更符合真实使用的情况，但由于它包含了用户的设备跳线，而这部分跳线有可能今后被经常更换，所以对于现在的布线系统，一般工程验收测试建议选择永久链路模型进行。那么，跳线的质量如何保证呢？这需要跳线进场测试，对跳线质量进行认证，并确认其兼容性。

TIA 568-B 中对永久链路没有定义数据中心常用的 PP-PP 的类型，也没有对 CP 链路认证测试做出详细定义，而 ISO 中对此进行了更新定义（ISO/IEC JTC 1 SC 25 N1645），如图 9-13 所示。

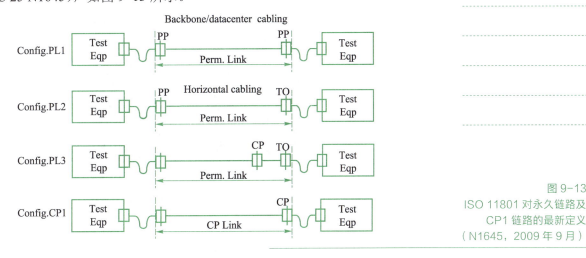

图 9-13
ISO 11801 对永久链路及 CP1 链路的最新定义（N1645，2009 年 9 月）

9.7　认证测试参数

TSB-67 和 ISO/IEC 11801—1995 标准只定义到 5 类布线系统，测试指标只有接线图、长度、衰减、近端串音和衰减串音比等参数，针对 5e 类、6 类、6A 类、7 类和 8 类布线系统，应考虑指标项目为插入损耗（IL）、近端串音、衰减串音比（ACR）、等电平远端串音（ELFEXT）、近端串音功率和（PS NEXT）、衰减串音比功率和（PS ACR）、等电平远端串音功率和（PS ELEFXT）、回波损耗（RL）、时延、时延偏差、直流环路电阻、横向转换损耗（TCL）、横向变换转移损耗（TCTL）、等电平横向转换损耗（ELTCTL）等。

屏蔽的布线系统还应考虑非平衡衰减、传输阻抗、耦合衰减及屏蔽衰减。如果布线系统中有 POE 应用需求，还须增加不平衡电阻检测项。

测试参数的有不同的中文名称，本书采用 GB 50311—2016 和 GB/T 50312—2016 测试参数名称。表 9-2 列出了测试参数的不同名称。

表 9-2　测试参数不同名
称对照表

测试参数	GB 50311—2016 和 GB 50312—2016 中的名称	EIA/TIA 等其他名称
NEXT	近端串音	近端串扰
PS NEXT	近端串音功率和	综合近端串扰
ACR-F	衰减远端串音比	衰减远端串扰比
PS ACR-F	衰减远端串音比功率和	衰减远端串扰比功率和
ACR-N	衰减近端串音比	衰减近端串扰比
PS ACR-N	衰减近端串音比功率和	衰减近端串扰比功率和
FEXT	远端串音	远端串扰
d.c.	直流环路电阻	直流环路电阻
IL	插入损耗	接入损耗
TCL	横向转换损耗	端面变换损耗
TCTL	横向转换转移损耗	端面变换转移损耗
ELTCTL	两端等效横向转换损耗	两端等效变换转移损耗

1. 接线图

接线图（Wire Map）是验证线对连接正确与否的一项基本检查。正确的线对连接为 1 对 1、2 对 2、3 对 3、6 对 6、4 对 4、5 对 5、7 对 7、8 对 8，如图 9-14 所示。当接线正确时，测试仪显示接线图测试"通过"。

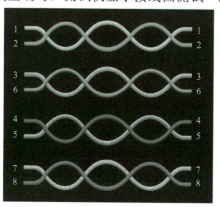

图 9-14
正确的接线图

在布线施工过程中，由于端接技巧和放线穿线技术等原因会产生开路、短路、反接/交叉、跨接/错对和串绕等接线错误，当出现不正确连接时，测试仪指示接线有误，测试仪显示接线图测试"失败"，并显示错误类型。在实际工程中，接线图的错误类型主要有以下情况：

1）开路。

开路是线芯断开了，如图 9-15 所示是 FLUKE DSX 系列测试仪测试时显示线芯 4 开路的情况。

2）短路。

两根线芯搭在一起形成短路，如图 9-15 所示是 FLUKE DSX 系列测试仪测试时显示线芯 3 和 6 短路的情况。

3）反接/交叉。

线对在两端针位接反，如图 9-16 所示，一端的 1 位接在另一端的 2 位，一端的 2 位接在另一端的 1 位。

4）跨接/错对。

将一对线对接到另一端的另一线对上，常见的跨接错误是 12 线对与 36 线对的跨接。这种错误往往是由于两端的接线标准不统一造成的，如一端用

T568A，而另一端用 T568B。如图 9-17 所示，左图为测试时 DSX 系列测试仪显示跨接错误，右图为接线情况。

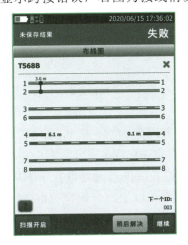

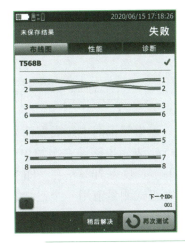

图 9-15
开路和短路测试结果
图 9-16
反接/交叉测试结果

5）串绕线对。

正确的端接按标准要求的 1—2、3—6、4—5、7—8 线对端接，串绕线对是从不同绕对中组合新的绕对，如按 1—2、3—4、5—6、7—8 线对线序的绕对。这是一种会产生极大串扰的错误连接，这种错误对端对端的连通性不产生影响，用普通的万用表不能检查故障原因，只能用电缆认证测试仪才能检测出来。在网络运行中，这种错误会造成上网困难或不能上网，自适应网卡会停留在 10Base-T。图 9-18 所示为测试时 DSX 系列测试仪显示的串绕线对情况。

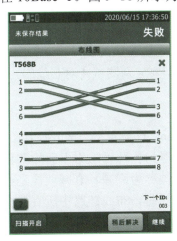

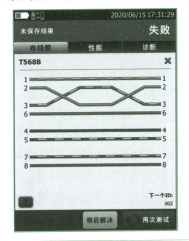

图 9-17
跨接/错对测试结果
图 9-18
串绕线对测试结果

2. 长度

测量双绞线长度时通常采用 TDR（时域反射计）测试技术，其工作原理是：测试仪从电缆一端发出一个脉冲，在脉冲行进时，如果碰到阻抗的变化，如开路、短路或不正常接线时，就会将部分或全部的脉冲能量反射回测试仪。依据来回脉冲的延迟时间及已知的信号在电缆传播的 NVP（额定传播速率），测试仪就可以计算出脉冲接收端到该脉冲返回点的长度，如图 9-19 所示。

NVP 是指电信号在该电缆中传输的速率与光在真空中的传输速率的比值。

$$NVP = 2 \times L / (T \times c)$$

式中，L——电缆长度；

　　　T——信号在传送端与接收端的时间差；

　　　c——光在真空中的传播速度，3×10^8 m/s。

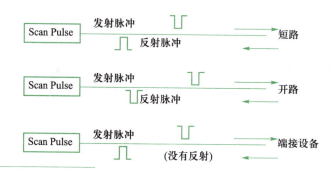

图 9-19
链路长度测量原理图

该值随不同电缆类型而异。通常，NVP 范围为 60%～90%，即 NVP=（0.6～0.9）c，表示电磁波在电缆中的传播速度比真空中的慢（速度为真空中的 60%～90%，多数为 70%左右，即 NVP=0.7）。测量长度的准确性取决于 NVP 值，因此在正式测量前用一个已知长度（必须在 15 m 以上，一般建议取 30 m）的电缆来校正测试仪的 NVP 值，且校正参考电缆越长，测试结果越精确。由于每条电缆线对之间的绞距不同，所以在测试时采用延迟时间最短的线对作为参考标准来校正电缆测试仪。典型的非屏蔽双绞线的 NVP 值为 62%～72%。

但由于 TDR 的精度很难达到 2%以内，NVP 值不易准确测量，故通常多采取忽略 NVP 值影响、对长度测量极值加上 10%余量的做法。根据所选择的测试模型不同，极限长度分别是：基本链路为 94 m，永久链路为 90 m，信道为 100 m。加上 10% 余量后，长度测试"通过"/"失败"的参数是：基本链路为 94 m + 94 m×10% = 103.4 m，永久链路为 90 m + 90 m×10% = 99 m，信道为 100 m + 100 m×10% = 110 m。当测试仪以"*"显示长度时，则表示为临界值，表明在测试结果接近极限时长度测试结果不可信，要引起用户和施工者注意。

布线链路长度是指布线链路端到端之间电缆芯线的实际物理长度，由于各芯线存在不同绞距，在布线链路长度测试时，要分别测试 4 对芯线的物理长度，测试结果会大于布线所用的电缆长度。

3. 衰减（插入损耗）

在 TIA/TIA 568-C/D 中衰减（Attenuation）已被定义为插入损耗（Insertion Lose，IL）。当信号在电缆中传输时，由于遇到各种"阻力"而导致传输信号减小（衰减），信号沿电缆传输损失的能量被称为衰减。衰减就像是一种"插入损耗"，当考虑一条通信链路的总插入损耗时，布线链路中所有的布线部件都对链路的总衰减值有贡献。一条链路的总插入损耗是电缆和布线部件的衰减的总和。衰减量由下述各部分构成：

① 布线电缆对信号的衰减；

② 构成信道链路方式的 10 m 跳线或构成基本链路方式的 4 m 设备接线对信号的衰减量；

③ 每个连接器对信号的衰减量。

电缆是链路衰减的一个主要因素，电缆越长，链路的衰减就会越明显。与电缆链路衰减相比，其他布线部件所造成的衰减要小得多。衰减不仅与信号传输距离有关，而且与信号的频率有关。由于传输信道阻抗的存在，它会随着信号频率的增加，致使信号的高频分量衰减加大。高频损耗主要由集肤效应所决定，它与频率的平方根成正比，频率越高，衰减越大。

衰减以 dB 来度量，即 dB 值越大，衰减越大，表示接收到的信号就越弱。

当信号衰减到一定程度后，强度会变得很弱，这将会引起链路传输的信息不可靠。引起衰减的主要原因是铜导线及其所使用的绝缘材料和外套材料。在选定电缆和相关接插件后，信道的衰减就与其距离、信号传输频率和施工工艺有关，不恰当的端接也会引起附加的衰减。

4. 近端串音

串音是同一电缆的一个线对中的信号在传输时耦合进其他线对中的能量。从一个发送信号的线对（如 12 线对）泄漏到接收线对（如 36）的这种串音能量被认为是给接收线对附加的一种噪声，因为它会干扰接收线对中的原来的传输信号。串音分为近端串音（Near End Crosstalk，NEXT）和远端串音（Far End Crosstalk，FEXT）两种，其中 NEXT 是 UTP 电缆中最重要的一个参数，是指处于线缆一侧的某发送线对的信号对同侧的其他相邻（接收）线对通过电磁感应所造成的信号耦合，如图 9-20 所示。与 NEXT 定义相类似，FEXT 是信号从近端发出，而在链路的另一侧（远端），发送信号的线对向其同侧其他相邻（接收）线对通过电磁感应耦合而造成的串音。

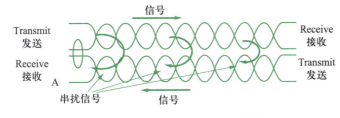

距离越远A端收到的串扰信号就越弱

图 9-20
近端串音

近端串音用近端串音损耗值 dB 来度量，dB 值越高越好。高的近端串音值意味着只有很少的能量从发送信号线对耦合到同一电缆的其他线对中，也就是耦合过来信号损耗高；低的近端串音值意味着较多的能量从发送信号线对耦合到同一电缆的其他线对中，也就是耦合过来信号损耗低。

近端串音与电缆类别、连接方式和频率有关，双绞线的两条导线绞合在一起后，因为相位相差 180° 而抵消相互间的信号干扰，绞距越紧抵消效果越好，也就越能支持较高的数据传输速率。在端接施工时，为减少串扰，5 类电缆打开绞接的长度不能超过 13 mm，更高级别的电缆则只能更短。

近端串音损耗的测量应包括每一个电缆信道两端的设备接插软线和工作区电缆在内。近端串音并不表示在近端点所产生的串扰，它只表示在近端所测量到的值，测量值会随电缆的长度不同而变化，电缆越长，近端串音损耗值越小。实践证明在 40 m 内测得的近端串音损耗值是真实的，并且近端串音损耗应分别从信道的两端进行测量，现在的测试仪都有能在一端同时进行两端的近端串音损耗的测量功能。

近端串音是在信号发送端（近端）测量的来自其他线对泄漏过来的信号。对于双绞线电缆链路来说，近端串音是一个关键的性能指标，也是最难精确测量的一个指标，尤其是高级别电缆，随着信号频率的增加，其测量难度会增大。信号在发送线对的近端串音（绝对值）与频率的关系如图 9-21 所示。图中显示是一组近端串音的曲线图，有 12-36、12-45、12-78、36-45、36-78、45-78 共 6 种串扰关系，其中的红色曲线是标准的极限值。可以看出，频率越高，串音越强（绝对值越小）。信号接收端要从充满噪声的接收信号中"识别"出真正的有用信号，是非常困难的事情。为了减小这种 NEXT 噪声，需要提高电缆的质量，尽量抑制这种"耦合"噪声。另一方面，可以在网卡或交换机端口处理芯片中考虑增加硬件算法，通过硬件算法来提高信噪比，但这个办法会增加一些网卡的成本。

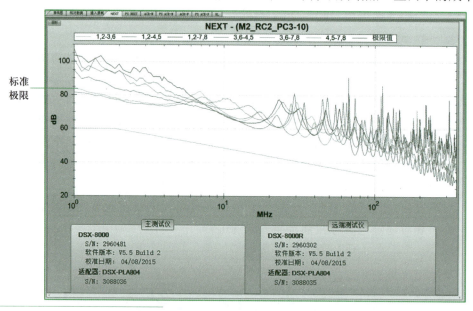

图 9-21
近端串音与频率的关系
（频率越高串音越强）

表 9-3 列出了不同类电缆在不同链路方式下在关键频率处允许最小的近端串音损耗。在后面的参数中都只列出了在关键频率处的测极限值要求。

对于近端串音损耗的测试，采样样本越大，步长越小，测试就越准确。ANSI/TIA/EIA 569-B2.1 定义了近端串音损耗测试时的最大频率步长，见表 9-4。

表 9-3 最小近端串音损耗一览表

频率（MHz）	3 类（dB）		5e 类（dB）		6 类（dB）		6A 类（dB）		8 类（dB）	
	信道链路	永久链路	信道链路	永久链路	信道链路	永久链路	信道链路	永久链路	信道链路	永久链路
1	39.1	40.1	60.0	60.0	65.0	65.0	65.0	65.0	65.0	65.0
16	19.4	21.1	43.6	45.2	53.2	54.6	65.0	65.0	53.9	53.9
100			30.1	32.3	39.9	41.8	62.9	65.0	40.5	40.5
250					33.1	35.3	56.9	60.4	33.6	33.6
600							51.2	54.7	25.7	25.7
2000									9.8	9.8

表 9-4 最大频率步长表

频率段（MHz）	最大采样步长（MHz）
1～31.25	0.15
31.26～100	0.25
100～250	0.50

5. 近端串音功率和

近端串音是一对发送信号的线对对被测线对在近端的串扰，实际上，在 4 对双绞线电缆中，当其他 3 个线对都发送信号时也会对被测线对产生串扰。因此在 4 对电缆中，3 个发送信号的线对向另一相邻接收线对产生的总串扰就称为近端串音功率和（PSNEXT）。

近端串音功率和只有超 5 类以上电缆中才要求测试，这种测试对 UTP 中同时传输 1GBase-T、10GBase-T 以及 40GBase-T 等高速以太网信号的 4 对线而言非常重要。因为电缆中多个传送信号的线对把更多的能量耦合到接收线对，在测量中近端串音功率和损耗值要低于同种电缆线对间的近端串音损耗值。

6. 衰减串音比

通信链路在信号传输时，信号衰减和串扰都会存在，串扰反映出电缆系统内的噪声水平，衰减反映线对本身的实际传输能量。人们希望接收到的信号能量尽量大（即电缆的衰减值要小），耦合过来的串音尽量小，因此用它们的比值来相对衡量收到信号的质量，这种比值就叫作信噪比。它可以反映出电缆链路的实际传输质量，通过计算可以发现，信噪比就是衰减串音比。衰减串音比（ACR，ACR-N，也可译为衰减串扰比）定义为被测线对受相邻发送线对串扰的近端串音与本线对上传输的有用信号的比值，用对数来表示这种比值（除法运算）就是做减法（单位为 dB），即

$$ACR = NEXT - A$$

近端串音损耗越高且衰减越小，则衰减串音比越高。一个高的衰减串音比意味着干扰噪声强度与信号强度相比微不足道，因此衰减串音比越大越好。ACR 在关键频率处的极限值见表 9-5。

频率（MHz）	3 类（dB）		5e 类（dB）		6 类（dB）		6A 类（dB）		8 类（dB）	
	信道链路	永久链路	信道链路	永久链路	信道链路	永久链路	信道链路	永久链路	信道链路	永久链路
1			56.0	56.0	61.0	61.0	61.0	61.0	65.0	72.4
16			34.5	37.5	44.9	47.5	56.9	58.1	47.9	48.3
100			6.1	11.9	18.2	23.3	42.1	47.3	32.0	32.4
250					-2.8	4.7	23.1	31.6	24.0	24.4
600							-3.4	8.1	16.4	16.8
2000									5.9	6.4

表 9-5 衰减串音比值最小极限值一览表

衰减、近端串音损耗和衰减串音比都是频率的函数，应在同一频率下计算。5e 类信道和永久链路必须在 1～100 MHz 频率范围内测试，6 类信道和永久链路在 1～250 MHz 频率范围内测试，6A 类信道和永久链路在 1～500 MHz 频率范围内测试，而 8 类信道和永久链路则需要在 1～2000 MHz 频率范围内测试，且最小值必须大于 0 dB，当 ACR 接近 0 dB 时，链路就不能正常工作。衰减串音比反映了在电缆线对上传送信号时，在接收端收到的衰减过的信号中有多少来自串扰的噪声影响，它直接影响误码率，从而决定信号是否需要重发。

NEXT、衰减 A 和 ACR 三者的关系如图 9-22 所示。该项目为宽带链路应测的技术指标，更新后的标准使用新术语 ACR-N。

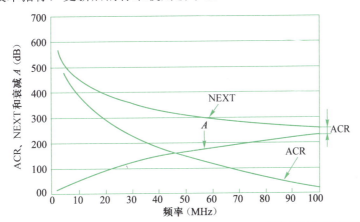

图 9-22
NEXT、衰减 A 和 ACR 关系曲线

衰减串音比功率和（PSACR）是近端串音功率和损耗与衰减的差值，同样，它不是一个独立的测量值，而是在同一频率下衰减与近端串音功率和损耗的计算结果。

7. 远端串音与等电平远端串音

与近端串音定义相类似，远端串音（FEXT）是信号从近端发出，而在链路的另一侧（远端），发送信号的线对向其同侧其他相邻（接收）线对通过电磁感应耦合而造成的串扰。因为信号的强度与它所产生的串扰及信号的衰减有关，所以电缆长度对测量到的远端串音损影响很大。远端串音并不是一种很有效的测试指标，在测量中，用等电平远端串音值的测量代替远端串音值的测量。

等电平远端串音（Equal Level FEXT，ELFEXT，也可译为等效远端串扰）是指某线对上远端串音损耗与该线路传输信号衰减的差值，也称远端 ACR（或者 ACR-F）。减去衰减后的 FEXT 也称等电位远端串音，它比较真实地反映了在远端的信噪比，其关系如图 9-23 所示。

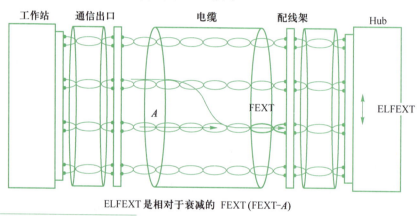

ELFEXT 是相对于衰减的 FEXT(FEXT-A)

图 9-23
FEXT、A 和 ELFEXT
关系图

ELFEXT 的定义如下：

ELFEXT $=$ FEXT $-A$（A 为被干扰线对的衰减值，现用 IL 表示）

更新后的标准均使用新术语 ACR-F。

8. 等电平远端串音功率和

等电平远端串音功率和（PSELFEXT）是几个同时传输信号的线对在接收线对形成的串扰总和，是指在电缆的远端测量到的每个传送信号的线对对被测线对串扰能量的和。等电平远端串音功率和损耗是一个计算参数，对 4 对 UTP 而言，它组合了其他 3 对远端串音对第 4 对的影响，这种测量具有 8 种组合。

9. 传播时延和时延偏差

传播时延（Propagation Delay）是信号在电缆线对中传输时所需要的时间。传播时延随着电缆长度的增加而增加，测量标准是指信号在 100 m 电缆上的传输时间，单位是 ns，它是衡量信号在电缆中传输快慢的物理量。表 9-6 列出了关键频率下传播时延极限值。

频率 （MHz）	3类（ns）		5e类（ns）		6类（ns）		6A类（ns）		8类（ns）	
	信道 链路	永久 链路	信道 链路	永久 链路	信道 链路	永久 链路	信道 链路	永久 链路	信道 链路	永久 链路
1	580	521	580	521	580	521	580	521	187.4	142
16	553	496	553	496	553	496	553	496	178.6	135
100			548	491	548	491	548	491	176.8	134
250					546	490	546	490	176.4	134
600							545	489	176.1	133
2000									175.9	133

表 9-6 传播时延极限值表

时延偏差（Delay Skew）是指同一 UTP 电缆中传输速率最大的线对和传输速率最小的线对的传播时延差值。它以同一电缆中信号传播延迟最小的线对的时延值为参考，其余线对与参考线对都有时延差值，最大的时延差值即是电缆的时延偏差。

时延偏差对 UTP 中同时传输 1GBase-T、10GBase-T 以及 40GBase-T 等高速以太网信号的 4 对线而言非常重要，因为信号传送时先在发送端被分配到不同线对后才并行传送，到接收端后再重新组合成原始信号，如果线对间传输的时差过大，接收端就会因为信号（在时间上）不能对齐而丢失数据，从而影响重组信号的完整性并产生错误。

10. 回波损耗

回波损耗（Return Loss，RL）多指电缆与接插件连接处的阻抗突变（不匹配）导致的一部分信号能量的反射值。当沿着链路的阻抗发生变化时，如接插部件的阻抗与电缆的特性阻抗不一致（不连续）时，就会出现阻抗突变时的特有现象：信号到达此区域时，必须消耗掉一部分能量来克服阻抗的偏移，这样会出现两个后果，一个是信号会被损耗一部分，另一个则是少部分能量会被反射回发送端。以 1000Base-T 为例，每个线对都是双工线对，既担负发射信号的任务，也"同时"担负接收信号的任务，也就是说，12 线对既向前传输信号，又接收对端端口发送过来的信号，同理，36、45、78 线对功能完全相同。因为信号的发射线对同时也是接收线对（接收对端发送过来的信号），所以阻抗突变后被反射到发送端的能量就会成为一种干扰噪声，这将导致接收的信号失真，降低通信链路的传输性能。

回波损耗的计算公式如下：

回波损耗 = 发送信号值/反射信号值

可以看出，回波损耗越大，则反射信号值越小，这意味着链路中的电缆和相关连接硬件的阻抗一致性越好，传输信号失真越小，在信道上的反射噪声也越小。因此，回波损耗越大越好。

ANSI/TIA/EIA 和 ISO 标准中对布线材料的特性阻抗做了定义，常用 UTP 的特性阻抗为 100 Ω，但不同厂商或同一厂商不同批次的产品都有在允许范围内的不等的偏离值，因此在综合布线工程中，建议采购同一厂商同一批生产的双绞线电缆和接插件，以保证整条通信链路特性阻抗的匹配性，减少回波损耗和衰减。在施工过程中端接不规范、布放电缆时出现牵引用力过大或过度踩踏、挤压电缆等都可能引起电缆特性阻抗变化，从而发生阻抗不匹配的现象，因此要文明施工、规范施工，以减少阻抗不匹配现象的发生。表 9-7 列出了不同链路模型在关键频率下的回波损耗极限值。

表 9-7　关键频率下的回波损耗极限值表

频率（MHz）	3类（dB）		5e类（dB）		6类（dB）		6A类（dB）		8类（dB）	
	信道链路	永久链路	信道链路	永久链路	信道链路	永久链路	信道链路	永久链路	信道链路	永久链路
1	15.0	15.0	17.0	19.0	19.0	21.0	19.0	21.0	19.0	19.1
16	15.0	15.0	17.0	19.0	18.0	20.0	18.0	20.0	18.0	20.0
100			10.0	12.0	12.0	14.0	12.0	14.0	16.0	18.0
250					8.0	10.0	8.0	10.0	13.4	13.2
600							8.0	10.0	10.0	8.7
2000									8.0	8.0

11．ANEXT、PS ANEXT、AACR-F 等

10GBase-T（铜缆）以太网正越来越快地走向商用市场，与 10GBase-X（光纤）以太网相比，其设备价格便宜 40%以上（2020 年 12 月数据）。线缆系统作为网络应用的基石，成为商用过程中重要的一环。由于 10GBase 以太网应用速度又提高了 10 倍（相比于原来的 1GBase），对布线系统也提出更高的要求。根据 IEEE 802.3ae 的要求，6A 类各信道和链路参数的测试规范扩展到 500 MHz 范围（6 类原来只有 250 MHz），但 250 MHz 以内的指标值与 6 类原有的基本保持一致。

同一线缆中的 4 个线对由于电磁耦合会有部分能量泄漏到其他邻近线对中，这个耦合效应称为"串扰"。串扰不仅干扰相邻线对的信号传输（线内干扰：近端串扰/远端串扰），同样也会干扰线缆外部其他线缆传送的信号（线外干扰：外部近端串扰/外部远端串扰）。一般用外部近端串音（Alien-NEXT，ANEXT）和外部远端串音（Alien-FEXT，AFEXT）来考察这类干扰的程度。类似地，同样也存在外部近端串音功率和（PS ANEXT）及外部远端串音功率和（PS AFEXT）。因为频率越高，线对的对外辐射能力越强，所以这些参数对于运行速率为 10 Gbit/s 的非屏蔽线缆而言（物理带宽 500 MHz），有非常重大的意义。由于通常在布线过程中使用同一厂商的线缆,同种颜色的线芯其几何结构（线对的扭绞率）几乎一致，所以同颜色线芯间的干扰还会更严重一些，如图 9-24 所示。

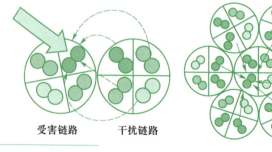

受害链路　干扰链路

图 9-24
ANEXT 或 AFEXT

图 9-25 和图 9-26 所示是外部串扰 ANEXT 和 AFEXT 的测试方式。远端机作为测试干扰源（加害链路），主机负责测试接收的干扰信号（受害链路）。

图 9-26 所示的远端机负责释放干扰信号（干扰链路），通过空间辐射进入邻近的被干扰链路（又叫作受害链路）；主机负责测试、记录干扰信号（即 ANEXT）。

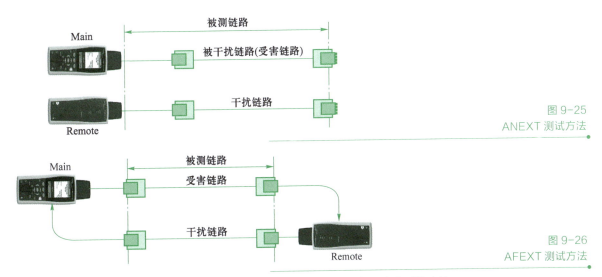

图 9-25
ANEXT 测试方法

图 9-26
AFEXT 测试方法

图 9-26 所示为外部远端串扰的测试方法。远端机释放干扰，主机测试并记录干扰数据。

外部近端串音（ANEXT）难以全部测试，在实验室的测试中，建立起一种测试的模式，即被称为"6 包 1"的测试方法。它包括建立含有 6 个接口（模块）的测试链路，换言之，共有 7 条等长链路在规定的距离上同时传输信号，每条线路都要相对其他线缆进行串扰量测试，计算排列组合，"6 包 1"全部测完总共要进行 96 个独立测试动作。如果现场是 12、24 或 48 根电缆捆绑成一束，则为了考察每根电缆彼此之间的外部近端串音值，实施全部测试的工作量将非常大。因此，现场检测会挑选工作条件最恶劣的几条链路进行外部近端串音测试，如抽测最长的链路和线缆束最大的链路，以及模块在配线架上紧邻的链路。如果这些链路都通过了测试，则其他条件相对更好的链路就被认为合格。抽测比例一般为 1%，数量上限为 5 条或 10 条。

TSB-155 和 TIA/EIA 568 系列标准中详细描述了外部近端串音（ANEXT）的测试方法。FLUKE DSX 系列认证测试仪均可以实现外部近端串音（ANEXT）的测试以及相关的 PS AACR-F 参数测试。

12. 其他参数

其他参数包括横向转换损耗、等电平横向转换损耗、不平衡电阻、直流环路电阻、非平衡衰减、传输阻抗、耦合衰减及屏蔽衰减，在此不一一介绍。

9.8 任务实施：现场认证测试和故障诊断测试

9.8.1 对认证测试仪的性能要求

虽然生产线和实验室里会用台式认证测试仪按照元件标准检测电缆、跳线和插座模块的质量，但布线工程项目中最重要的还是现场认证测试。用于现场认证的测试仪具有便携、手持操作等特点，主要采用模拟和数字两类测试技术。模拟技术是传统的测试技术，已有几十年的历史，主要采用频率扫描来实现，即测试仪发出的每个测试频点都进入电缆进行测试，将每个频点对应测得的值

（如 NEXT、RL、IL 等）画在坐标上，再将这些点用一条曲线连接起来，这样就能看到曲线了（NEXT）。数字技术则是通过发送数字脉冲信号完成测试的。由于数字脉冲周期信号都由直流分量和 K 次谐波之和组成，这样通过相应的信号处理技术就可以得到数字信号在电缆中的各次谐波的频谱特性，然后用程序算出曲线。DSX 系列分析仪采用全数字技术进行认证测试，在高精度完成所有测试的同时，测试速度得以大幅提高。

对于 5e 类、6A 类和 8 类综合布线系统，现场认证测试仪必须符合 ANSI/TIA/EIA 568-2-D 或 ISO/IEC 11801 的要求：一般要求测试仪同时具有认证精度和故障查找能力，在保证精确测定综合布线系统各项性能指标的基础上，能够快速准确地故障定位，而且使用操作简单。

1. 测试仪的基本要求

① 精度是综合布线测试仪的基础，所选择的测试仪既要满足永久链路认证精度，又要满足信道的认证精度。测试仪的精度是有时间限制的，必须在使用一定时间后进行定期校准。

② 具有精确的故障定位和快速的测试速度并带有远端测试单元的测试仪，使用 6 类及以上电缆时，近端串音应进行双向测试，即对同一条电缆必须测试两次，而带有智能远端测试单元的测试仪可实现双向测试一次完成。

③ 测试仪可以与 PC 连接在一起，把测试的数据传送到 PC，便于打印输出与保存。

2. 测试仪的精度要求

测试仪的精度决定了测试仪对被测链路的可信程度，即被测链路是否真的达到了测试标准的要求。在 ISO/IEC 11801-99-1 中，规定了 I / II 类信道和永久链路的性能参数及测量精度的计算方案；而 ANSI/TIA-1152-A 则规定了 8 类的现场测试仪测量和精度。一般来说，测试 5e 类要求测试仪的精度达到第 III 级精度，6 类要求达到第 IV 级精度，而 8 类则会要求达到第 VI 级的或 Level 2G（ANSI/TIA-1152-A）测试仪精度。因此，综合布线认证测试最好使用 IV 级或以上精度的测试仪，以满足现场测试精度的需求。如何保证测试仪精度的可信度，厂商通常是通过获得第三方专业机构的认证来说明的，如美国安全检测实验室的 UL 认证、ETL SEMKO 认证等。FLUKE 网络的 DSX-5000 系列产品获得了 V 级精度认证，DSX-8000 系列产品获得了 VI 级与 Level 2G 精度认证。测试仪表还要求处理以下 3 种影响精度的情况：

① 测试判断临界区。测试结果以"通过"和"失败"给出结论，由于仪表存在测试精度和测试误差范围，当测试结果处在"通过"和"失败"临界区内时，以特殊标记如"∗"表示测试数据处于该范围之中。测试数值处于该区时，"通过"被认为是"通过"，"失败"被认为是"失败"。如果仪器误差较大，则带"∗"号的测试结果就比较多。FLUKE 公司采用特制的永久链路适配器，获得了很高的精度，加上专利的反射式串扰补偿算法（RCC 或 RC^2），大幅减少了带"∗"号容易引起争议的结果。

② 测试接头误差补偿。由测试模型可知，无论是信道还是永久链路，并未包括测试仪主机或远端机与测试跳线相连部分的参数，但只要进行测试，这个连接就会客观存在。

③ 仪器自校准。测试仪的精度是有时间限制的，测试仪的精度必须在使用一定时间后进行校准。自校分为用户仪器自校（2 月）、用户永久链路自校（半年）、仪器实验室校准（国家计量规定 1 年）3 种。对于测试适配器的校准，其中的永久链路适配器由于是特制的适配器，参数稳定可靠，一般半年自校一次即可，无须经常校准。信道适配器由于采用算法扣除，待仪器给出提示的时候即可更换之，无须校准。此外，用 DSX 系列测试仪做元件级测试时，同样需要对对应适配模块做精度校准。

3. 测试速度要求

电缆测试仪首先应在性能指标上同时满足通道和永久链路的Ⅵ级或以上精度要求，同时在现场测试中还要有较快的测试速度。在要测试成百上千条链路的情况下，测试速度哪怕只相差几秒都将对整个综合布线的累计测试时间产生很大的影响，并将影响用户的工程进度。目前最快的认证测试仪表是 FLUKE 公司推出的 DSX-8000 电缆认证测试仪，最快 8 s 完成一条 6A 类链路测试或 16 s 完成一条 8 类链路测试。

4. 测试仪故障定位能力

测试仪的故障定位是十分重要的，因为测试目的是要得到良好的链路，而不仅仅是辨别好坏。测试仪能迅速告诉测试人员在一条坏链路中故障部件的位置，从而能迅速加以修复。FLUKE 网络的 DSX 系列线缆测试仪是一款支持包括横向变换损耗（TCL）和等水平横向变换传输损耗（ELTCTL）在内的平衡测量的现场测试仪。这些重要的检测参数将有助于 DSX 大大缩短定位布线故障所需的时间；同时，通过图形化显示，用户可沿电缆查看链路上所有的串扰、回波损耗（RL）或屏蔽故障的准确位置。

5. 测试仪的稳定性、一致性、兼容性和测试的可重复性要求

测试仪的稳定性主要表现在仪器主体的稳定性和测试适配器的稳定性。稳定性和耐用性是相辅相成的。一致性是指不同的测试仪（特别是其测试适配器接口）的参数能保持一致，平均"比对误差"能限制在较小范围内。兼容性是指能认证被测对象（永久链路和跳线）是否满足兼容互换条件，这对 6 类链路的认证测试是非常重要的特性要求，否则，一旦更换另一品牌的"合格跳线"却可能变得不合格，影响升级到高速的应用。

6. 其他要求

其他要考虑的方面还有测试仪应支持近端串扰的双向测试、测试结果可转储打印、操作简单且使用方便，以及支持其他类型电缆，如同轴电缆、光缆的测试等。

9.8.2 认证测试环境要求

为保证综合布线系统的测试数据准确可靠，对测试环境有严格的规定。

1. 无环境干扰

综合布线测试现场应无产生严重电火花的电焊、电钻和产生强磁干扰的设备作业，被测综合布线系统必须是无源网络，测试时应断开与之相连的有源、无源通信设备，以避免测试受到干扰或损坏仪表。DSX 系列线缆测试仪能主动提示链路中有哪些具体的干扰源存在。

2. 测试温度要求

综合布线测试现场的温度宜在 20～30 ℃，湿度宜在 30%～80%，由于衰

减指标的测试受测试环境温度影响较大，当测试环境温度超出上述范围时，需要按有关规定对测试标准和测试数据进行修正。

3. 防静电措施

我国北方地区春、秋季气候干燥，湿度常常在 10%～20%。验收测试经常需要照常进行，但湿度在 20%以下时静电火花时有发生，不仅影响测试结果的准确性，甚至可能使测试无法进行或损坏仪表。在这种情况下，测试者和持有仪表者要采取一定防静电措施，最好不要用手指直接接触测试接口的金属部分。

9.8.3 认证测试仪选择

目前市场上可达到Ⅳ级及以上精度的测试仪主要有 FLUKE DSX 线缆认证测试仪系列、赛博 WX-4500 线缆测试仪、AEM TESTPRO CV100-K50 线缆测试仪、安捷伦的 Agilent WireScope Pro 线缆认证测试仪等产品。本节将介绍 FLUKE DSX 线缆认证测试仪。

DSX 系列是 2013 年 FLUKE 公司推出的 Versiv 模块化布线认证产品系列中全新的线缆认证解决方案，支持对高达 25 GB 和 40 GB 以太网部署的布线系统进行测试和认证，支持以太网供电（PoE）所需的全套电阻不平衡标准，同时 DSX 系列认证测试仪是第一个支持包括横向变换损耗（TCL）和等水平横向变换传输损耗（ELTCTL）在内平衡测量的现场测试仪。DSX 系列认证测试仪可提供准确、完全无误的认证结果；其拥有快速先进的故障诊断能力及友好易懂的用户界面，可以一键提供快速且准确的测试，并以图形方式显示故障源，包括串扰和屏蔽故障定位，并给出可能的故障原因提示，以便快速进行故障排除；具有彩色中文界面，屏幕下方有简要提示，非常方便新老用户使用；内置大容量锂电池，可提供 8 h 的电池使用时间；高精度的测试结果符合包括 Level VI/2G 在内的所有精度标准；配合广受欢迎的多功能 PC 管理软件应用程序 LinkWare，DSX 系列用户可方便地访问管理系统数据并生成认证检测报告，使工作更加容易管理，且能够提高系统验收速度。

DSX 系列认证测试仪包括 DSX-5000 和 DSX-8000（图 9-27）两款型号，前者拥有 1000 MHz 的测试带宽，而后者拥有高达 2000 MHz 的测试带宽可对 Cat 5e/Cat 6/Cat 6A/Cat FA/Cat 8 以及 Class I/II 全系列布线系统进行快速的认证测试，可在 8 s 完成一条 6A 类或 16 s 完成一条 8 类链路测试，或 3 s 完成两根光纤的双波长认证；高度模块化的设计支持铜缆、光纤损耗（一级）、OTDR（二级）认证测试以及光纤端面检查。

DSX-8000 线缆认证测试仪标准配件包括Versiv主测试机和远端测试机（各一台）、两个 DSX-8000 CableAnalyzer 认证测试模块、Cat 8/Class I 级永久链路适配器套装、Cat 8/Class I 级通道适配器套装、两个耳机、两条手带、两条肩带、便携包、USB 接口电缆、两个交流电充电器、两个通用耦合器、两个 AxTalk 终端器、集成 Wi-Fi、校准说明和入门指南。

DSX-8000 线缆认证测试仪有 5 种套包：DSX-8000、DSX-8000QI、DSX-8000QOI 和 DSX-8000-PRO。如果希望进行单一电缆测试认证，可以选择 DSX-8000，它带有完整支持目前市面上最高类别（Cat 8）的电缆认证测试的模块；如果希望增加光缆一级（OLTS）认证测试，可以选择 DSX-8000QI，它增带一套光缆一级认证测试模块；如果希望增加光缆一级（OLTS）与二级（OTDR）认证测试，可以选择 DSX-8000QOI，它增带一套光缆一级与一套光缆二级认证测试模块；而 DSX-8000-PRO 则是最完整的版本，包括 Versiv Professional 工具包，内有 DSX-8000 CableAnalyzer、CertiFiber Pro、OptiFiber Pro、Fiber Inspection 和全套附件，并集成 Wi-Fi。

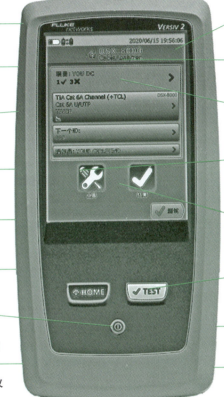

VI级精度/Level 2G-满足Cat 8的认证规格

各种可选的认证测试模块可牢固地安装在主机模块槽内

无与伦比的速度，支持Cat 6A、8、FA Ⅰ/Ⅱ级和所有现行参数标准

Versiv产品系列中包含光纤OLTS认证、OTDR光纤检查模块

集成LinkWare Live云服务可以远程设置测试仪、监控工作进展

支持对高达40 GB以太网部署的双绞线布线进行测试和认证

内置大容量锂电池，可提供8 h的电池使用时间

是第一个支持包括横向变换损耗（TCL）和等水平横向变换传输损耗（ELTCTL）的现场测试仪

带明亮背光的彩色中文界面显示屏

电容触摸屏可使用户通过选择线缆类型、标准和测试参数更快地设置测试仪

可提供准确、完全无误的认证结果

各种技能水平的人员均可用其来改善设置、操作、测试报告的过程并同时管理多个项目

以图形方式显示故障源，包括串扰、回波损耗和屏蔽层的故障，以便快速进行故障排除

8 s完成一条 Cat 6A 链路测试，16 s完成一条 Cat 8链路测试，3 s完成两根光纤双波长认证

以全图形方式管理最多12 000个Cat 6A测试结果

坚固的外壳提供极佳的现场工作防护条件

图 9-27
DSX-8000 主测试仪

9.8.4　测试结果描述

测试结果用通过（PASS）或失败（FAIL）表示。长度指标用测量的最短线对的长度表示测试结果；传输延迟和延迟偏离用每线对实测结果和比较结果显示，对于 NEXT、PSNEXT、衰减、ACR、ELFEXT、PSELEXT 和 RL 等用 dB 表示的电气性能指标，用余量和最差余量来表示测试结果。

所谓余量（Margin），就是各性能指标测量值与测试标准极限值（Limit）的差值，正余量表示比测试极限值好，结果为 PASS；负值表示比测试极限值差，结果为 FAIL。余量越大，说明距离极限值越远，性能越好。

最差情况的余量有两种情况：一种是在整个测试频率范围（5e 类至 100 MHz，6 类至 250 MHz，6A 类至 500 MHz，7 类至 600 MHz，8 类至 2000 MHz）测试参数的曲线最靠近测试标准极限值曲线的点，如图 9-28 所示，最差情况的余量是 3.8 dB，发生在约 2.7 MHz 处；因为测试结果有多条线对的测试曲线，所以另一种情况就是所有线对中余量最差的线对，如图 9-29 所示，近端串扰最差情况的余量在 3,6-4,5 线对间，值为-7.9 dB，其他线对的最差余量都比 3,6-4,5 好。最差余量应综合两种情况来考虑。

当测试仪根据测试标准对所有测试项目测试完成后，就会根据各项测试结果对线缆给出一个评估结果。测试结果与评估结果关系见表 9-8。

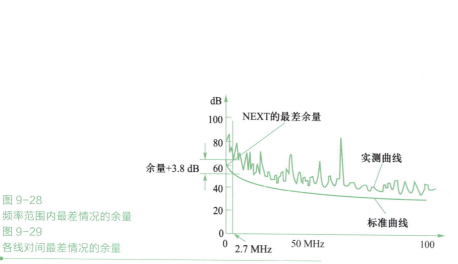

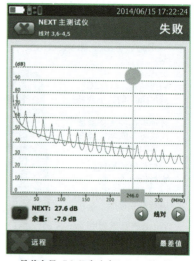

最差余量 -7.9 dB 发生在 3,6-4,5 线对间

图 9-28
频率范围内最差情况的余量
图 9-29
各线对间最差情况的余量

表 9-8　线缆测试中
PASS/FAIL 的评估

测 试 结 果	评 估 结 果
所有测试都 PASS	PASS
一个或多个 PASS*，其他所有测试都通过	PASS
一个或多个 FAIL*，其他所有测试都通过	FAIL
一个或多个测试是 FAIL	FAIL

注：* 表示测试仪可接受的临界值。

9.8.5　使用 DSX 测试双绞线链路

微课：测试双绞线链路

已安装好的布线系统链路如图 9-30 所示，图中的配线架是需要跳接的，通常安装的是不用跳接的配线架。

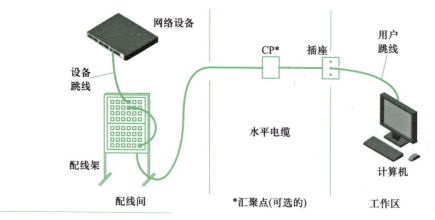

图 9-30
布线系统链路

下面以选择 TIA/EIA 标准、测试 UTP Cat 6 永久链路为例介绍测试过程。快速入门视频请参阅 FLUKE 网站说明资料。

1. 连接被测链路

将测试仪主机和远端机连上被测链路，如果是永久链路测试，就必须用永久链路适配器连接，如图 9-31 所示为永久链路测试连接方式；如果是信道测试，就使用原跳线连接仪表，如图 9-32 所示为信道测试连接方式。

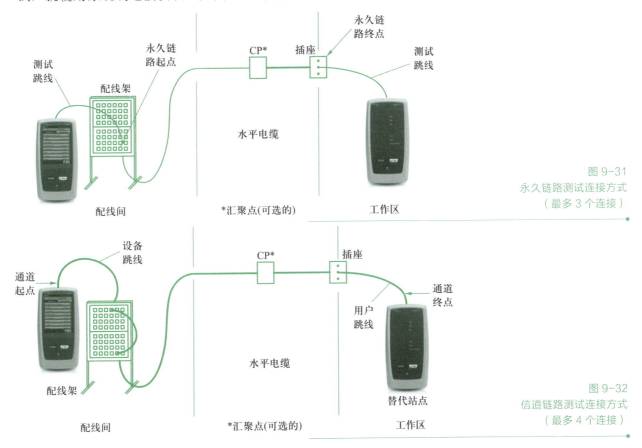

图 9-31
永久链路测试连接方式
（最多 3 个连接）

图 9-32
信道链路测试连接方式
（最多 4 个连接）

2. 启动 DSX

按绿色电源键启动 DSX，如图 9-33（a）所示，并选择中文或中英文界面。

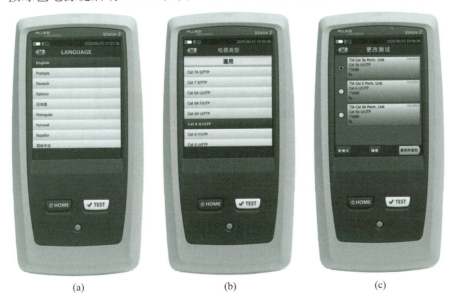

(a)　　　　　　　　　(b)　　　　　　　　　(c)

图 9-33
测试步骤——
点击屏幕选择示意图

3. 新建测试工程项目

DSX 主机可支持记录多达 100 个工程项目，每个项目可配置多达 10 个独立测试，记录总共 5000 个电缆 ID，可以跟踪设备内的通过/失败结果，了解测试完成百分比（%）情况，已保存项目可发送至 U 盘，以便加载至其他 DSX 主机，还可以在 LinkWare Live 中创建，然后同步到 DSX 主机。具体方法是：点击屏幕选择"新项目"，输入项目信息、操作者信息及电缆 ID（可支持 60 个字符长度），然后点击"完成"以完成项目的新建。

4. 选择双绞线，线缆类型和测试限值

点击"线缆类型"，选择"Cat 6 U/UTP"，如图 9-33（b）所示；再点击"测试限值"，选择"TIA Cat 6 Perm.Link"（Cat 6 永久链路测试），如图 9-33（c）所示。

5. 自动测试

按机身上"Test"按钮，启动测试，DSX-8000 认证测试仪将在 8 s 内完成一条 6 类链路的测试。

6. 手动保存及自动保存项目测试结果

由于测试开始前已设置好当前的工程项目及电缆 ID 号，所以当测试结束后，可直接选择屏幕列表中的电缆 ID 并点击"SAVE"（保存）进行手动保存，或选择"Auto Save"（自动保存），如图 9-34 所示。自动保存功能将大大减少项目整体的测试时间，且当所有测试完成之后，DSX 认证测试仪将自动保存所有测试结果至机身内部存储器。

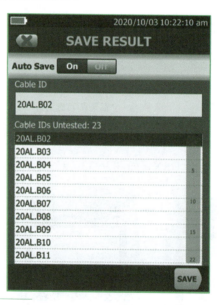

图 9-34
保存项目测试结果

7. 故障诊断

测试结果显示"失败"时，屏幕会以红色色调作为报警，结果页显示各检测项的测试结果。点击各项右边的"i"（信息），可进入该测试项的详细信息页，直观显示故障信息并提示解决方法。再启动 HDTDR 和 HDTDX 功能，扫描定位故障。查找故障并进行排除后，重新进行自动测试，直至指标全部通过为止。

8. 结果送管理软件 LinkWare

当工程项目中所有需要测试的链路均测试完成并保存后，可通过 U 盘或 Wi-Fi 将项目测试结果传送到安装在计算机上的管理软件 LinkWare 中进行管理分析。LinkWare 有几种形式向用户提供测试报告，如图 9-35 所示为其中的一种。

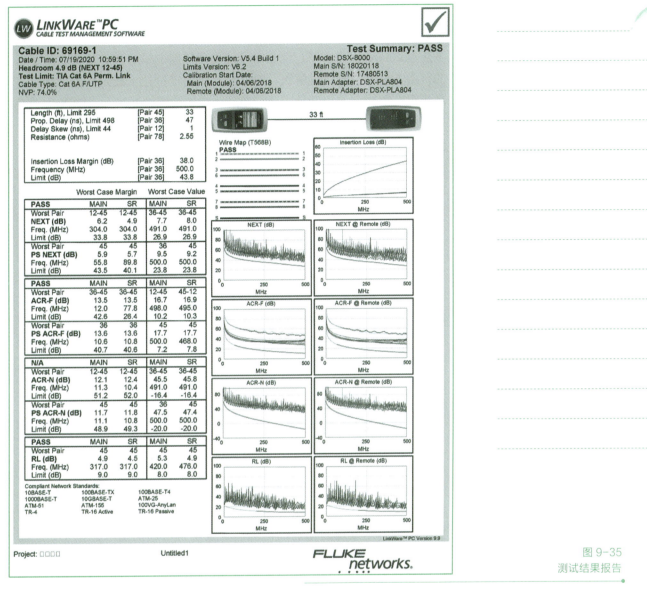

图 9-35
测试结果报告

9. 打印输出

所有测试及分析结果可从 LinkWare 打印输出，也可通过 USB 端口将测试主机直接连打印机打印输出。

测试注意事项：

① 认真阅读测试仪使用操作说明书，正确使用仪表。

② 测试前要完成对测试仪主机、辅机的充电工作并观察充电是否达到 80% 以上。不要在电压过低的情况下测试，中途充电可能造成已测试的数据丢失。

③ 熟悉布线现场和布线图，测试过程也同时可对管理系统现场文档、标识进行检验。

④ 发现链路结果为 "Test Fail" 时，可能由多种原因造成，应进行复测再次确认。

9.8.6　DSX 的故障诊断测试

综合布线存在的故障包括接线图错误、电缆长度问题、衰减过大、近端串

微课：双绞线故障诊断测试

音过高和回波损耗过高等。5e 类及以上类级标准对近端串音（NEXT）和回波损耗（RL）的链路性能要求非常严格，即使所有元件都达到规定的指标且施工工艺也达到满意的水平，也非常可能出现链路测试失败的情况。为了保证工程的合格，故障需要及时解决，因此对故障的定位技术和定位的准确度提出了较高要求，而较强的诊断能力可以节省大量的故障诊断时间。DSX 系列认证测试仪采用两种先进的专利诊断工具软件对故障源进行定位及分析。

1. 高精度时域反射分析

高精度时域反射（High Definition Time Domain Reflectometry，HDTDR）分析，主要用于测量长度、传输时延（环路）、时延差（环路）和回波损耗等参数，并针对有阻抗变化的故障进行精确的定位，用于与时间相关的故障诊断。

该技术通过在被测试线对中发送测试信号，同时监测信号在该线对的反射相位和强度来确定故障的类型，通过信号发生反射的时间和信号在电缆中传输的速率可以精确地报告故障的具体位置。测试端发出测试脉冲信号，当信号在传输过程中遇到阻抗变化就会产生反射，不同的物理状态所导致的阻抗变化是不同的，而不同的阻抗变化对信号的反射状态也是不同的。当远端开路时，信号反射并且相位未发生变化；而当远端为短路时，反射信号的相位发生了变化；如果远端有信号终结器，则没有信号反射。测试仪就是根据反射信号的相位变化和时延来判断故障类型和距离的。

2. 高精度时域串扰分析

高精度时域串扰（High Definition Time Domain Crosstalk，HDTDX）分析，通过在一个线对上发出信号的同时，在另一个线对上观测信号的情况来测量串扰相关的参数以及诊断故障。以往对近端串音的测试仅能提供串扰发生的频域结果，即只能知道串扰发生在哪个频点，并不能报告串扰发生的物理位置，这样的结果远远不能满足现场解决串扰故障的需求。由于是在时域进行测试，因此根据串扰发生的时间和信号的传输速率可以精确地定位串扰发生的物理位置。这是目前唯一能够对近端串音进行精确定位并且不存在测试死区的技术。

3. 故障诊断步骤

在高性能布线系统中，除了插入损耗这个指标外，两个最主要的"性能故障"分别是近端串音（NEXT）和回波损耗（RL），其他故障都与此有关。下面介绍这两类故障的分析方法。

（1）使用 HDTDX 分析仪诊断 NEXT 故障

① 当测试不通过时（如 NEXT、PS NEXT 等参数不合格），如图 9-36 所示，可点击 NEXT 项右边的"i"（信息），打开 NEXT 信息页面，可直观地显示故障参数，点击屏幕内的按钮可转入不同的线对信息。

② 为深入评估 NEXT 的影响，可点击返回键回到结果摘要页面。

③ 点击选择右上方的"诊断"，进入诊断页面，可直观地查看电缆和连接器的故障情况及提示，如图 9-37 所示。

④ 点击选择"HDTDX 分析仪"并进入，可以看到更多线对的 NEXT 位置参数信息。图 9-38（a）所示的故障是 3,6-4,5 对线约 0.1 m 处有一个 CP 集合

点端接不良，串扰"茅草"过高，NEXT 不合格；图 9-38（b）所示的故障则是线缆本身质量很差，整个线缆的各线对"茅草"都过高，或是误用了低一级的线缆造成整条链路的 NEXT 不合格。

图 9-36
结果摘要——获取测试结果信息
图 9-37
诊断页面——获取故障情况及提示

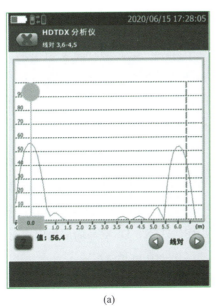

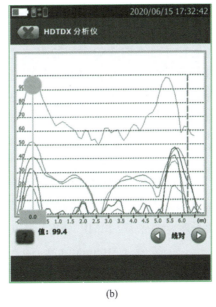

(a)　　　　　　　　　　　　　(b)

图 9-38
HDTDX 分析 NEXT 故障定位

（2）使用 HDTDR 分析仪诊断 RL 故障

① 当测试不通过时（如 RL 等参数不合格），如图 9-36 所示，可点击 RL 项右边的"i"（信息），此时将打开 RL 信息页面，可直观地显示故障参数，点击屏幕内的按钮可转入不同的线对信息。

② 为深入评估 RL 的影响，可点击返回键回到结果摘要页面。

③ 点击选择右上方的"诊断"，进入诊断页面，点击选择"HDTDR 分析仪"并进入，可以看到更多线对的 RL 位置参数信息。图 9-39 所示的故障是 0～6 m 内的链路有 RL 异常，这可能是由于该部分电缆位置有进水现象而造成整条链路的 RL 不合格。

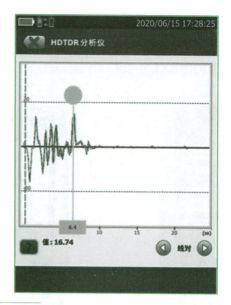

图 9-39
线缆 0~6 m 处有 RL 异常

4. 故障类型及解决方法

（1）电缆接线图问题

电缆接线图问题主要包括开路、短路、接触不良、交叉、线序错误、串绕线等几种典型错误类型。开路、短路在故障点都会有很大的阻抗变化，对这类故障都可以利用 TDR 技术来进行定位。故障点会对测试信号造成不同程度的反射，并且不同故障类型的阻抗变化是不同的，因此测试设备可以通过测试信号相位的变化以及相位的反射时延来判断故障类型和距离。当然，定位的准确与否还受设备设定的信号在该链路中的标称传输率（NVP）值影响，而线序错误则可以根据直流测试逻辑错误来判定。MMP、MS2、CIQ、LRP、DTX、DSX 等测试仪可以解决大多数这类的问题。

（2）长度类问题

长度和延迟量紧密相关，长度测试未通过的原因可能有 NVP 设置不正确，可用已知长度的好线缆校准 NVP；实际长度超长；设备连线及跨接线的总长过长；线对长度差超标等。MMP、MS2、CIQ、LRP、DTX、DSX 等均可报出线对的长度。

（3）衰减（Attenuation）/插入损耗（Insertion loss）

信号的衰减不通过与很多因素有关，如现场的温度、湿度异常，电缆/模块本身质量问题，长度超差和端接工艺差等。在现场测试工程中，在电缆材质合格的前提下，衰减大多与电缆超长有关，少量与安装工艺和材质兼容性有关。通过前面的学习可以知道，链路衰减值超量可以使用 Fluke DTX、DSX 认证测试仪测得。

（4）近端串音

近端串音产生的原因有端接工艺不规范（如接头处解开的双绞部分超过了推荐的 13 mm，造成了电缆绞距被破坏），跳线质量差，不良的连接器；线缆性能差；使用了串绕线；线缆本身质量差或线缆间过分挤压等。对这类故障可以利用 HDTDX 发现它们的故障位置，无论是发生在某个接插件还是某一段链路，都可以精确定位。

（5）回波损耗

回波损耗是指由于链路阻抗不连续而造成信号能量的回送现象（即信号反射）。根据高频信号和微波信号的传输特性可知，两根传输导体（传输线）之间的空间相对距离、导体几何尺寸、中间绝缘介质材料和尺寸等改变时，这对导体上的等效阻抗就会发生变化。RJ 接头、模块等是最常见的阻抗突变点，在这对导体上传输的信号到此处后必然会出现反射现象，且阻抗突变值越大，反射越强。

"回波"产生的具体原因有跳线特性阻抗不是均匀分布的 100 Ω 特性阻抗；跳线与 RJ 接头的结合部阻抗匹配不良，RJ 接头与插座的结合部阻抗匹配不良，插座与线缆的结合部阻抗匹配不良，线缆线对的绞接被破坏或是有扭绞；线缆受力（应力）过大，微观结构发生改变；连接器设计、制作不良；线缆和连接器阻抗分布不均匀；链路上线缆和连接器非同一厂家产品；线缆本身不是 100 Ω 的（如使用了 120 Ω 线缆）等。知道了回波损耗是由于阻抗变化引起的信号反射，就可以使用 HDTDR 技术对其进行精确定位了。

移动光标可以准确标读故障发生的精确位置，便于维护人员迅速查明并排除故障，减少停工时间或系统长期带病低效运行的时间。

9.9 任务实施：光纤链路测试

光缆安装的最后一步就是对光纤进行测试，检测光纤链路的整体性能。光纤链路的传输质量不仅取决于光纤和连接件的质量，还取决于光纤连接安装水平及应用环境。由于光通信的特性，光纤测试比双绞线测试难度大。

9.9.1 光纤测试分类

在产品选型、进场验货、测试验收和维护诊断等过程中都可能对光纤链路进行测试或"再认证"。测试的目的是确保即将投入使用的光纤链路的整体性能符合标准对参数的要求。

光纤链路的传输质量不仅取决于光纤和连接件的质量，还取决于光纤连接的安装水平及应用环境。光通信本身的特性决定了光纤测试比双绞线测试难度更大些。光纤测试的基本内容是连通性测试、性能参数测试（一级测试、二级测试）和故障定位测试。

光纤性能测试规范的标准主要来自 ANSI/TIA/EIA 568-C.3 标准，这些标准对光纤性能和光纤链路中的连接器和接续的损耗都有详细的规定。光纤有多模和单模之分，对于多模光纤，ANSI/TIA/EIA 568-C 规定了 850 nm 和 1300 nm 两个波长，因此要用 LED 光源对这两个波段进行测试；对于单模光纤，ANSI/TIA/EIA 568-C 规定了 1310 nm 和 1550 nm 两个波长，要用激光光源对这两个波段进行测试。TIA/TSB-140（2004 年 2 月批准）则定义了光纤的 Tier 1（一级测试）和 Tier 2（二级测试）两个级别的测试。新的 ANSI/TIA 568.3-D（2016 年 10 月颁布）光纤布线元件标准在原有标准的基础上增加了新的 OM5 技术指标，同时提高了各类 WBMMF（宽带多模光纤）技术指标的损耗参考值要求，以适用包括数据中心在内的新型应用环境要求。

1. 光纤一级测试（Tier 1，TSB 140）

一级测试主要测试光缆的衰减（插入损耗）、长度以及极性。需要使用光缆损耗测试设备（OLTS），如光源和光功率计等来测量每条光缆链路的衰减，通过光学延迟量测量或借助电缆护套标记计算出光缆长度。可用 OLTS 或可见光源，如可视故障定位器（VFL）来验证光缆极性。

2．光纤二级测试（Tier 2，TSB 140）

二级测试是选择性测试，但却是非常重要的测试。二级测试包括了一级测试的参数测试报告，并在此基础上增加了对每条光纤链路的 OTDR 追踪评估报告。OTDR 曲线是一条光缆随长度变化的反射能量的衰减图形。通过检查整个光纤路径的每个不一致性（点），可以深入查看由光缆、连接器或熔接点构成的这条链路的详细性能以及施工质量。OTDR 曲线可以近似地估算链路的衰减值，可用于光缆链路的补充性评估和故障准确定位，但不能替代使用 OLTS 进行的插入损耗精确测量。结合上述两个等级的光纤测试，施工者可以最全面地认识光缆的安装质量。对于关心光纤高速链路质量的网络拥有者（甲方），二级测试具有非常重要的作用，它可以帮助减少"升级阵痛"（升级阵痛的典型表现是 100 Mbit/s 或 1 Gbit/s 以太网使用正常，但升级到 1 Gbit/s 特别是 10 Gbit/s 以太网则运行不正常甚至不能连通，检查其长度、衰减值又都符合 1 Gbit/s 或 10 Gbit/s 的参数要求）。网络所有者（甲方）可借助二级测试获得安装质量的更高级证明和对未来质量的长期保障。

二级光纤测试需要使用光时域反射计（Optical Time-Domain Reflect Meter，OTDR），并对链路中的各种"事件"进行评估。

9.9.2 光功率计测衰减

按 Tier 1 标准，光纤测试主要是衰减测试和光缆长度测试，衰减测试就是对光功率损耗的测试。引起光纤链路损耗的原因主要如下：

① 材料原因。光纤纯度不够和材料密度的变化太大。

② 光缆的弯曲程度。包括安装弯曲和产品制造弯曲问题，光缆对弯曲非常敏感。

③ 光缆接合以及连接的耦合损耗。这主要由截面不匹配、间隙损耗、轴心不匹配和角度不匹配造成。

④ 不洁或连接质量不良。低损耗光缆的大敌是不洁净的连接，灰尘阻碍光传输，手指的油污影响光传输，不洁净光缆连接器可扩散至其他连接器。

微课：测试光纤长度与损耗

对已敷设的光缆，可用插损法来进行衰减测试，即用一个功率计和一个光源来测量两个功率的差值。第一个是从光源注入光缆的能量，第二个是从光缆的另一端射出的能量。测量时为确定光纤的注入功率，必须对光源和功率计进行校准。校准后的结果可为所有被测光缆的光功率损耗测试提供一个基点，两个功率的差值就是每个光纤链路的损耗。

除用专用的光功率计测衰减外，还可用 FLUKE DSX 电缆认证分析仪配合 Quad OLTS、Quad OTDR 光纤套件或 CertiFiber Pro 光缆认证分析仪、OptiFiber Pro 光缆分析仪测试光纤衰减，在此不一一介绍。

1．光纤衰减测试准备工作

① 确定要测试的光缆；

② 确定要测试光纤的类型；

③ 确定光功率计和光源与要测试的光缆类型匹配；

④ 校准光功率计；

⑤ 确定光功率计和光源处于同一波长。

2．测试设备

包括光功率计、光源、参照适配器（耦合器）、测试用光缆跳线等。

3．光功率计校准

校准光功率计的目的是确定进入光纤段的光功率大小，校准光功率计时，用两个测试用光缆跳线把功率计和光源连接起来，用参照适配器把测试用光缆跳线两端连接起来。

4．光纤链路的测试

测试光纤链路的目的是要了解光信号在光纤路径上的传输衰减，该衰减与光纤链路的长度、传导特性、连接器的数目、接头的多少有关。

① 测试按图 9-40 所示进行连接。

② 测试连接前应对光连接的插头、插座进行清洁处理，防止由于接头不干净带来附加损耗，造成测试结果不准确。

③ 向主机输入测量损耗标准值。

④ 操作测试仪，在所选择的波长上分别进行两个方向的光传输衰耗测试。

⑤ 报告在不同波长下不同方向的链路衰减测试结果："通过"与"失败"。

⑥ 单模光纤链路的测试同样可以参考上述过程进行，但光功率计和光源模块应当换为单模的。

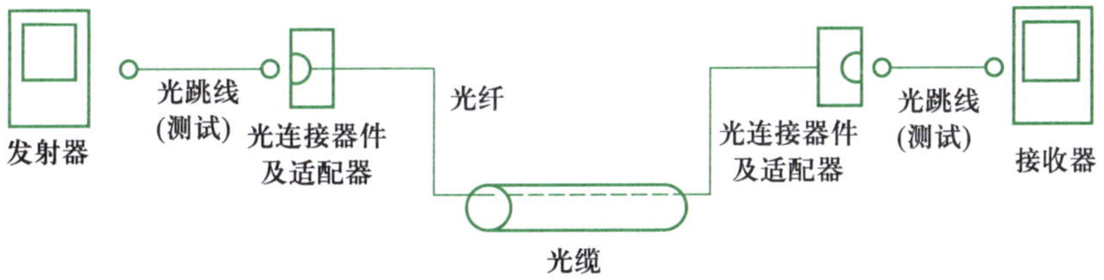

图 9-40
光纤链路测试连接（单芯）

9.9.3　衰减测试标准

1．综合布线标准对衰减的要求

ANSI/TIA/EIA 568.3-D（2016 年）和 GB 50312—2016 对多种多模及单模光纤信道的衰减值做了具体要求，其中前者对各类光纤的最大衰减限值要求比后者更为严格。光纤链路包括光纤、连接器件和熔接点，其中光连接器件可以为工作区（TO），电信间（FD），设备间（BD），或者 CD 的 SC、ST、SFF 小型光纤连接器件连接器件。光缆可以为水平光缆、建筑物主干光缆和建筑群主干光缆。

不同类型的光缆的标称波长（nm）、每千米的最大衰减限值（dB）应符合表 9-9 中的规定。其中，除了最新型的 OM5（TIA-492AAAE）为 ANSI/TIA/EIA 568.3-D 限值要求外，其余均为 GB 50312—2016 限值要求。

表 9-9　光缆最大衰减限值

最大光缆衰减限值（dB/km）									
光纤类型	多模光纤					单模光纤			
	OM1、OM2、OM3 及 OM4		OM5/TIA-492AAAE			OS1		OS2		
波长（nm）	850	1300	850	953	1300	1310	1550	1310	1383	1550
衰减（dB）	3.5	1.5	3.0	2.3	1.5	1.0	1.0	0.4	0.4	0.4

光缆布线信道在规定的传输窗口测量出的最大光衰减（介入损耗）应不超过表 9-10 的规定，该指标已包括接头与连接插座的衰减，且每个连接处的衰减值最大为 1.5 dB。

表 9-10　光缆信道衰减范围

级别	最大信道衰减（dB）			
	单模		多模	
	1310 nm	1550 nm	850 nm	1300 nm
OF-300	1.80	1.80	2.55	1.95
OF-500	2.00	2.00	3.25	2.25
OF-2000	3.50	3.50	8.50	4.50

光纤链路的衰减极限值是一个"活"的标准，它与被测试光纤链路长度、光纤适配器个数和光纤熔接点的个数有关。可用以下公式计算：

光纤链路损耗=光纤损耗+连接器件损耗+光纤连接点损耗

光纤损耗=光纤损耗系数（dB／km）×光纤长度（km）

连接器件损耗=连接器件损耗／个×连接器件个数

光纤连接点损耗=光纤连接点损耗／个×光纤连接点个数

光纤链路损耗参考值见表 9-11。

表 9-11　光纤链路损耗参考值

种　类	工作波长（nm）	衰减系数（dB／km）
多模光纤	850	3.5
多模光纤	953	2.3
多模光纤	1300	1.5
单模室外光纤	1310	0.5
单模室外光纤	1550	0.5
单模室内光纤	1310	1.0
单模室内光纤	1550	1.0
光纤熔接	0.3 dB	
光纤机械连接	0.3 dB	
连接器件	0.65 dB（多模）/0.75 dB（单模）	

2. 网络应用标准对衰减的要求

布线标准对光纤链路衰减既要求整条光纤链路符合衰减标准，同时要求每个测试点（光纤、光纤连接器、光纤连接点）的衰减值不能超过最大极值；而网络应用标准只定义光纤链路的长度和衰减的总要求。例如，1000 Mbit/s 光纤网络 IEEE 802.3z 对光纤链路长度和的衰减总要求定义如图 9-41 所示。

IEEE 802.3z（千兆光纤以太网）

1. 1000Base-SX（850 nm激光）　　衰减　　长度
   - 62.5 μm多模光纤：　　3.2 dB　　220 m
   - 50 μm多模光纤：　　3.9 dB　　550 m

2. 1000Base-LX（1300 nm激光）
   - 62.5 μm多模光纤：　　4.0 dB　　550 m
   - 50 μm多模光纤：　　3.5 dB　　550 m
   - 8/125单模光纤：　　4.7 dB　　5000 m

图 9-41
IEEE 802.3z 定义的光纤链路的长度和总的衰减要求

3. 衰减测试中布线标准和网络应用标准的选择

在测试中往往存在用网络应用标准测试合格，而用布线标准测试不合格的情况。例如图 9-42 所示是建筑物内主干光缆链路测试模型，若建筑物从设备间到楼层配线间是一条 62.5/125 的多模光缆（长波），链路中有一段光缆长为 490 m，两个耦合器，两个熔接点，两条光纤尾纤，各长 5 m，这条链路是用于 1000 Mbit/s 传输的。若测试的总衰减为 3.1 dB<4.0 dB，总长度为 500 m<550 m，

符合 1000 Mbit/s 光纤网络 IEEE 802.3z 的标准。若链路上光缆和各连接点的衰减为：耦合器 1 为 1.2 dB，光纤熔接点 1 为 0.1 dB，490 m 光缆为 0.4 dB，光纤熔接点 2 为 0.5 dB，耦合器 2 为 0.9 dB。总衰减为 1.2+0.1+0.4+0.5+0.9=3.1 dB。用 TIA/EIA 568.3-D 标准测试，其中，耦合器 1 衰减为 1.2 dB>0.65 dB，光纤熔接点 2 衰减为 0.5 dB>0.3dB，耦合器 2 衰减为 0.9 dB>0.65 dB，因此是一条不合格的光纤链路。其主要原因是衰减集中在 3 个连接点，不能满足传输要求，因此，在光纤通信链路测试中要使用 TIA/EIA 568.3-D、ISO 11801（ED3）-1等光纤链路布线标准进行测试，而不仅仅是网络应用标准。

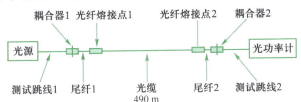

图 9-42
光纤测试模型

9.9.4 OTDR 测试诊断

光功率计只能测试光功率损耗，如果要确定损耗的具体位置和损耗的起因，就要采用光时域反射计（OTDR）。OTDR 向被测光纤注入窄光脉冲，然后在 OTDR 发射端口处接收从被测光纤中返回的光信号。这些返回的光信号是由光纤本身存在（逆向）散射现象，且光纤连接点存在（菲涅尔）反射现象等原因造成的。将这些光信号数据对应接收的时间轴绘制成图形后，即可得到一条 OTDR 曲线，其中横轴表示时间或者距离，纵轴表示接收的返回的光信号强度。如果对这些光信号的强度和属性进行分析和判读，就可实现对链路中各种"事件"的评估。根据仪器绘制的 OTDR 曲线或者列出的重要的"事件"表，就可以迅速地查找、确定故障点的准确位置，并判断故障的性质及类别，为分析光纤的主要特性参数提供准确的数据。

OTDR 可测试的主要参数有长度事件点的位置、光纤的衰减和衰减分布/变化情况光纤的接头损耗、熔接点的损耗、光纤的全程回损，并能给出事件评估表。图 9-43 所示为 OTDR 曲线和对应位置的事件列表。

微课：用智能光链路来查看和定位光纤故障

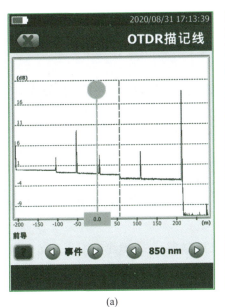

(a)

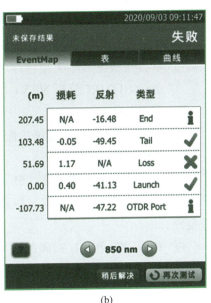

(b)

图 9-43
OTDR 曲线和对应位置的
事件列表

OTDR 进行光纤链路的测试一般有 3 种方式：自动方式、手动方式、实时方式。当需要快速测试整条线路的状况时，可以采用自动方式，此时它只需要事先设置好折射率、波长等最基本的参数即可，其他参数则由仪表在测试中自动设定。手动方式需要对几个主要的参数全部进行预先准确设置，用于对测试曲线上的事件进行进一步的深度重复测试和详细分析。手动方式一般通过变换、移动游标、放大曲线的某一段落等功能对事件进行准确分析定位，以此提高测试的分辨率，增加测试的精度，在光纤链路的实际诊断测试中常被采用。实时方式是对测试曲线不断地重复测试刷新，同时观测追踪 OTDR 曲线的变化情况，一般用于追踪正处于物理位置变动过程中的光纤，或者用于核查、确认未知路由的光纤，此方法较少使用。

▶ 项目实训

实训 1　验证测试

1. 实训目的和要求

① 熟悉验证测试仪的功能；

② 熟悉验证测试的内容；

③ 能熟练使用验证测试仪表测试双绞线。

2. 实训工具

简易布线通断测试仪。

3. 实训材料

双绞线水平链路，直通网络跳线，交叉网络跳线，故障网络跳线。

实训 2　双绞线认证测试和故障诊断测试

1. 实训目的和要求

① 熟悉认证测试仪的功能；

② 熟悉认证测试的内容；

③ 掌握认证测试仪的通道、永久链路两种模型的现场测试方法；

④ 了解各种故障形成的原因；

⑤ 能熟练使用认证测试仪表测双绞线链路；

⑥ 掌握接线图故障类型；

⑦ 会用 HDTDX 分析 NEXT 故障，会用 HDTDR 分析 RL 故障。

2. 实训工具

认证测试仪（带永久链路适配器）。

3. 实训设备与材料

① 合格的水平布线链路（5E 类、6 类）；

② 有接线图故障（开路、短路、跨接/错对、反接/交叉、串绕）的水平布线链路；

③ 有 NEXT 和 RL 故障的水平布线链路（5e 类线缆混用到 6 类系统中、弯曲半径不合格、端接处开绞过长等）。

实训 3　光纤衰减测试

1．实训目的和要求

① 熟悉光功率计的功能；

② 熟悉 Tier 1 光纤测试的内容；

③ 掌握光功率计或带光纤测试模块的认证测试仪现场测试方法。

2．实训工具

光功率计或带光纤测试模块的认证测试仪。

3．实训材料

光纤链路（有耦合器、光纤熔接点）。

实训 4　用 OTDR 定位光纤故障点（拓展实训）

1．实训目的和要求

① 熟悉光时域反射计的功能；

② 熟悉 Tier 2 光纤测试的内容；

③ 掌握光时域反射计现场测试方法。

2．实训工具

光时域反射计（OTDR）。

3．实训材料

带故障点的光纤链路（耦合器不洁净、光纤熔接质量差等）。

习题与思考

一、选择题

1．元件级测试、链路级测试和应用级测试对参数要求从高到低的排序为（　　）。

　　A．元件级、链路级、应用级　　　　B．应用级、链路级、元件级

　　C．元件级、应用级、链路级　　　　D．应用级、元件级、链路级

2．传输 1000 Mbit/s 网络时，4 对双绞线电缆中 2 对发送、2 对接收，电缆共有（　　）种串扰关系。

　　A．2　　　　　　B．4　　　　　　C．6　　　　　　D．8

3．电缆的每个线对的长度不一样，采用 TDR 测量电缆长度时，整个电缆长度数据按（　　）计算。

　　A．延迟时间最短的线对　　　　　　B．延迟时间最长的线对

　　C．4 个线对的平均延迟时间　　　　D．随机

4．下列有关近端串扰测试的描述中，不正确的是（　　）。

　　A．近端串扰的 dB 值越高越好

　　B．在测试近端串扰时，采用频率点步长，步长越小，测试就越准确

　　C．近端串扰表示在近端产生的串扰

　　D．频率越高串扰越强

5．当 ACR 接近 0 dB 时，意味着（　　）。

　　A．链路不能正常工作　　　　　　　B．链路可不受任何干扰传输信号

C．衰减接近 0 dB　　　　　　　　　D．串扰接近 0 dB

6．电缆与接插件构成布线链路阻抗不匹配导致一部分能量反射的是（　　）。

A．回波损耗　　　　　B．衰减　　　C．传播时延　　D．时延偏差

7．电缆链路衰减的一个主要因素是（　　）。

A．线对间干扰　　　　B．长度　　　C．厚度　　　　D．环境干扰

8．引起光纤链路损耗的原因主要有（　　）。

A．光纤纯度不够　　　　　　　　　B．光缆的弯曲程度过少

C．连接质量不良　　　　　　　　　D．光纤连接耦合不好

9．以下（　　）不是光纤 Tier 1 级测试的内容。

A．长度　　　　　　　B．极性　　　C．衰减大小　　D．衰减曲线

二、简答题

1．简述验证测试的内容及其作用。

2．简述认证测试的内容及其作用。

3．试分析基本链路、永久链路、信道的异同点。

4．简述长度测试的工作原理。

5．解释认证测试中余量的概念。

6．简述接线图中反接与跨接错误的区别。

7．为什么在测试之前需要校表？

8．为什么要进行 NVP 校验，怎样校验？

9．现场测试有何环境要求，环境对测试结果有何影响？

10．NEXT 的概念和测试失败的原因是什么？采用什么技术对该故障进行分析？

11．RL 的概念和测试失败的原因是什么？采用什么技术对该故障进行分析？

项目 10 验收综合布线系统

PPT：验收综合布线系统

学习目标

知识目标：

（1）了解综合布线验收国家规范。

（2）熟悉验收要求内容和标准。

（3）掌握竣工和验收报告的构成。

技能目标：

（1）会对综合布线系统进行检查验收。

（2）会编制综合布线竣工报告文档。

（3）会制作竣工技术文件。

（4）能按要求完成验收检查并记录结果。

素质目标

微课：验收综合布线系统

10.1 项目背景

建筑工程的验收对于保证工程的质量起到重要的作用，也是工程质量的四大要素"设计、产品、施工、验收"中的最后一个环节。综合布线工程验收是一项系统性的工作，它不仅包含了项目 9 中介绍的铜缆和光缆的链路电气和物理特性测试，还包括施工环境、工程器材、设备安装、线缆敷设、线缆终接、竣工验收技术文档等。验收工作贯穿于整个综合布线工程中，包括施工前产品及工具验收、随工检验、初步验收和竣工验收等几个阶段，每一阶段都有其特定的内容。综合布线工程与土建工程、其他弱电系统和供电系统密切相关，而且又涉及与其他行业间的接口处理，因此验收内容涉及面广。一旦系统全部验收合格，施工方将综合布线系统向用户方办理正式移交手续。

10.2 验收准备

10.2.1 验收原则

综合布线系统工程的验收应按照以下的原则来实行：

① 综合布线系统工程的验收首先必须以工程合同、设计方案、设计修改变更单为依据。

② 根据相应的布线系统等级选择适当的布线链路电气性能测试验收标准，超 5 类布线系统可以选择测试仪器内置的《综合布线系统工程验收规范》（GB/T 50312—2016）。由于 GB/T 50312—2016 电气性能指标来源于 EIA/TIA

568-B 和 ISO/IEC 11801—2002，因此电气性能测试验收也可依照 EIA/TIA 568-B 和 ISO/IEC 11801—2002 标准进行。对于 CAT 6A（超六类）布线系统的测试，可以选择 TIA/EIA 568-C 或 ISO/IEC 11801:CLASS EA 级链路测试。

③ 工程竣工验收项目的内容和方法，应按《综合布线系统工程验收规范》的规定执行。

④ 由于综合布线工程是一项系统工程，不同的项目会涉及通信、机房、防雷、防火问题，因此，综合布线工程验收还要符合以下等多项技术规范：

- 《本地通信线路工程验收规范》（YD/T 5138—2005）
- 《通信管道工程施工及验收规范》（GB/T 50374—2018）
- 《建筑物防雷设计规范》（GB 50057—2019）
- 《数据中心设计规范》（GB 50174—2017）
- 《计算机场地技术要求》（GB/T 2887—2011）
- 《计算机场站安全要求》（GB/T 9361—2011）
- 《建筑设计防火规范》（GB 50016—2014）

以上文件为十余年来各主管部门根据行业和技术的发展重新修订的规范或要求，工程施工与验收中与《综合布线系统工程验收规范》（GB/T 50312—2016）同时执行。由于综合布线技术日新月异，技术规范内容经常不断地修订和补充，因此在验收时，应注意使用最新版本的技术标准。

10.2.2　验收阶段

对综合布线工程的验收，贯穿于整个工程的施工过程，在施工过程中，施工单位必须执行《综合布线系统工程验收规范》（GB/T 50312—2016）有关施工质量检查的规定。建设单位应通过工地代表或工程监理人员加强工地的随工质量检查，及时组织隐蔽工程的检验和验收。

1.　开工前检查

工程验收应当说从工程开工之日起就开始了，从对工程材料的验收开始，严把产品质量关，保证工程质量。开工前检查包括设备材料检验和环境检查：设备材料检验包括检查产品的规格、数量、型号是否符合设计要求，检查线缆的外护套有无破损，抽查线缆的电气性能指标是否符合技术规范；环境检查包括检查土建施工情况。

对综合布线系统工程来说，开工前检查最重要就是电气性能指标测试。市场上各大品牌在过去的项目实施中都曾出现过验收测试时性能测试结果不理想的情况，施工前的电气性能测试可以解决这一重要的不确定性，做好测试记录，也可以作为判定施工工艺的依据。电气性能测试建议对施工用的综合布线产品进行进场测试、仿真测试和兼容性测试。

开工前检查一个比较容易忽略的因素是对施工工具的检查，好的工具和安装工艺都是确保工程质量的重要因素。综合布线施工安装中，对于剪线、剥线、打线、压线等需要使用到不同的工具，市场上合格的品牌工具与杂牌工具的价格差别巨大，很多小施工队为了降低成本经常使用不合格或超出使用寿命的安装工具，导致安装后的连通性和电气性能测试不合格和不稳定，这是一般小型工程最容易出现问题的原因之一。所以综合布线项目施工前，必须对工具做出严格的要求，对工具进行测试，同时禁止使用磨损很大的旧工具进行施工安装。

2．随工验收

在工程中为随时考核施工单位的施工水平和施工质量，部分验收工作应该在随工中进行，这样可以及早地发现工程质量问题，避免造成人力和器材的大量浪费。

随工验收应对工程的隐蔽部分边施工边验收，竣工验收时，一般不再对隐蔽工程进行复查。

随工验收其实有两种性质，一种是施工单位自行进行的施工质量确认，另一种是需要出具验收报告的阶段性或隐蔽工程验收。另外，施工过程中，成熟的施工单位一般会安装完小部分线路后自我进行性能测试，以确认施工质量，这时一般不会通知监理或用户，如有测试出现的问题需要解决，施工单位因为安装的数量不大，容易进行调整，起到项目质量监控的作用。

3．初步验收

初步验收是竣工验收前的环节，时间应在原定计划的建设工期内进行，由建设单位组织相关单位（如设计、施工、监理、使用等单位人员）参加。初步验收工作包括检查工程质量、审查竣工资料、对发现的问题提出处理的意见并组织相关责任单位落实解决。

4．竣工验收

综合布线竣工验收根据情况可在应用系统运行前和运行后进行。第一是综合布线系统工程完工后，尚未进入电话交换系统、计算机局域网或其他弱电系统的运行阶段，应先期对综合布线系统进行竣工验收。验收的依据是在初验的基础上，对综合布线系统各项检测指标认真考核审查，例如全部合格且全部竣工图纸资料等文档齐全，也可对综合布线系统进行单项竣工验收。第二是综合布线系统接入电话交换系统、计算机局域网或其他弱电系统，在试运转后的半个月至三个月期间，由建设单位向上级主管部门报送竣工报告（含工程的初步决算及试运行报告），主管部门接到报告后，组织相关部门按竣工验收办法对工程进行验收。

工程竣工验收是工程建设的最后一个程序，对于大、中型项目可以分为初步验收和竣工验收两个阶段。

10.2.3　验收内容

国家标准《综合布线系统工程验收规范》（GB/T 50312—2016）对于综合布线系统的验收提出了具体的要求，除了链路电气性能测试部分，验收的主要内容还有环境检查、器材检验、设备安装检验、线缆敷设和保护方式检验、线缆终接检验等。

1．环境检查

1）工作区、电信间、设备间的检查应包括下列内容：

① 工作区、电信间、设备间土建工程已全部竣工，房屋地面平整、光洁，门的高度和宽度应符合设计要求。

② 房屋预埋线槽、暗管、孔洞和竖井的位置、数量、尺寸均应符合设计要求。

③ 铺设活动地板的场所，活动地板防静电措施及接地应符合设计要求。

④ 电信间、设备间应提供 220 V 带保护接地的单相电源插座。

⑤ 电信间、设备间应提供可靠的接地装置，接地电阻值及装置的设置应符合设计要求。

⑥ 电信间、设备间的位置、面积、高度、通风、防火及环境温、湿度等应符合设计要求。

2）建筑物进线间及入口设施的检查应包括下列内容：

① 引入管道与其他设施如电气、水、煤气、下水道等的位置间距应符合设计要求。

② 引入线缆采用的敷设方法应符合设计要求。

③ 管线入口部位的处理应符合设计要求，并应检查采取排水及防止气、虫等进入的措施。

④ 进线间的位置、面积、高度、照明、电源、接地、防火、防水等应符合设计要求。

3）有关设施的安装方式应符合设计文件规定的抗震要求。

2. 器材及测试仪表工具检查

1）器材检验应符合下列要求：

① 工程所用线缆和器材的品牌、型号、规格、数量、质量应在施工前进行检查，应符合设计要求并具备相应的质量文件或证书，无出厂检验证明或与设计不符者不得在工程中使用。

② 进口设备和材料应具有产地证明和商检证明。

③ 经检验的器材应做好记录，对不合格的器件应单独存放，以备核查与处理。

④ 工程中使用的线缆、器材应与订货合同或封存的产品在规格、型号、等级上相符。

⑤ 备品、备件及各类文件资料应齐全。

2）配套型材、管材与铁件的检查应符合下列要求：

① 各种型材的材质、规格、型号应符合设计文件的规定，表面应光滑、平整，不得变形、断裂。预埋金属线槽、过线盒、接线盒及桥架等表面涂覆或镀层应均匀、完整。

② 室内管材采用金属管或塑料管时，其管身应光滑、无伤痕，管孔无变形，孔径、壁厚应符合设计要求。金属管槽应根据工程环境要求做镀锌或其他防腐处理。塑料管槽必须采用阻燃管槽，外壁应具有阻燃标记。

③ 室外管道应按通信管道工程验收的相关规定进行检验。

④ 各种铁件的材质、规格均应符合相应质量标准，不得有扭曲、飞刺、断裂或破损。

⑤ 铁件的表面处理和镀层应均匀、完整，表面光洁，无脱落、气泡等缺陷。

3）线缆的检验应符合下列要求：

① 工程使用的电缆和光缆型号、规格及线缆的防火等级应符合设计要求。

② 线缆所附标志、标签内容应齐全、清晰，外包装应注明型号和规格。

③ 线缆外包装和外护套完整无损，当外包装损坏时，应测试合格后再在

工程中使用。

④ 电缆应附有本批量的电气性能检验报告，施工前应进行链路或信道的电气性能及线缆长度的抽验，并做测试记录。

⑤ 光缆开盘后应先检查光缆端头封装是否良好。光缆外包装或光缆护套如有损伤，应对该盘光缆进行光纤性能指标测试，如有断纤，应进行处理，待检查合格才允许使用。光纤检测完毕，光缆端头应密封固定，恢复外包装。

⑥ 光纤接插软线或光跳线检验应符合下列规定：

• 两端的光纤连接器件端面应装配合适的保护盖帽。

• 光纤类型应符合设计要求，并应有明显的标记。

4）连接器件的检验应符合下列要求：

① 配线模块、信息插座模块及其他连接器件的部件应完整，电气和机械性能等指标符合相应产品生产的质量标准。塑料材质应具有阻燃性能，并应满足设计要求。

② 信号线路浪涌保护器各项指标应符合有关规定。

③ 光纤连接器件及适配器使用型号和数量、位置应与设计相符。

5）配线设备的使用应符合下列规定：

① 光、电缆配线设备的型号、规格应符合设计要求。

② 光、电缆配线设备的编排及标志名称应与设计相符，各类标志名称应统一，标志位置正确、清晰。

6）测试仪表和工具的检验应符合下列要求：

① 应事先对工程中需要使用的仪表和工具进行测试或检查，线缆测试仪表应附有相应检测机构的证明文件。

② 综合布线系统的测试仪表应能测试相应类别工程的各种电气性能及传输特性，其精度符合相应要求。测试仪表的精度应按相应的鉴定规程和校准方法进行定期检查和校准，经过相应计量部门校验取得合格证后，方可在有效期内使用。

③ 施工工具，如电缆或光缆的接续工具——剥线器、光缆切断器、光纤熔接机、光纤磨光机、卡接工具等必须进行检查，合格后方可在工程中使用。

7）现场尚无检测手段取得屏蔽布线系统所需的相关技术参数时，可将认证检测机构或生产厂家附有的技术报告作为检查依据。

8）对绞电缆电气性能、机械特性、光缆传输性能及连接器件的具体技术指标和要求，应符合设计要求。经过测试与检查，性能指标不符合设计要求的设备和材料不得在工程中使用。

3. 设备安装检验

1）机柜、机架安装应符合设计要求。

2）各类配线部件安装应符合下列要求：

① 各部件应完整，安装就位，标志齐全。

② 安装螺钉必须拧紧，面板应保持在一个平面上。

3）信息插座模块安装应符合下列要求：

① 信息插座模块、多用户信息插座、集合点配线模块安装位置和高度应符合设计要求。

② 安装在活动地板内或地面上时，应固定在接线盒内，插座面板采用直立和水平等形式；接线盒盖可开启，并应具有防水、防尘、抗压功能。接线盒盖面应与地面齐平。

③ 信息插座底盒同时安装信息插座模块和电源插座时，间距及采取的防护措施应符合设计要求。

④ 信息插座模块明装底盒的固定方法根据施工现场条件而定。

⑤ 固定螺钉须拧紧，不应产生松动现象。

⑥ 各种插座面板应有标识，以颜色、图形、文字表示所接终端设备业务类型。

⑦ 工作区内终接光缆的安装底盒应具有足够的空间，并应符合设计要求。

4) 电缆桥架及线槽的安装应符合设计要求。

5) 安装机柜、机架、配线设备屏蔽层及金属管、线槽、桥架使用的接地体应符合设计要求，就近接地，并应保持良好的电气连接。

4. 线缆的敷设检验

1) 线缆敷设应满足下列要求：

① 线缆的型号、规格应与设计规定相符。

② 线缆在各种环境中的敷设方式、布放间距均应符合设计要求。

③ 线缆的布放应自然平直，不得产生扭绞、打圈、接头等现象，不应受外力的挤压损伤。

④ 线缆两端应贴有标签，应标明编号，标签书写应清晰、端正和正确。标签应选用不易损坏的材料。

⑤ 线缆应有余量以适应终接、检测和变更。对绞电缆预留长度：在工作区宜为 3～6 cm，电信间宜为 0.5～2 m，设备间宜为 3～5 m。光缆布放路由宜盘留，预留长度宜为 3～5 m，有特殊要求的应按设计要求预留长度。

⑥ 线缆的弯曲半径应符合下列规定：

• 非屏蔽 4 对对绞电缆的弯曲半径应至少为电缆外径的 4 倍。

• 屏蔽 4 对对绞电缆的弯曲半径应至少为电缆外径的 8 倍。

• 主干对绞电缆的弯曲半径应至少为电缆外径的 10 倍。

• 2 芯或 4 芯水平光缆的弯曲半径应大于 25 mm，其他芯数的水平光缆、主干光缆和室外光缆的弯曲半径应至少为光缆外径的 10 倍。

⑦ 线缆间的最小净距应符合以下设计要求：

• 电源线、综合布线系统线缆应分隔布放，并应符合相关规定。

• 综合布线与配电箱、变电室、电梯机房、空调机房之间最小净距宜符合相关规定。

• 建筑物内电、光缆暗管敷设与其他管线最小净距应符合相关规定。

• 综合布线线缆宜单独敷设，与其他弱电系统各子系统线缆间距应符合设计要求。

• 对于有安全保密要求的工程，综合布线线缆与信号线、电力线、接地线的间距应符合相应的保密规定。对于具有安全保密要求的线缆应采取独立的金属管或金属线槽敷设。

⑧ 屏蔽电缆的屏蔽层端到端应保持完好的导通性。

2）预埋线槽和暗管敷设线缆应符合下列规定：

① 敷设线槽和暗管的两端宜用标志表示出编号等内容。

② 预埋线槽宜采用金属线槽，预埋或密封线槽的截面利用率应为 30%～50%。

③ 敷设暗管宜采用钢管或阻燃聚氯乙烯硬质管。布放大对数主干电缆及 4 芯以上光缆时，直线管道的管径利用率应为 50%～60%，弯管道应为 40%～50%。暗管布放 4 对对绞电缆或 4 芯及以下光缆时，管道的截面利用率应为 25%～30%。

3）设置线缆桥架和线槽敷设线缆应符合下列规定：

① 密封线槽内线缆布放应顺直，尽量不交叉，在线缆进出线槽部位、转弯处应绑扎固定。

② 线缆桥架内线缆垂直敷设时，在线缆的上端和每间隔 1.5 m 处应固定在桥架的支架上；水平敷设时，在线缆的首、尾、转弯及每间隔 5～10 m 处进行固定。

③ 在水平、垂直桥架中敷设线缆时，应对线缆进行绑扎。对绞电缆、光缆及其他信号电缆应根据线缆的类别、数量、缆径、线缆芯数分束绑扎。绑扎间距不宜大于 1.5 m，间距应均匀，不宜绑扎过紧或使线缆受到挤压。

④ 楼内光缆在桥架敞开敷设时应在绑扎固定段加装垫套。

4）采用吊顶支撑柱作为线槽在顶棚内敷设线缆时，每根支撑柱所辖范围内的线缆可以不设置密封线槽进行布放，但应分束绑扎，线缆应阻燃，线缆选用应符合设计要求。

5）建筑群子系统采用架空、管道、直埋、墙壁及暗管敷设电、光缆的施工技术要求应按照本地网通信线路工程验收的相关规定执行。

5. 线缆保护方式检验

1）配线子系统线缆敷设保护应符合下列要求：

① 预埋金属线槽保护要求。

② 预埋暗管保护要求。

③ 设置线缆桥架和线槽保护要求。

④ 网络地板线缆敷设保护要求。

⑤ 吊顶支撑柱中电力线和综合布线线缆统一布放时，中间应有金属板隔开，间距应符合设计要求。

2）当综合布线线缆与大楼弱电系统线缆采用同一线槽或桥架敷设时，子系统之间应采用金属板隔开，间距应符合设计要求。

3）干线子系统线缆敷设保护方式应符合下列要求：

① 线缆不得布放在电梯或供水、供气、供暖管道竖井中，线缆不应布放在强电竖井中。

② 电信间、设备间、进线间之间干线通道应连通。

4）建筑群子系统线缆敷设保护方式应符合设计要求。

5）当电缆从建筑物外面进入建筑物时，应选用适配的信号线路浪涌保护器，信号线路浪涌保护器应符合设计要求。

6．线缆终接

1）线缆终接应符合下列要求：

① 线缆在终接前，必须核对线缆标识内容是否正确。

② 线缆中间不应有接头。

③ 线缆终接处必须牢固、接触良好。

④ 对绞电缆与连接器件连接应认准线号、线位色标，不得颠倒和错接。

2）对绞电缆终接应符合下列要求：

① 终接时，每对对绞线应保持扭绞状态，扭绞松开长度对于 3 类电缆不应大于 75 mm；对于 5 类电缆不应大于 13 mm；对于 6 类电缆应尽量保持扭绞状态，减小扭绞松开长度。

② 对绞线与 8 位模块式通用插座相连时，必须按色标和线对顺序进行卡接。插座类型、色标和编号应符合 T568A 和 T568B 的规定。两种连接方式均可采用，但在同一布线工程中两种连接方式不应混合使用。

③ 7 类布线系统采用非 RJ-45 方式终接时，连接图应符合相关标准规定。

④ 屏蔽对绞电缆的屏蔽层与连接器件终接处屏蔽罩应通过紧固器件可靠接触，线缆屏蔽层应与连接器件屏蔽罩 360° 圆周接触，接触长度不宜小于 10 mm。屏蔽层不应用于受力的场合。

⑤ 对不同的屏蔽对绞线或屏蔽电缆，屏蔽层应采用不同的端接方法。应对编织层或金属箔与汇流导线进行有效的端接。

⑥ 每个 2 口 86 面板底盒宜终接 2 条对绞电缆或 1 根 2 芯 / 4 芯光缆，不宜兼做过路盒使用。

3）光缆终接与接续应采用下列方式：

① 光纤与连接器件连接可采用尾纤熔接、现场研磨和机械连接方式。

② 光纤与光纤接续可采用熔接和光连接子（机械）连接方式。

4）光缆芯线终接应符合下列要求：

① 采用光纤连接盘对光纤进行连接、保护，在连接盘中光纤的弯曲半径应符合安装工艺要求。

② 光纤熔接处应加以保护和固定。

③ 光纤连接盘面板应有标志。

④ 光纤连接损耗值，应符合表 10-1 的规定。

表 10-1　光纤连接损耗值(dB)

连接类别	多模		单模	
	平均值	最大值	平均值	最大值
熔接	0.15	0.3	0.15	0.3
机械连接		0.3		0.3

5）各类跳线的终接应符合下列规定：

① 各类跳线线缆和连接器件间接触应良好，接线无误，标志齐全。跳线选用类型应符合系统设计要求。

② 各类跳线长度应符合设计要求。

7．工程电气测试

1）综合布线工程电气测试包括电缆系统电气性能测试及光纤系统性能测试。电缆系统电气性能测试应根据布线信道或链路的设计等级和布线系统的类别要求制定。各项测试结果应有详细记录，作为竣工资料的一部分。测试记录内容和形式宜符合表 10-2 和表 10-3 的要求。

表 10-2 综合布线系统工程电缆（链路／信道）性能指标测试记录

工程项目名称									
序号	编号			内容					备注
				电缆系统					
	地址号	线缆号	设备号	长度	接线图	衰减	近端串音	电缆屏蔽层连通情况	其他项目	
测试日期、人员及测试仪表型号与精度									
处理情况									

表 10-3 综合布线系统工程光纤（链路／信道）性能指标测试记录

工程项目名称										
序号	编号			光缆系统						备注
				多模				单模		
				850 nm		1300 nm		1310 nm		1550 nm	
	地址号	线缆号	设备号	衰减（插入损耗）	长度	衰减（插入损耗）	长度	衰减（插入损耗）	长度	衰减（插入损耗）	长度	
测试日期、人员及测试仪表型号与精度										
处理情况										

2）对绞电缆及光纤布线系统的现场测试仪应符合下列要求：

① 应能测试信道与链路的性能指标。

② 应具有针对不同布线系统等级的相应精度，应考虑测试仪的功能、使用方法等因素。

③ 测试仪精度应定期检测，每次现场测试前仪表厂家应出示测试仪的精度有效期限证明。

3）测试仪表应具有测试结果的保存功能并提供输出端口，将所有存储的测试数据输出至计算机和打印机，测试数据必须不被修改，并进行维护和文档管理。测试仪表应提供所有测试项目、概要和详细的报告。测试仪表宜提供汉化的通用人机界面。

8. 管理系统验收

1）综合布线管理系统宜满足下列要求：

① 管理系统级别的选择应符合设计要求。

② 需要管理的每个组成部分均设置标签，并由唯一的标识符进行标识，标识符与标签的设置应符合设计要求。

③ 管理系统的记录文档应详细完整并汉化，包括每个标识符相关信息、记录、图纸等。

④ 不同级别的管理系统可采用通用电子表格、专用管理软件或电子配线设备等进行维护管理。

2）综合布线管理系统的标识符与标签的设置应符合下列要求：

① 标识符应包括安装场地、线缆终端位置、线缆管道、水平链路、主干线缆、连接器件、接地等类型的专用标识，系统中每一组件应指定一个唯一标识符。

② 电信间、设备间、进线间所设置配线设备及信息点处均应设置标签。

③ 每根线缆应指定专用标识符，标在线缆的护套上或在距每一端护套300 mm 内设置标签，线缆的终接点应设置标签标记指定的专用标识符。

④ 接地体和接地导线应指定专用标识符，标签应设置在靠近导线和接地体的连接处的明显部位。

⑤ 根据设置的部位不同，可使用粘贴型、插入型或其他类型标签。标签表示内容应清晰，材质应符合工程应用环境要求，具有耐磨、抗恶劣环境、附着力强等性能。

⑥ 终接色标应符合线缆的布放要求，线缆两端终接点的色标颜色应一致。

3）综合布线系统各个组成部分的管理信息记录和报告，应包括如下内容：

① 记录应包括管道、线缆、连接器件及连接位置、接地等内容，各部分记录中应包括相应的标识符、类型、状态、位置等信息。

② 报告应包括管道、场地、线缆、接地系统等内容，各部分报告中应包括相应的记录。

4）综合布线系统工程如采用布线工程管理软件和电子配线设备组成的系统进行管理和维护工作，应按专项系统工程进行验收。

9. 工程验收项目汇总

综合布线系统工程的验收项目汇总表见表 10-4。

表 10-4 综合布线系统工程的验收项目汇总表

阶段	验收项目	验收内容	验收方式
施工前检查	1. 环境要求	（1）土建施工情况：地面、墙面、门、电源插座及接地装置 （2）土建工艺：机房面积、预留孔洞 （3）施工电源 （4）地板铺设 （5）建筑物人口设施检查	施工前检查
	2. 器材检验	（1）外观检查 （2）型号、规格、数量 （3）电缆及连接器件电气性能测试 （4）光纤及连接器件特性测试 （5）测试仪表和工具的检验	
	3. 安全、防火要求	（1）消防器材 （2）危险物的堆放 （3）预留孔洞防火措施	

续表

阶段	验收项目	验收内容	验收方式
设备安装	1. 电信间、设备间、设备机柜、机架	（1）规格、外观 （2）安装垂直、水平度 （3）油漆不得脱落，标志完整齐全 （4）各种螺钉必须紧固 （5）抗震加固措施 （6）接地措施	随工检验
	2. 配线模块及8位模块式通用插座	（1）规格、位置、质量 （2）各种螺钉必须拧紧 （3）标志齐全 （4）安装符合工艺要求 （5）屏蔽层可靠连接	
电、光缆布放（楼内）	1. 电缆桥架及线槽布放	（1）安装位置正确 （2）安装符合工艺要求 （3）符合布放线缆工艺要求 （4）接地	
	2. 线缆暗敷（包括暗管、线槽、地板下等方式）	（1）线缆规格、路由、位置 （2）符合布放线缆工艺要求 （3）接地	隐蔽工程签证
电、光缆布放（楼间）	1. 架空线缆	（1）吊线规格、架设位置、装设规格 （2）吊线垂度 （3）线缆规格 （4）卡、挂间隔 （5）线缆的引入符合工艺要求	随工检验
	2. 管道线缆	（1）使用管孔孔位 （2）线缆规格 （3）线缆走向 （4）线缆的防护设施的设置质量	隐蔽工程签证
	3. 埋式线缆	（1）线缆规格 （2）敷设位置、深度 （3）线缆的防护设施的设置质量 （4）回土夯实质量	
	4. 通道线缆	（1）线缆规格 （2）安装位置，路由 （3）土建设计符合工艺要求	
	5. 其他	（1）通信线路与其他设施的间距 （2）进线室设施安装、施工质量	随工检验隐蔽工程签证
线缆终接	1. 8位模块式通用插座	符合工艺要求	随工检验
	2. 光纤连接器件	符合工艺要求	
	3. 各类跳线	符合工艺要求	
	4. 配线模块	符合工艺要求	
系统测试	1. 工程电气性能测试	（1）连接图 （2）长度 （3）衰减 （4）近端串音 （5）近端串音功率和	竣工检验

续表

阶段	验收项目	验收内容	验收方式
系统测试	1. 工程电气性能测试	（6）衰减串音比 （7）衰减串音比功率和 （8）等电平远端串音 （9）等电平远端串音功率和 （10）回波损耗 （11）传播时延 （12）传播时延偏差 （13）插入损耗 （14）直流环路电阻 （15）设计中特殊规定的测试内容 （16）屏蔽层的导通	竣工检验
	2. 光纤特性测试	（1）衰减 （2）长度	
管理系统	1. 管理系统级别	符合设计要求	竣工检验
	2. 标识符与标签设置	（1）专用标识符类型及组成 （2）标签设置 （3）标签材质及色标	
	3. 记录和报告	（1）记录信息 （2）报告 （3）工程图纸	
工程总验收	1. 竣工技术文件 2. 工程验收评价	清点、交接技术文件 考核工程质量，确认验收结果	

注：系统测试内容的验收亦可在随工中进行检验。

10.3　提交竣工报告文档

　　综合布线系统工程施工阶段的终结标志是提交合格的竣工报告。竣工报告中包含了整个项目设计、组织、施工、变更、验收等全部的资料文档，是日后项目管理和维护的重要依据。在国标中没有完整的综合布线工程竣工报告的格式，但在建筑与电气工程中有成熟的标准和样式，行业内的公司经过十几年的总结，对一般的综合布线系统工程有了基本完善的竣工报告格式。

　　竣工报告文档形成的过程是贯穿工程施工始终的，如图 10-1 所示，项目中标后开始实施，施工单位需要根据原始的整体设计图对工程进行施工图纸设计；进入施工阶段后，要不断根据实际情况进行项目管理与施工的记录；项目完工后，施工单位须将项目施工过程中的产生的各种文件按照标准的格式整理

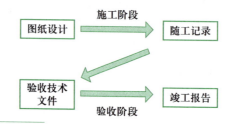

图 10-1
竣工报告文档形成过程

出来，编制验收技术文件，提交准备验收；经过三方组织的验收，确认项目施工的设计和施工质量均达到要求后，三方共同签订验收报告，验收时发现有需要返工的地方，则可以要求施工单位重新修正后进行针对性验收。

10.3.1 竣工报告文档的内容

竣工文档包含 4 部分内容，分别为交工技术文件、验收技术文件、施工管理文件、竣工图纸。交工技术文件是项目实施过程中的事件发生汇总和确认资料，包含工程说明、申请、审批、报告、函件等。验收技术文件是施工单位施工完成后，提交三方作为验收依据的工程量、安装记录等文件。施工管理文件包含施工管理架构、人员、进度等相关资料。竣工图纸是验收后，确认无误并经三方共同会签的最终图纸。表 10-5 为常见竣工报告文档目录。

表 10-5 综合布线竣工文档目录

序号	文件类别	文件标题名称	页数	备注
1	一、交工技术文件	工程说明		
2		开工报告		
3		施工组织设计方案报审表		
4		开工令		
5		材料进场记录表		
6		设备进场记录表		
7		设计变更确认函		
8		工程延期申请表（有临时延期和最终延期两种）		
9		隐蔽工程报验申请表		
10		工程材料报审表（附材料数量清单及厂家证明文件）		
11		已安装工程量总表		
12		重大工程质量事故报告		
13	二、验收技术文件	工程交接书		
14		工程竣工验收报告（有隐蔽工程、初验、终验等）		
15		工程验收证明书		
16		已安装设备清单		
17		安装工艺检查表		
18		线缆穿布记录表		
19		信息点抽检测试验收记录表		
20		光纤链路抽检测试验收记录表		
21		综合布线系统机柜安装检查记录表		
22		接地系统检查记录表		
23	三、施工管理	项目联系人列表		
24		管理结构		
25		施工进度表		
26	四、竣工图纸	综合布线信息点分布图		
27		综合布线系统图		

续表

序号	文件类别	文件标题名称	页数	备注
28	四、竣工图纸	机柜设备安装图		
29		主干管槽路由图（室内）		
30		暗装管槽立面图		
31		暗装管槽平面图		
32		建筑群主干路由图		
33		标识管理文件（含编号规则、端口对应表等）		

学习素材：主要交工技术文件

10.3.2　交工技术文件

竣工报告文档的制作，施工方一般会将原始签字文件进行扫描，将各文件根据目录排列后装订成册，文件应该一式三份，项目涉及多方参与的，可适当增加文档份数。正式版的文件在关键的封面等地方应该有留有会签的栏目，涉及图纸等幅面过大的文件不能装订在一份文件里时，需要将图纸等作为附件，并在文档中留下文字指引。交工技术文件是工程竣工提交的各种开工、申请、审批、记录、验收等系列文件的总称。

学习素材：主要验收技术文件

10.3.3　验收技术文件

验收技术文件在组织验收之前就要由施工方准备齐全，它是验收的必备资料。验收技术文件包含的内容一般为已安装设备清单、安装工艺检查表、线缆穿布记录表、信息点抽检电气测试验收记录表、机柜安装检查记录表、接地系统检查记录表、信息点电气性能测试记录表、光纤线路测试记录表等。

10.4　现场验收综合布线系统

10.4.1　验收组织

按综合布线行业的惯例，大中型综合布线工程主要是由中立的有资质的第三方认证服务提供商来提供测试验收服务，但国内的综合布线项目为了节省开支，大多由施工方、建设方、监理三方共同组织验收，有一些比较特殊的项目出资方不是建设单位时（如捐赠、专项拨款等），有时还会加上出资方共同组成四方验收。现实中中小型工程需要聘请第三方检测机构介入验收测试的情况，则存在于一些项目实施质量出现问题但无法协调的时候，由建设方聘请第三方检测机构进行验收测试，并作为日后走法律途径的证据。

很多小型的综合布线工程没有聘请专业的监理公司，其验收只是由建设单位和施工单位一起组织人手进行。少数改造工程项目只由施工方自行验收，建设单位只求达到所要的连通效果即可。

1. 验收机构组成

上面说过，验收常见的为三方或四方人手，而验收机构是执行项目验收的临时组织，他们通常由以上几方的人组成相互监督的若干执行小组，在执行验收的过程共同查看、共同测试、共同记录，并对各验收的数据和结论承担共同的责任。具体来说，假如项目要抽检测试 50 条永久链路，每条链路的测试平均时间为 5 min（含寻找线路时间），总共需要 250 min（不考虑故障情况下），即约 4 h，此时如有两队验收执行小组分工测试，时间就能减半，所以验收机构的规模需要根据项目的大小进行调配，一般单项项目的现场验收时间不宜拖得太长。

验收机构一般会设置验收组长，该组长一般由建设方中层或总监理师担任。每个验收执行小组的人员中应该含有施工方与另外两方的人手，但出现故障线路或不合格的施工时，做现场记录需要进行双方签字，并拍照留存。

2. 第三方测试机构

当需要第三方测试机构组织验收时，有两种机构可以选择：各地官方的质量监察部门提供验收服务和第三方测试认证服务提供商提供验收服务。

10.4.2　验收的依据

验收的依据包括技术设计方案、施工图设计、设备技术说明书、设计修改变更单和现行的技术验收规范。

10.4.3　竣工验收项目

竣工验收包括竣工技术文档验收和物理验收，检测结论作为工程竣工资料的组成部分及工程验收的依据之一。

物理验收要求如下：

① 系统工程安装质量检查，各项指标符合设计要求，则被检项目检查结果为合格；被检项目的合格率为 100%，则工程安装质量判为合格。

② 系统性能检测中，对绞电缆布线链路、光纤信道应全部检测，竣工验收需要抽验时，抽样比例不低于 10%，抽样点应包括最远布线点。

③ 系统性能检测单项合格判定。

• 如果一个被测项目的技术参数测试结果不合格，则该项目判为不合格。如果某一被测项目的检测结果与相应规定的差值在仪表准确度范围内，则该被测项目应判为合格。

• 按《综合布线工程验收规范》（GB/T 50312—2016）附录 B 指标要求，采用 4 对双绞电缆作为水平电缆或主干电缆，所组成的链路或信道有一项指标测试结果不合格，则该水平链路、信道或主干链路判为不合格。

• 主干布线大对数电缆中按 4 对双绞线对测试，指标有一项不合格，则判为不合格。

• 如果光纤信道测试结果不满足《综合布线工程验收规范》（GB/T 50312—2016）附录 C 的指标要求，则该光纤信道判为不合格。

• 未通过检测的链路、信道的电缆线对或光纤信道可在修复后复检。

④ 竣工检测综合合格判定。

• 对绞电缆布线全部检测时，无法修复的链路、信道或不合格线对数量有一项超过被测总数的 1%，则判为不合格。光缆布线检测时，如果系统中有一条光纤信道无法修复，则判为不合格。

· 对绞电缆布线抽样检测时，被抽样检测点（线对）不合格比例不大于被测总数的 1%，则视为抽样检测通过，不合格点（线对）应予以修复并复检。被抽样检测点（线对）不合格比例如果大于 1%，则视为一次抽样检测未通过，应进行加倍抽样，加倍抽样不合格比例不大于 1%，则视为抽样检测通过。若不合格比例仍大于 1%，则视为抽样检测不通过，应进行全部检测，并按全部检测要求进行判定。

· 全部检测或抽样检测的结论为合格，则竣工检测的最后结论为合格；全部检测的结论为不合格，则竣工检测的最后结论为不合格。

⑤ 综合布线管理系统检测，标签和标识按 10%抽检，系统软件功能全部检测。检测结果符合设计要求，则判为合格。

10.4.4 竣工决算和竣工资料移交的基本要求

首先要了解工程建设的全部内容，弄清其全过程，掌握项目从发生、发展到完成的全部过程，并以图、文、声、像的形式进行归档。

应当归档的文件包括项目的提出、调研、可行性研究、评估、决策、计划、勘测、设计、施工、测试和竣工工作中形成的文件材料。其中竣工图技术资料是使用单位长期保存的技术档案，因此必须做到准确、完整和真实，必须符合长期保存的归档要求。竣工图必须做到以下几点：

① 必须与竣工的工程实际情况完全符合。

② 必须保证绘制质量，做到规格统一、字迹清晰，符合归档要求。

③ 必须经过施工单位的主要技术负责人审核、签字。

▶ 项目实训

综合布线工程验收项目的实训教学可以有两种形式，即实训环境验收教学和参与实际工程项目验收实践。

实训 1　实训环境验收实训

验收实训教学是在完成前面验收理论和设计课程之后，在综合布线工程技术实训室进行的验收实训学习。

1. 实训目的

巩固综合布线工程验收知识，提高实践操作经验。使学生对综合布线标准规范主要的各验收要求在仿真工程环境中进行强化认知，将知识转化为经验和能力。

2. 验收实训内容

在综合布线仿真工程环境中，可以进行以下验收内容实训。

1）工作区子系统验收。

· 线槽走向、布线是否美观大方，符合规范。

· 信息座是否按规范进行安装。

· 信息座安装是否做到一样高、平、牢固。

· 信息面板是否都固定牢靠。

· 标识是否清晰、正确。

2）水平干线子系统验收。

- PVC 线槽安装是否符合规范。
- 线槽是否牢固。
- 水平 PVC 管的安装是否符合规范。
- 水平 PVC 管是否安装过线盒。
- 水平配线架是否正确安装并标识。

3）干线子系统验收。

- 干线线槽安装是否牢固。
- 金属线槽是否相互导通和接地。
- 垂直线缆捆扎间距是否符合要求。
- 主干配线架的安装是否稳固、美观。
- 干线电缆进入机柜处是否有密封。
- 是否对干线电缆做了正确的标识。

4）机柜安装验收。

对实训室安装的挂墙及落地机柜进行验收检查记录。

5）线缆布放验收。

对实训室安装的主干、水平线缆进行验收。

6）电气性能测试验收。

根据表 10-2 和表 10-3 的内容对布放的水平铜缆和主干光缆进行电气性能测试验收，并记录在该表中。

3. 实训环境与设备要求

① 本项目的实训要求在综合布线仿真工程实训环境中进行，环境需要具备由金属结构或土混结构墙体构成的仿真工程现场环境。

② 仿真工程环境中需要构建设备间、2 层垂直管井、工作区等实训空间。

③ 仿真工程环境中需要进行先期的工程项目布线安装、机柜安装、配线架安装等。

④ 需要准备测试网络认证测试仪、米尺、水平尺、螺钉旋具等验收用工具。

4. 验收实训学时安排

单独验收项目实训教学的学时应该为 3 到 4 个课时，可以确保学生有时间充分接触到验收教学的几个环节。如果是项目驱动型教学验收部分的实训教学应该纳入项目 8 中的工程项目实训课程体系，统一考虑。

5. 教学组织

单独的项目验收教学之前，可采用项目管理的形式，由教师组织学生进行分组，可以分为 6 个组，每个组 6~8 人，每个组的成员分别扮演监理方、建设方、施工方代表，在验收时需要对验收记录、报告签字时分别以这三方的角色执行。验收实训教学的成果为每一小组在验收过程所测试、检查、记录的文件，并由小组共同完成竣工验收报告的文档制作，并三方签字提交。

实训 2 参与实际工程项目验收实践

很多集成商在实施弱电工程项目的时候，到了验收环节一般非常谨慎，要接受学校学生参与项目的验收，的确是有难度的，但是验收完成之后一般都将项目移交出去了，要组织大批学生到现场也可能影响建设单位的入住或运作。

对于参与实际工程项目验收实践教学，给出以下 3 点建议：

① 可以通过关系集成商跟建设单位进行联系，在项目试运行期间，组织学生在一定的范围内进行验收作业，比如一层楼或几个办公区域，或一个数据中心机房等。这种方式可以使教师在现场易于管理几十位学生，同时准备验收实践前的验收技术文档相对比较容易。

② 只参与测试部分的验收，在施工过程中，对于信息点数量巨大的项目，随工测试所耗费的人力非常之大，集成商用工程师来做这种测试其实人力浪费不小。这种测试第一步只进行连通性测试，简易测试仪非常便宜，可以让学生分成若干个验收小组，采用通断测试仪全面测试，并记录下有问题的信息点编号和接点图故障，与集成商工程师排除掉故障点后，再用现场认证测试仪进行全测或抽检。因为施工到了这个阶段，现场没有原来布线时那么混乱了，组织学生进行验收现场实践比较容易，而且集成商是很欢迎的，此举减少了他们巨大的测试压力。

③ 在校内建设了综合布线工程的区域，比如某幢宿舍楼或办公楼，每一届学生可以组织一次验收工作。这种将旧项目按新建项目验收的情况有个好处，因为综合布线系统经过几年的使用，工作区信息点、水平线槽等破损的概率极高，同时设备间的管理机柜也会随着时间越来越杂乱，学生的验收实践工作等于是一次综合布线系统的维护检查，而且是密集和高标准的验收级别检查，有任何损坏、不通、管槽脱落、线槽腐蚀等问题都可以记录在案，形成报告，转为网络维护人员维修维护综合布线系统的依据。这种方式应该是最合适于实际工程项目验收实践教学的方式，组织管理方便、安全性高、成本低、效益好。

习题与思考

1. 有哪些行业国家标准可以纳入验收指标中？
2. 不同阶段的验收工作有哪些？
3. 熟悉验收检验技术标准。
4. 熟悉验收项目的内容。
5. 当自己团队施工的项目内验通不过时如何处理？
6. 构建自己心中综合布线工程质量指标体系。

参 考 文 献

[1] 余明辉，陈长辉，吴少鸿. 综合布线技术与工程[M]. 2版. 北京：高等教育出版社，2017.

[2] 余明辉，尹岗. 综合布线系统的设计、施工、测试、验收与维护[M]. 北京：人民邮电出版社，2010.

[3] 黎连业. 网络综合布线系统与施工技术[M]. 北京：机械工业出版社，2002.

[4] 刘国林. 综合布线[M]. 北京：机械工业出版社，2004.

[5] Clark C. 网络布线实用大全[M]. 姚德启，马震晗，译. 北京：清华大学出版社，2003.

[6] 余明辉，等. 综合布线技术教程[M]. 北京：清华大学出版社，2006.

[7] 安顺合. 智能建筑工程施工与验收手册[M]. 北京：中国建筑工业出版社，2006.

[8] 雷锐生，潘汉民，程国卿. 综合布线系统方案设计[M]. 西安：西安电子科技大学出版社，2004.

[9] 工业和信息化部. GB 50311—2016 综合布线系统工程设计规范[S]. 北京：中国计划出版社，2016.

[10] 工业和信息化部. GB/T 50312—2016 综合布线系统工程验收规范[S]. 北京：中国计划出版社，2016.

[11] 住房和城乡建设部. GB 50314—2015 智能建筑设计规范[S]. 北京：中国计划出版社，2015.

[12] 工业和信息化部. GB 50174—2017 数据中心设计规范[S]. 北京：中国计划出版社，2017.

[13] 福禄克网络学院. 布线系统测试工程师认证培训教程，2018.

[14] 综合布线工作组. 数据中心系统布线的设计与施工技术白皮书，2008.

[15] 综合布线工作组. 数据中心布线系统工程应用技术白皮书，2010.

[16] 向丽君. 光纤光缆标准的归类和解析 [J]. 智能建筑与城市信息，2012.

郑重声明

高等教育出版社依法对本书享有专有出版权。任何未经许可的复制、销售行为均违反《中华人民共和国著作权法》，其行为人将承担相应的民事责任和行政责任；构成犯罪的，将被依法追究刑事责任。为了维护市场秩序，保护读者的合法权益，避免读者误用盗版书造成不良后果，我社将配合行政执法部门和司法机关对违法犯罪的单位和个人进行严厉打击。社会各界人士如发现上述侵权行为，希望及时举报，我社将奖励举报有功人员。

反盗版举报电话　（010）58581999　58582371

反盗版举报邮箱　dd@hep.com.cn

通信地址　北京市西城区德外大街 4 号
　　　　　　高等教育出版社法律事务部

邮政编码　100120

读者意见反馈

为收集对教材的意见建议，进一步完善教材编写并做好服务工作，读者可将对本教材的意见建议通过如下渠道反馈至我社。

咨询电话　400-810-0598

反馈邮箱　gjdzfwb@pub.hep.cn

通信地址　北京市朝阳区惠新东街 4 号富盛大厦 1 座
　　　　　　高等教育出版社总编辑办公室

邮政编码　100029